Física Básica
Para Ciências Exatas

•

Volume 4
Luz, Mecânica Quântica e Relatividade

1ª Edição

Direção editorial: José Roberto Marinho

Capa: Fabrício Ribeiro

Edição revisada segundo o Novo Acordo Ortográfico da Língua Portuguesa

Dados Internacionais de Catalogação na publicação (CIP)
(Câmara Brasileira do Livro, SP, Brasil)

Neto, João Barcelos

Física básica para ciências exatas: luz, mecânicaquântica e relatividade: volume 4 / João Barcelos Neto. – São Paulo: Livraria da Física, 2023.

Bibliografia.
ISBN 978-65-5563-291-0

1. Ciência - Estudo e ensino 2. Física - Estudo e ensino 3. Luz 4. Matemática - Estudo e ensino 5. Mecânica quântica 6. Relatividade (Física) - Estudo e ensino I. Título.

23-141370 CDD-530.07

Índices para catálogo sistemático:
1. Física: Estudo e ensino 530.07

Inajara Pires de Souza - Bibliotecária - CRB PR-001652/O

Editora Livraria da Física
www.livrariadafisica.com.br

João Barcelos Neto

Física Básica
Para Ciências Exatas

•

Volume 4
Luz, Mecânica Quântica e Relatividade

Editora Livraria da Física
São Paulo - 2023

Para Sofia e Júlia

Prefácio

Estes livros de Física Básica são o resultado de um longo caminho. Inicialmente, como estudante, quando desfrutei dos importantes aprimoramentos introduzidos pelo Professor Armando Dias Tavares, Diretor do Instituto de Física da UERJ, no Curso de Bacharelado. Depois, como professor, paralelamente à minha pós-graduação, no Instituto de Física da UFRJ, através das importantes equipes de que participei.

Minha primeira experiência como professor foi no curso de Física Básica eficientemente coordenado pelo Professor Ennio Candotti, com a colaboração, principalmente, dos Professores Ildeu de Castro Moreira, Maria Elisa Magalhães e Samuel Santos (meus colegas da pós-graduação). Era um curso unificado, indo das Escolas de Engenharia aos Institutos do Centro de Ciências Matemáticas e da Natureza. O trabalho era enorme, mas atenuado pelo agradável convívio. Aprendi muito.

Foi muito importante, também, a experiência na equipe com a Professora Maria Antonieta de Almeida e os Professores Marcelo Alves e Marco Pedra, quando enfatizamos, mesmo num curso de Física Básica, a importância da Matemática no desenvolvimento das Leis Físicas.

Por último, em alguns cursos que ministrei de forma isolada, principalmente para estudantes de Ciências, sempre procurava mostrar para onde ia o caminho que estavam começando a seguir. Algumas vezes, com a Matemática que já sabíamos, dávamos alguns passos nesta direção, especialmente na Relatividade e início da Teoria Quântica. Notava que a motivação era sempre muito grande.

Os livros traduzem esta minha última experiência. Há também a presença de muitos exercícios oriundos de toda a trajetória. Entretanto, mais do que os exercícios, em todas as suas linhas, há reflexos de tudo que adquiri e aprendi no agradável convívio com meus amigos deste maravilhoso mundo acadêmico.

João Barcelos Neto

Conteúdo

Conteúdo do Volume 1

Conteúdo do Volume 2

Conteúdo do Volume 3

15 Eletrostática

16 Circuitos elétricos

17 Magnetostática

Capítulo 20

Ótica geométrica

No final do volume anterior, após concluir o estudo da Teoria Eletromagnética, falei de desenvolvimentos que ocorreram no final do Século XIX e estenderam-se por todo o Século XX. Neste volume 4, que encerra nosso curso de Física Básica, estudaremos um pouco alguns deles, principalmente os relacionados às teorias quântica e relativística. Iremos aos mundos muito pequeno e muito grande.

Na época da apresentação dos trabalhos de Maxwell, em 1864, não se sabia quase nada do mundo muito pequeno. Por exemplo, a ideia do átomo era bem rudimentar, não se sabia que tinha núcleo. Por outro lado, pensava-se que se sabia tudo do mundo muito grande. Nem tanto. O Universo era a nossa galáxia. Novos telescópios estenderam este limite e a Teoria da Relatividade Geral mostrou um Universo muito além do alcance da Gravitação Newtoniana. Também, a fase inicial da teoria de Einstein, a Relatividade Especial, mudou profundamente os conceitos de espaço e tempo, como já tivemos oportunidade de constatar em algumas passagens dos volumes anteriores. Repetindo o que disse acima, é sobre este interessante caminho, direcionado ao muito pequeno e muito grande, que será o principal objetivo do nosso curso.

Antes de começar a percorrê-lo, vamos tratar neste e no próximo capítulo de alguns aspectos da luz. Os fenômenos de interferência e difração, juntamente com a Mecânica Quântica, ajudarão a entender a luz sendo formada por partículas e que elétrons podem perfeitamente gerar figuras de interferência sem que sejam ondas. Começaremos de maneira bem simples, pela chamada *ótica geométrica* cujo início poderá ser um pouco parecido com o segundo grau (mas só o início).

20.1 Sobre a ótica geométrica

A *Ótica* estuda a região visível do espectro eletromagnético e vizinhanças do infravermelho e ultravioleta. O espectro eletromagnético foi apresentado na Tabela 1 do último capítulo do volume anterior. Não custa apresentá-la de novo. Aqui será a Tabela 20.1. A chamada *ótica geométrica* é a parte da *Ótica* onde as dimensões envolvidas são muito maiores que os comprimentos de onda. A natureza ondulatória da luz é imperceptível e a luz pode ser representada pelo conceito de raio luminoso.

Tipos de onda		λ (metros)	f (hertz)
Raios cósmicos		10^{-14}	10^{22}
Raios γ		10^{-13}	10^{21}
		10^{-12}	10^{20}
		10^{-11}	10^{19}
Raios X		10^{-10}	10^{18}
		10^{-9}	10^{17}
		10^{-8}	10^{16}
Ultravioleta		10^{-7}	10^{15}
Luz visível	violeta	$3,8 - 4,4 \times 10^{-7}$	
	azul	$4,4 - 4,8 \times 10^{-7}$	
	ciano	$4,8 - 5,0 \times 10^{-7}$	
	verde	$5,0 - 5,6 \times 10^{-7}$	10^{14}
	amarelo	$5,6 - 5,9 \times 10^{-7}$	
	laranja	$5,9 - 6,2 \times 10^{-7}$	
	vermelho	$6,2 - 7,4 \times 10^{-7}$	
Infravermelho		10^{-5}	10^{13}
		10^{-4}	10^{12}
		10^{-3}	10^{11}
Micro-ondas		10^{-2}	10^{10}
		10^{-1}	10^{9}
		1	10^{8}
TV–FM		10	10^{7}
		10^{2}	10^{6}
AM		10^{3}	10^{5}
		10^{4}	10^{4}
Rádio frequência		10^{5}	10^{3}
		10^{6}	10^{2}

Tabela 20.1: Espectro eletromagnético

20.2 Leis da ótica geométrica

Consideremos um raio luminoso percorrendo certo meio, que chamaremos de 1, e incidindo sobre uma superfície de separação com o meio 2. De maneira geral, uma parte é refletida e outra é refratada, como mostra a Figura 20.1, onde

$$\theta_1 = \text{ângulo de incidência}$$
$$\theta_1' = \text{ângulo de reflexão}$$
$$\theta_2 = \text{ângulo de refração}$$

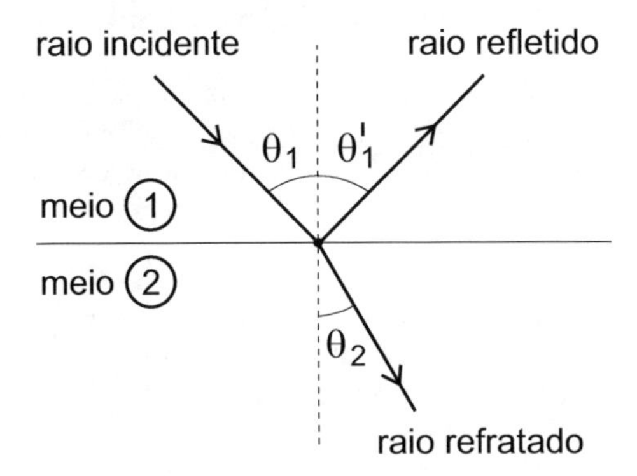

Figura 20.1: Raios incidente, refletido e refratado

As leis da ótica geométrica são[1]

(*i*) Os raios incidente, refletido e refratado, bem como a normal à superfície de separação (linha tracejada da figura), estão no mesmo plano.

(*ii*) $\theta_1 = \theta_1'$ (o ângulo de incidência é igual ao de reflexão).

(*iii*) $\dfrac{\operatorname{sen}\theta_1}{\operatorname{sen}\theta_2} = \text{constante}$

A última também recebe o nome de *lei de Snell.* A constante referente a ela pode ser expressa pelas constantes características dos materiais (permissividades elétrica e magnética). Costuma-se usar o *índice de refração* n, que é a razão entre as velocidades da luz no vácuo e na substância (como $v = 1/\sqrt{\epsilon\,\mu}$, em que ϵ e μ são, respectivamente, as permissividades elétrica e magnética do meio, vemos que o índice de refração está relacionado a elas),

$$n = \frac{c}{v} \tag{20.1}$$

Observamos que o índice de refração no vácuo vale 1. Quanto menor a velocidade, maior o índice de refração. Assim, chamando de n_1 e n_2 os índice de refração dos dois meios, temos que $\operatorname{sen}\theta_1$ e $\operatorname{sen}\theta_2$ são inversamente proporcionais a eles. E a lei de Snell então fica

$$\frac{\operatorname{sen}\theta_1}{\operatorname{sen}\theta_2} = \frac{n_2}{n_1} \tag{20.2}$$

[1]Não são exatamente leis físicas. O nome se mantém por questões históricas e tradição. Veremos que podem ser demonstradas.

Nosso principal objetivo, até a penúltima seção deste capítulo (inclusive), será o estudo da formação de imagens, tanto por reflexão como por refração e, consequentemente, a compreensão dos instrumentos óticos. Antes de continuar, vamos mostrar que as leis da ótica geométrica não são exatamente leis físicas. São demonstradas. Elas valem para qualquer tipo de onda (a luz em particular).

20.3 Demonstração das leis da ótica geométrica

Consideremos uma onda plana propagando-se no meio 1 em direção à superfície de separação com o meio 2. A Figura 20.2 mostra as ondas incidente, refletida e refratada, onde $\vec{k}_1$, $\vec{k}_1'$ e $\vec{k}_2$ são os respectivos vetores de onda. Chamando,

$$Y(\vec{r}, t) = A \operatorname{sen}\left(\vec{k} \cdot \vec{r} - \omega t\right)$$

a expressão geral de uma onda plana de amplitude A e frequência angular ω (que podem ser, também, as componentes do campo eletromagnético), temos para as ondas incidente, refletida e refratada,

$$\begin{aligned} Y_1 &= A_1 \operatorname{sen}\left(\vec{k}_1 \cdot \vec{r} - \omega t\right) \\ Y_1' &= A_1' \operatorname{sen}\left(\vec{k}_1' \cdot \vec{r} - \omega t\right) \\ Y_2 &= A_2 \operatorname{sen}\left(\vec{k}_2 \cdot \vec{r} - \omega t\right) \end{aligned} \tag{20.3}$$

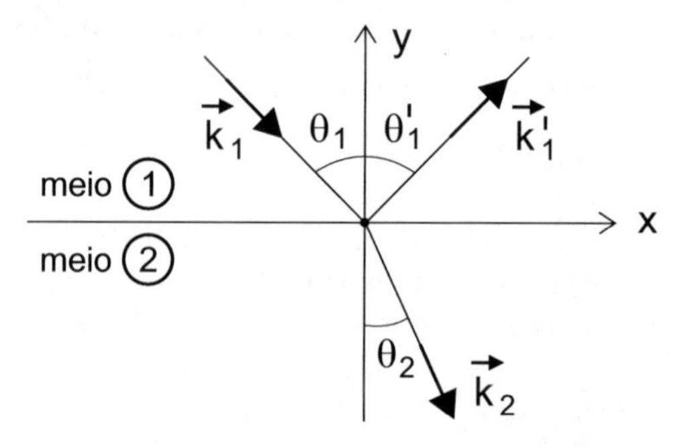

Figura 20.2: Ondas incidente, refletida e refratada

Notar que a frequência angular é a mesma para todas as ondas. Isto se deve porque está relacionada à fonte que as produziu e não aos meios onde se propagam. Não há descontinuidade das funções após a onda atingir a superfície de separação (plano xz). Também não haveria para o campo eletromagnético (pois não existem cargas nem correntes na superfície entre os dois meios). Assim, em $y = 0$ deveremos ter

$$\vec{k}_1 \cdot \vec{r} = \vec{k}_1' \cdot \vec{r} = \vec{k}_2 \cdot \vec{r} \tag{20.4}$$

Essas relações contêm as leis da ótica geométrica. Verificaremos isto de forma bem simples. Consideremos que o vetor de onda incidente esteja no plano xy.

Portanto, em $y = 0$, o primeiro termo da relação acima fica $x\,k_1 \operatorname{sen}\theta_1$. Podemos, então, escrever as igualdades,

$$\begin{aligned} x\,k_1 \operatorname{sen}\theta_1 &= x\,k'_{1x} + z\,k'_{1z} \\ x\,k_1 \operatorname{sen}\theta_1 &= x\,k_{2x} + z\,k_{2z} \end{aligned} \tag{20.5}$$

Como os módulos de $\vec{k}_1$, $\vec{k}'_1$ e $\vec{k}_2$ são constantes, essas relações só fazem sentido se não houver o termo em z. Verificamos, então, a primeira lei da ótica geométrica, os raios incidente, refletido e refratado e, também, a normal estão no mesmo plano (no caso, o plano xy). E as relações ficam

$$\begin{aligned} k_1 \operatorname{sen}\theta_1 &= k'_{1x} \\ k_1 \operatorname{sen}\theta_1 &= k_{2x} \end{aligned} \tag{20.6}$$

que diretamente nos dão as outras duas leis da ótica geométrica (exercício 1).

Na seção a seguir, veremos outra demonstração das leis da ótica geométrica e, depois, trataremos da formação de imagens, tanto por reflexão, como por refração. Antes disso, há uma aplicação interessante, relacionada com o mundo tecnológico atual, que podemos entender com o que já sabemos. Trata-se das *fibras óticas*. Nada mais são do que condutores óticos. Seu princípio de funcionamento é simples. Nos desenvolvimentos acima, notamos que o raio luminoso se aproxima da normal quando passa para um meio de índice de refração maior; e se afasta em caso contrário. Então, se o sinal luminoso estiver no interior de um condutor de índice de refração n, com o meio externo sendo o ar, por exemplo, ele não conseguirá sair se a incidência na superfície lateral for maior que certo ângulo θ dado por

$$\frac{\operatorname{sen}\theta}{\operatorname{sen}90^\circ} = \frac{1}{n} \quad \Rightarrow \quad \operatorname{sen}\theta = \frac{1}{n}$$

obtido diretamente de (20.2), pois o ângulo emergente máximo é 90°. O ângulo θ acima é chamado *ângulo crítico*. Mais detalhes sobre o funcionamento das fibras óticas estão no exercício 2. Sugiro ao estudante fazer também os exercícios 3 - 6 antes de passar para a seção seguinte.

20.4 Outra demonstração

Como vimos na subseção anterior, as leis da ótica geométrica não são realmente leis. Puderam ser deduzidas. Acho oportuno (e interessante) deduzi-las novamente usando um princípio devido a Fermat, também conhecido como *princípio do tempo mínimo*, que data de 1657. Este princípio diz que a luz para ir de um ponto a outro escolhe o percurso que leva o menor tempo. Aproveito a oportunidade para mencionar que a essência deste princípio possui uma conotação muito mais ampla. Falarei um pouco sobre isto no final da seção.

Consideremos a luz indo de P a Q, inicialmente num mesmo meio (sua velocidade não muda), após a reflexão no ponto A, como mostra a Figura 20.3.

Percebemos que o tempo mínimo só poderá ocorrer se $\overline{AP}$, $\overline{AQ}$ e a normal estiverem no mesmo plano (primeira lei). Chegaremos também à mesma conclusão quando tratarmos do caso com os pontos P e Q em meios diferentes. Só mais um (pequeno) detalhe, x é apenas uma variável para localização do ponto A (não corresponde à coordenada de nenhum eixo x).

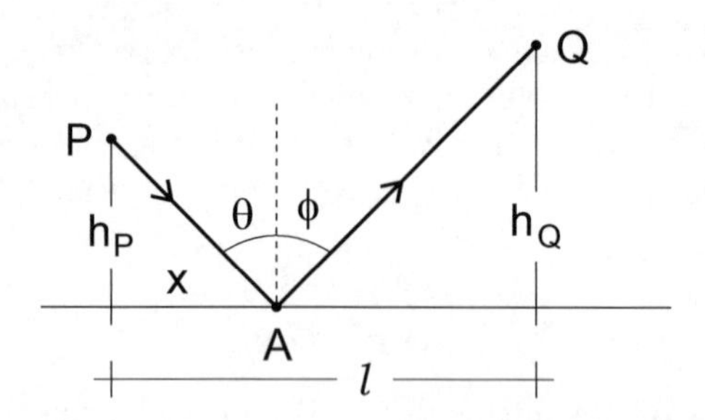

Figura 20.3: Luz indo de P a Q após uma reflexão

Pelos dados da figura, o tempo para a luz ir de um ponto a outro é

$$\begin{aligned} t &= \frac{\overline{AP}}{v} + \frac{\overline{AQ}}{v} \\ &= \frac{1}{v}\left[\sqrt{h_P^2 + x^2} + \sqrt{h_Q^2 + (l-x)^2}\right] \end{aligned}$$

Como v, h_P, h_Q e l são constantes, a relação acima nos diz que o tempo é uma função de x. Assim, da condição $dt/dx = 0$, que só pode estar associada a um mínimo, obtemos

$$\begin{aligned} \frac{dt}{dx} = 0 \quad &\Rightarrow \quad \frac{x}{\sqrt{h_P^2 + x^2}} - \frac{l-x}{\sqrt{h_Q^2 + (l-x)^2}} = 0 \\ &\Rightarrow \quad \operatorname{sen}\theta = \operatorname{sen}\phi \\ &\Rightarrow \quad \theta = \phi \qquad (\text{segunda lei}) \end{aligned}$$

Fica como exercício, partindo do dispositivo mostrado na Figura 20.4, a obtenção da terceira lei (exercício 7).

Voltemos ao que foi dito acima sobre o princípio do tempo mínimo estar num contexto muito mais amplo. Continuemos ainda na Ótica Geométrica. Seja uma região onde exista um meio cujo índice de refração dependa de cada ponto, $n(\vec{r})$. Escrevamos a expressão do tempo para o raio luminoso ir de um ponto a outro desta região, localizados por $\vec{r}_1$ e $\vec{r}_2$. Pela relação (20.1), temos

$$\begin{aligned} n(\vec{r}) = \frac{c}{v(\vec{r})} \quad &\Rightarrow \quad \frac{d\,|\vec{r}\,|}{dt} = \frac{c}{n(\vec{r})} \\ &\Rightarrow \quad t = \frac{1}{c}\int_1^2 n(\vec{r})\, d\,|\vec{r}\,| \end{aligned}$$

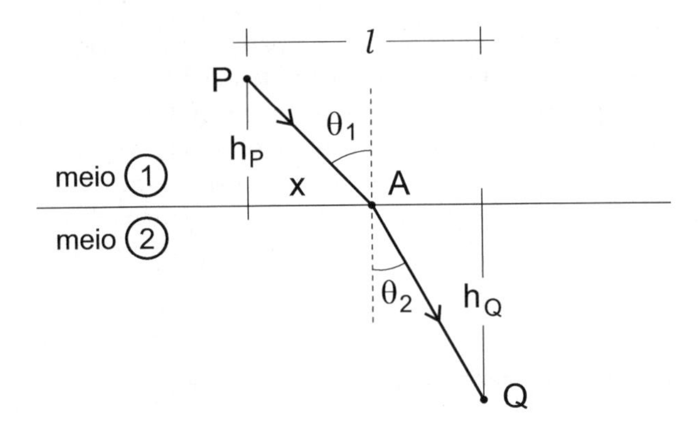

Figura 20.4: Luz indo de P a Q após uma refração

Queremos saber qual trajetória o raio luminoso deve seguir, entre os pontos 1 e 2, para que a integral acima corresponda a um mínimo (naturalmente, o tempo máximo estaria relacionado a um percurso infinito). Chamo a atenção do estudante para a situação matemática apresentada. No que vimos até aqui sobre Cálculo, a questão era saber, dada uma função, em que ponto ela é máxima ou mínima. Agora é diferente. Não é o ponto de uma função que estamos procurando, mas qual função (dentre infinitas outras), ligando os pontos 1 e 2, dará um valor mínimo à integral.

Este é um ramo da Matemática, chamado *Cálculo Variacional*, que o estudante será apresentado nos primeiros cursos após o Ciclo Básico. O Cálculo que aprendemos até aqui relaciona-se à função de um ponto, o Cálculo Variacional à algo como função de função, também chamada *funcional.*

O que disse sobre este princípio estar num contexto mais amplo, refere-se ao *Princípio de Hamilton*, apresentado cerca de 90 anos depois do de Fermat. Para falar sobre ele, vamos nos concentrar inicialmente na Mecânica Clássica, não relativística. Uma partícula de massa m para ir entre dois pontos do espaço, digamos, também 1 e 2, sob certa interação, segue uma trajetória $\vec{r}(t)$, em que a quantidade

$$S = \int_1^2 \left[\frac{1}{2}mv^2 - E_p(\vec{r})\right] dt$$

chamada *ação* (o princípio também recebe o nome *de mínima ação*). Não precisa passar pelas leis de Newton. A energia potencial da partícula caracteriza a interação.

Este princípio constitui um formalismo muito mais abrangente. Só fiz sua apresentação.[2] Um aspecto interessante é que possui ligações com a Mecânica

[2] O estudante que no momento estiver interessado veja, por exemplo, o meu livro **Mecânica Newtoniana, Lagrangiana e Hamiltoniana**, Capítulos 10 e 11, Editora Livraria da Física. O Capítulo 10 é justamente a apresentação do Cálculo Variacional.

Quântica. Uma delas, tendo em vista que no caso quântico desaparece o conceito de trajetória, é justamente considerar a possibilidade de a partícula seguir todas as trajetórias possíveis para ir de 1 a 2 (e não apenas do caso correspondente à ação mínima). Este processo, devido a Feynman, toma o nome de *quantização por integrais funcionais.* Não é muito popular nos casos da Mecânica Quântica que o estudante começará a ver um pouco aqui e nos cursos de graduação, mas na quantização dos campos (conhecida como *segunda quantização*)

Só para concluir, vou apenas mencionar que a Teoria Eletromagnética bem como as Teorias da Relatividade Especial e Geral também saem do princípio da mínima ação.[3]

20.5 Imagens por reflexão

Falemos, inicialmente e de maneira geral, sobre a formação de imagens. Seja um ponto P tomado como objeto. Deste ponto partem vários (infinitos) raios luminosos. Existem dispositivos, tais como espelhos, lentes, superfícies de separação entre meios etc. que produzem desvios, fazendo com que os raios (ou seus prolongamentos) convirjam. Este local de convergência é a imagem de P. Quando obtida diretamente com os raios que partiram de P, temos o caso de *imagem real*; quando formada pelos prolongamentos, *imagem virtual.* Pode acontecer, também, de os raios oriundos de P não convergirem exatamente num ponto, mas numa região extensa. A isto chamamos *aberração.* Sempre consideraremos as condições para que imagens não tenham aberração (ou possa ser desprezada).

20.5.1 Espelho plano

Comecemos, então, o estudo de imagens por reflexão, inicialmente através de espelho plano. Aqui não existe aberração. Basta tomar as trajetórias de dois raios partindo de P (ponto objeto). Onde se encontrarem será sua imagem, o ponto P' da Figura 20.5. Observamos que imagens em espelhos planos são sempre virtuais. Também notamos que os triângulos PAB e $P'AB$ são iguais. Logo, $\overline{AP} = \overline{AP'}$, significando que objeto e imagem estão igualmente afastados do espelho. A imagem de um objeto extenso terá o mesmo tamanho e será direita (não invertida), como ilustra a Figura 20.6. Também, temos que a imagem de um sistema dextrogiro será um sistema levogiro, e vice-versa (Figura 20.7).

Sugiro ao estudante fazer os exercícios 8 - 11 antes da subseção seguinte.

20.5.2 Espelhos esféricos

Passemos, agora, para a formação de imagens em espelhos esféricos, que podem ser *côncavo* e *convexo* (Figura 20.8). Vamos obter a chamada *equação dos*

---

[3]Se houver interesse, sugiro ao estudante os meus livros **Matemática para Físicos com Aplicações**, Capítulos 14 (Volume 1), 17 e 18 (Volume 2).

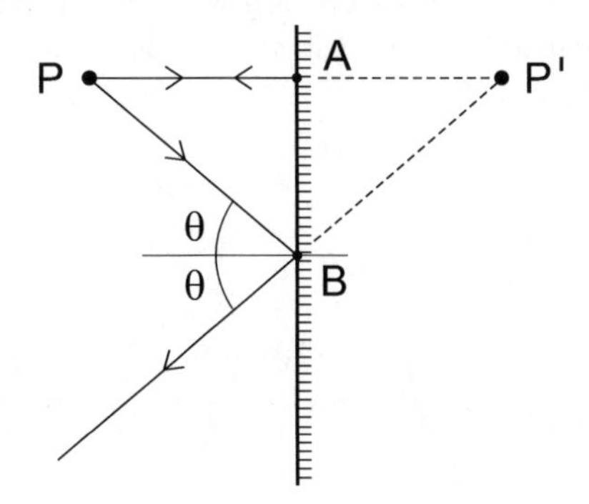

Figura 20.5: Imagem através de espelho plano

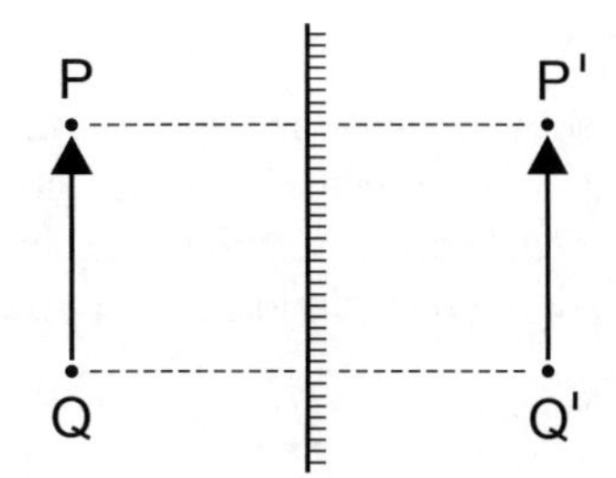

Figura 20.6: Imagem de um objeto extenso

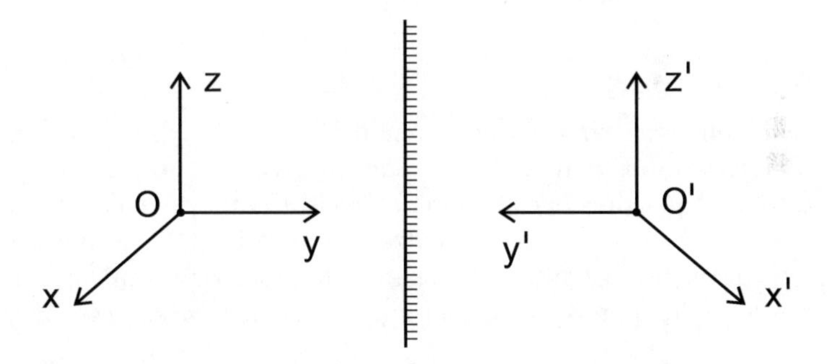

Figura 20.7: Imagem de um sistema dextrogiro

espelhos esféricos, que se aplica a ambos, fazendo as devidas adaptações (já veremos). Ela relaciona as posições do objeto e da imagem para determinado espelho (em princípio caracterizado pelo raio). Comecemos tomando por base o espelho côncavo.

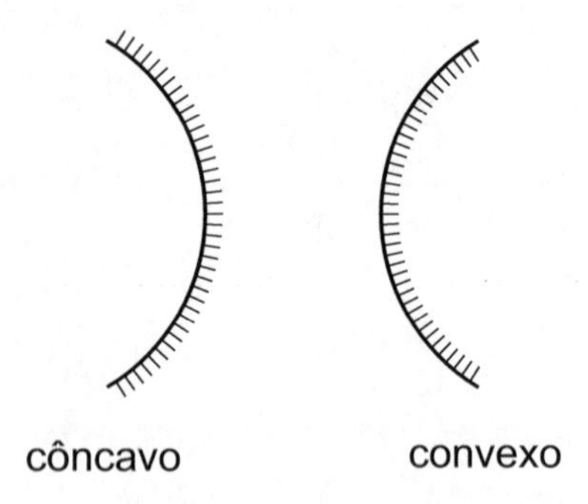

Figura 20.8: Espelhos esféricos côncavo e convexo

Espelho esférico côncavo

Seja um objeto pontual P sobre o eixo principal de um espelho côncavo, como mostra a Figura 20.9, em que C é o centro do espelho, V o vértice e R o raio. As quantidades e p e p' são, respectivamente, as distâncias do ponto e sua imagem ao vértice. De acordo com os dados que aparecem na figura, temos

$$\tan u = \frac{h}{p-\delta}$$
$$\tan\theta = \frac{h}{R-\delta}$$
$$\tan u' = \frac{h}{p'-\delta} \tag{20.7}$$

Como $\theta = i + u$ e $u' = \theta + i$, temos, também,

$$2\theta = u + u' \tag{20.8}$$

Para ficar com uma equação envolvendo p, p' e R (equação dos espelhos côncavos), precisaríamos eliminar as demais variáveis (u, u', θ, h e δ). Não é possível só com as quatro equações acima. Precisaríamos de mais duas e não há como obtê-las. A Matemática está nos dizendo que a imagem do ponto P não é localizada precisamente. Significa que os raios luminosos provenientes de P não convergem num único ponto P'. Há *aberração* (no caso, *aberração esférica*).

Apenas para ilustrar um pouco mais, no dispositivo da Figura 20.10 coloquei três raios partindo de P (posicionado em $2R$) e incidindo nos pontos A_1, A_2 e A_3 do espelho. De propósito, exagerei na posição de A_3. Sua imagem ficou bem distante das outras (no vértice do espelho devido à posição escolhida

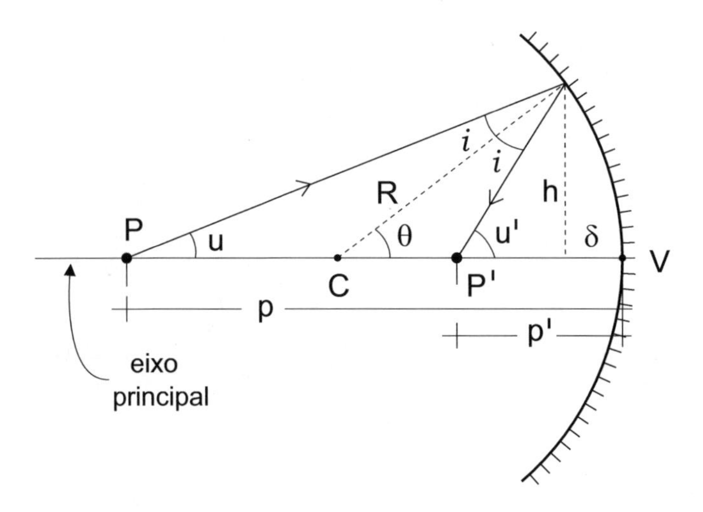

Figura 20.9: Formação de imagem com espelho côncavo

para P). As duas primeiras, P' e P'', ficaram bem mais próximas (a aberração é menor). A figura nos ajuda a entender que, para diminuir a aberração, devemos considerar raios luminosos incidindo em pequenos ângulos. Matematicamente, consiste em desprezar a quantidade δ das equações acima. Façamos isto,

$$\tan u \simeq u \simeq \frac{h}{p}$$
$$\tan \theta \simeq \theta \simeq \frac{h}{R}$$
$$\tan u' \simeq u' \simeq \frac{h}{p'}$$

O número de equações ainda não é suficiente para eliminar as demais variáveis, mas não há problema. Substituindo θ, u e u' em (20.8), o resultado vai independer de h e é a relação que estamos procurando (bem familiar do estudante do segundo grau),

$$\frac{1}{p} + \frac{1}{p'} = \frac{2}{R} \tag{20.9}$$

Embora a tenhamos obtido apoiando-se num espelho côncavo, também vale para espelho convexo, desde que tomemos o raio negativo (será visto mais adiante). A propósito, distâncias de objetos e imagens reais são positivas; e de objetos e imagens virtuais, negativas. A relação (20.9) possui simetria entre p e p'. Significa que colocando o ponto onde está o objeto a imagem vai se formar onde o ponto estava (o que pode ser verificado também na Figura 20.9).

Notamos, ainda, que o resultado acima está de acordo com o estudado em espelhos planos fazendo $R \to \infty$. Aqui há um detalhe. Acontece que (20.9) foi obtida num caso particular, com incidência de raios luminosos em pequenos

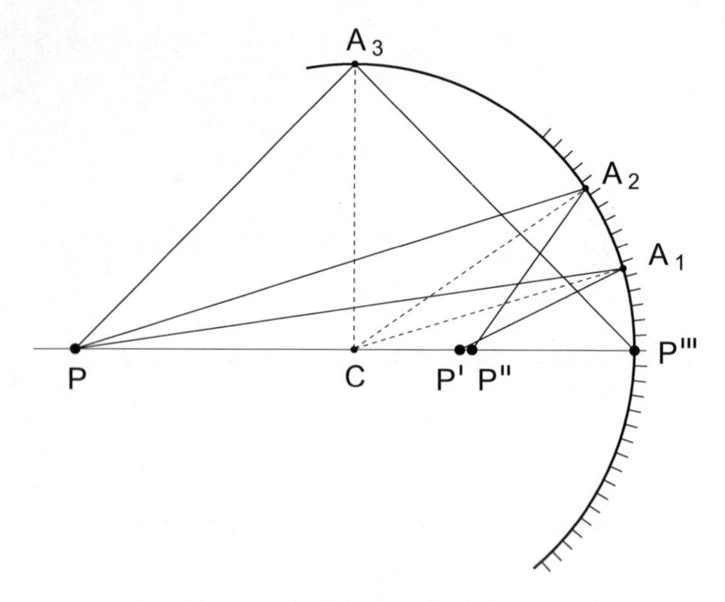

Figura 20-10: Ilustração da aberração

ângulos, para evitar aberração. E pelo que foi estudado em espelhos planos, não havia aberração. Deixo para o estudante justificar porque a aberração desaparece ao tomar $R \to \infty$ (exercício 12). Veremos que no caso de imagens por refração, também existe aberração em superfícies esféricas mas, ao contrário dos espelhos, ela continua quando se passa para superfícies planas.

Podemos reescrever a relação (20.9) usando o conceito de *distância focal.* Chama-se *foco* o ponto do eixo principal cuja imagem se forma no infinito (ou, similarmente, imagem de um ponto objeto localizado no infinito). Assim,

$$\begin{array}{lccc} & p' \to \infty & \Rightarrow & p = f \\ \text{ou} & p \to \infty & \Rightarrow & p' = f \end{array}$$

Considerando (20.9), vê-se que

$$f = \frac{R}{2} \tag{20.10}$$

Logo,

$$\frac{1}{p} + \frac{1}{p'} = \frac{1}{f} \tag{20.11}$$

Deduzimos esta relação para a situação particular da Figura 20.9, mas ela nos dá informações sobre a natureza da imagem para qualquer outra posição do objeto. Vejamos sobre essas informações. Reescrevamos (20.11) como

$$p' = \frac{pf}{p - f}$$

As situações abaixo mostram diversas posições possíveis do objeto e suas respectivas imagens.

(*a*) $p \to \infty$ (objeto muito distante), $p' = f$ (como vimos, a definição de foco)

(*b*) $R < p < \infty$ (caso usado na figura), digamos $p = 3f$, $p' = 3f/2$ (imagem real e situada entre o foco e o centro)

(*c*) $p = R$ (objeto no centro), $p' = R$ (imagem no mesmo lugar)

(*d*) $f < p < R$, por exemplo, $p = 3f/2$, $p' = 3f$ (este é o caso do item *b* em que objeto e imagem trocaram de posição)

(*e*) $p = f$ (objeto no foco), $p \to \infty$ (também pela definição de foco)

(*f*) $0 < p < f$, por exemplo, $p = 9f/10$, $p' = -9f$ (a imagem é virtual)

(*g*) $p < 0$ (objeto virtual), tomemos os seguintes casos: $p = -f/2$, $p = -f$, $p = -2f$ e $p = -5f$; temos, respectivamente, que $p' = f/3$, $p' = f/2$, $p' = 2f/3$ e $p' = 5f/6$ (a imagem será sempre real e localizada entre o foco e a origem).

Pode parecer estranha a situação do último item, um *objeto virtual*. À primeira vista, parece mesmo. Seria um objeto colocado atrás do espelho. Entretanto, não é bem assim. Existem imagens que podem se comportar como objetos virtuais (para outras imagens). Falaremos sobre isto mais adiante. Deixo como exercício, usando um diagrama como o da Figura 20.9, verificar o caso do item *f* (exercício 13).

Fizemos, acima, o estudo da imagem de um objeto pontual para diversas posições. Consideremos, agora, um objeto extenso. A Figura 20.11 mostra detalhes para o caso de o objeto estar localizado antes do centro. Usamos dois raios particulares para encontrar a imagem de Q (a de P estará sobre o eixo principal). Um vindo do infinito (a reflexão passa por f) e outro passando pelo centro (a reflexão é sobre ele mesmo). Claro que poderíamos ter usado dois outros raios particulares quaisquer. Notamos que a imagem é menor e invertida. Naturalmente, a natureza da imagem dependerá da posição do objeto e do tipo de espelho. Já veremos detalhes.

Comecemos obtendo a expressão que relaciona a ampliação com as posições do objeto e sua imagem. Devido à semelhança de triângulos na Figura 20.11, podemos diretamente escrever a amplitude m como

$$m = \frac{y'}{y} = -\frac{\overline{P'C}}{\overline{PC}} = -\frac{R - p'}{p - R}$$

O sinal menos inicial nos dois últimos termos é por consistência, pois estamos tomando como referência o dispositivo da Figura 20.11, onde a imagem está invertida (y' é negativo). De (20.9) obtemos R em termos de p e p',

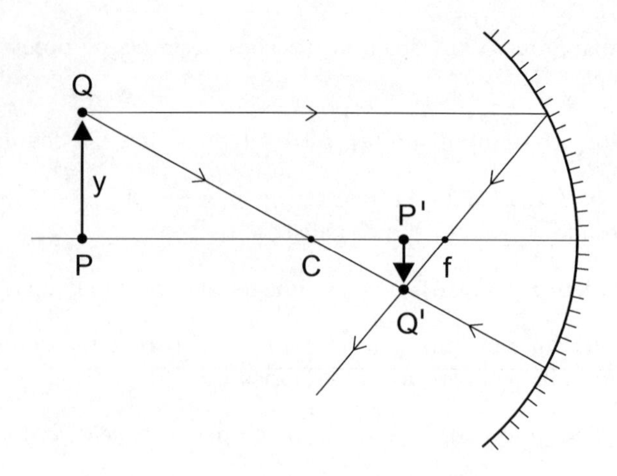

Figura 20.11: Imagem de um objeto extenso

$$R = \frac{2\,p\,p'}{p + p'}$$

E substituindo-o na expressão anterior, a amplitude fica

$$m = \frac{y'}{y} = -\,\frac{p'}{p} \tag{20.12}$$

Esta relação nos diz que para objeto e imagem reais (p e p' positivos), a imagem será invertida (caso da Figura 20.11). Para objeto real e imagem virtual, ou vice-versa, a imagem será direita. Usando os dados mostrados nos itens a - g acima, temos, para as diversas posições do objeto (exercício 14),

(a) $p \to \infty$, imagem no foco e tamanho zero.

(b) $R < p < \infty$, imagem entre o foco e o raio, menor e invertida.

(c) $p = R$, imagem no mesmo lugar, mesmo tamanho e invertida.

(d) $f < p < R$, imagem entre o raio e infinito, maior e invertida.

(e) $p = f$, imagem no infinito e infinita também.

(f) $0 < p < f$, imagem entre a origem e $-\infty$ (virtual), maior e direita.

(g) $p < 0$ (objeto virtual), imagem entre o foco e a origem, menor e direita.

Há um meio de se fazer todo esse estudo de forma bem simples, através de dois gráficos. Para traçá-los, basta conhecer a natureza da imagem referente a algumas posições particulares do objeto, que são no infinito, no foco, em R e no vértice. Praticamente, nem precisa recorrer às relações (20.11) e (20.12). Para o objeto no infinito a imagem está no foco (definição de foco) e seu tamanho é nulo (pois o objeto está muito distante). Para o objeto no foco, a imagem está no infinito (também pela definição de foco) e seu tamanho é infinito. Em R, a imagem também estará em R e será invertida (facilmente visto na Figura 20.11). Finalmente, no vértice, a imagem também estará no mesmo local e será do mesmo tamanho e direita. A marcação desses pontos está nas duas Figuras 20.12 (na segunda coloquei o objeto no eixo vertical, posições direita e invertida, como referência dos tamanhos). Os gráficos, que são facilmente traçados, estão nas Figuras 20.13. Todas as características da imagem podem ser vistas diretamente neles. Por exemplo, para o objeto entre o raio e o infinito, a primeira figura nos diz que a imagem será real e estará entre o foco e o raio; a segunda, que será menor e invertida. E assim por diante.

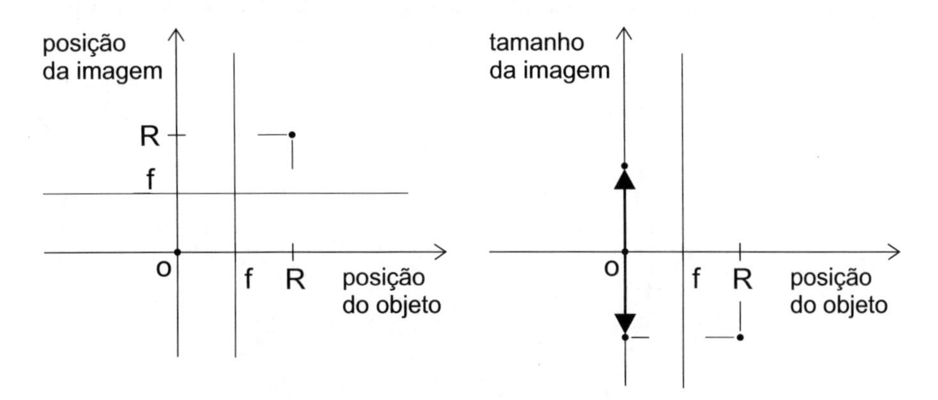

Figura 20.12: Pontos referentes à natureza da imagem (espelho côncavo)

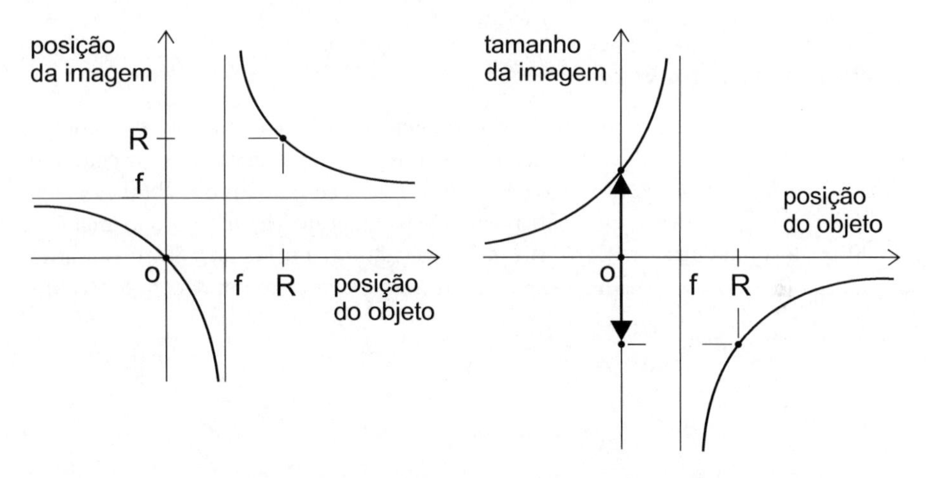

Figura 20.13: Posição do objeto versus posição e tamanho da imagem (espelho côncavo)

Falemos, agora, sobre os objetos virtuais.

Objeto virtual

Existem sistemas onde algumas imagens podem ser interpretadas como objetos virtuais (para formação de outras imagens). Vejamos isto num exemplo bem simples, ilustrado na Figura 20.14. O ponto P foi colocado entre o foco e o raio do espelho 1 (próximo ao foco porque queremos que sua imagem fique distante). Por enquanto, vamos supor que só este espelho esteja presente. A imagem seria o ponto P' mostrado na figura. Com a presença do espelho 2, o raio luminoso, proveniente do primeiro espelho, é então refletido formando a imagem P''. Este ponto pode ser interpretado como a imagem (real) do objeto virtual P' em relação ao espelho 2. Notar que foi formada entre o foco e a origem (posição da imagem para qualquer objeto virtual como mostra o primeiro gráfico 20.13).

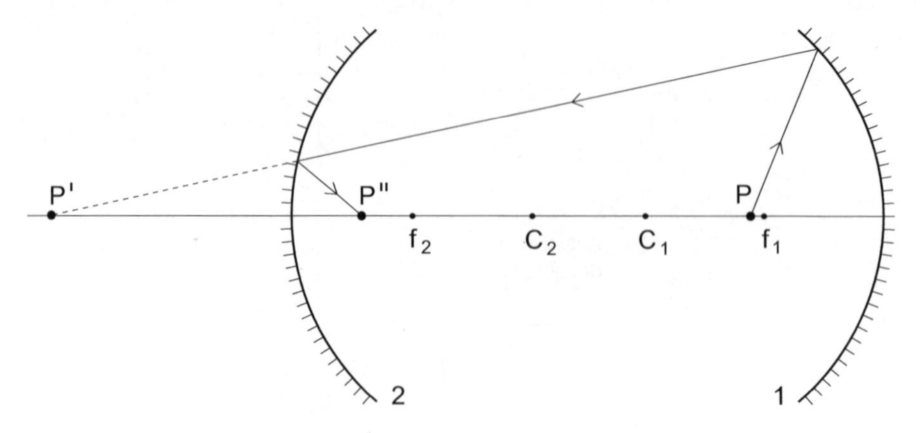

Figura 20.14: Exemplo de objeto virtual

Espelho esférico convexo

A Figura 20.15 mostra a formação da imagem do objeto pontual P colocado diante de um espelho esférico convexo. Notamos que é virtual (p' negativo). Assim, para fazer desenvolvimento semelhante ao caso da Figura 20.9, ou seja, escrever $\operatorname{tg} u$, $\operatorname{tg} u'$ e $\operatorname{tg}\theta$, que são positivos (os ângulos u, u' e θ são menores que 90°), devemos atentar para este detalhe (nada complicado). Temos, então, as relações (o raio e a distância da vertical ao vértice também são negativos),

$$\begin{aligned}
\tan u &= \frac{h}{p-\delta} \quad \Rightarrow \quad u \simeq \frac{h}{p} \\
\tan u' &= \frac{h}{-p'+\delta} \quad \Rightarrow \quad u' \simeq -\frac{h}{p'} \\
\tan \theta &= \frac{h}{-R+\delta} \quad \Rightarrow \quad \theta \simeq -\frac{h}{R}
\end{aligned}$$

Em que já consideramos o caso de pequenos ângulos (para evitar aberração). Como $i = \theta + u$ e $u' = \theta + i$, temos

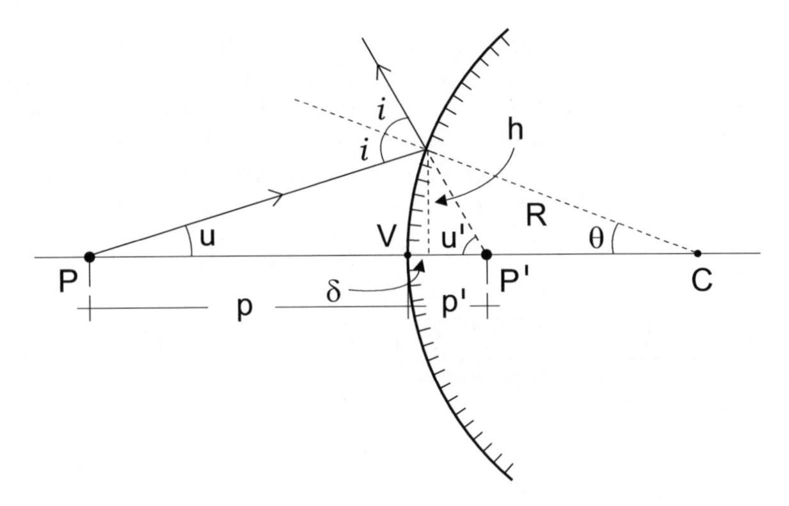

Figura 20.15: Formação de imagem com espelho convexo

$$2\theta = u' - u$$

A combinação direta dos resultados acima fornece,

$$\frac{1}{p} + \frac{1}{p'} = \frac{2}{R} \tag{20.13}$$

que é a mesma relação (20.9). Também, usando o conceito de distância focal, obteremos expressão semelhante à (20.11). E assim por diante, inclusive para a amplitude m, dada por (20.12), cujo dispositivo para objeto extenso está na Figura 20.16 (exercício 15).

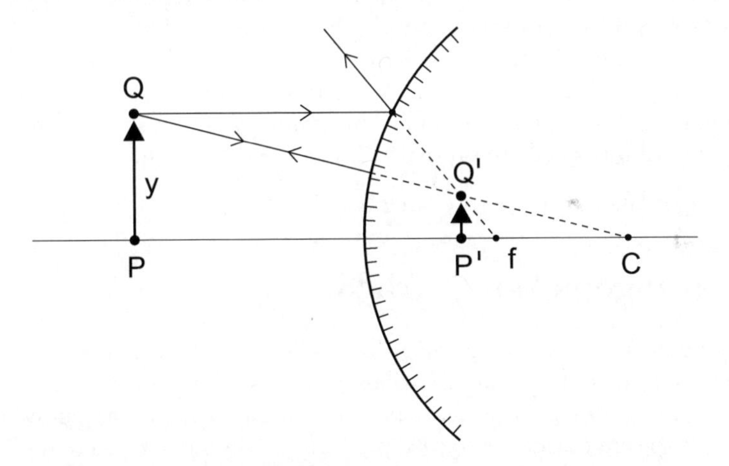

Figura 20.16: Imagem de um objeto extenso para espelho convexo

Concluindo, as relações para espelhos côncavo e convexo são as mesmas, basta levar em conta que o raio (ou o foco) do espelho convexo é negativo. A natureza da imagem também pode ser vista de forma semelhante através dos gráficos mostrados nas Figuras 20.17, partindo das posições particulares do objeto, que são no infinito, no foco, em R e no vértice. Deste modo, vemos que para qualquer objeto real, a imagem será virtual, situada entre o foco (que é virtual) e a origem, direita e menor. E assim por diante (exercício 16).

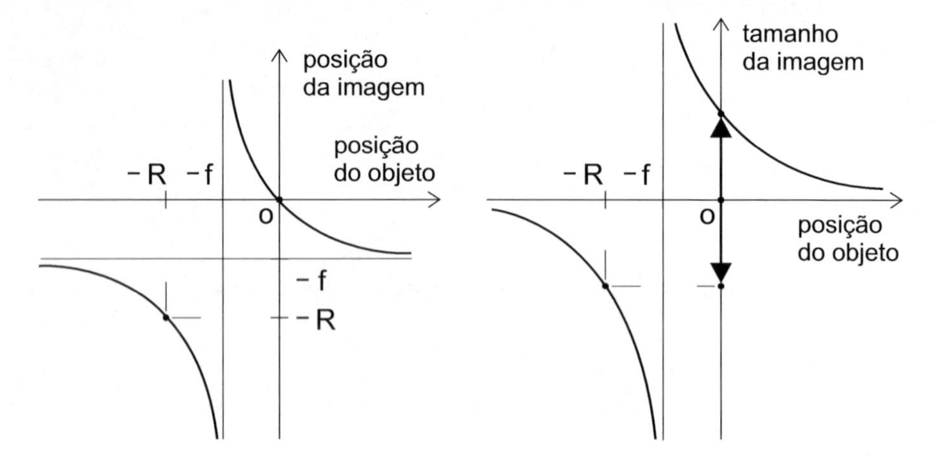

Figura 20.17: Posição do objeto versus posição e tamanho da imagem (espelho convexo)

A observação desses gráficos, junto com os da Figura 20.12, ajuda-nos a compreender a utilidade dos espelhos côncavos e convexos no uso diário, principalmente no que concerne ao tamanho da imagem e campo de visão. Por exemplo, vemos que espelhos côncavos fornecem ampliação quando o objeto está entre o foco e origem. Esses espelhos são de muita utilidade caseira. Também são côncavos os espelhos bucais utilizados pelos dentistas. Para objetos situados depois do foco, a imagem ficaria invertida. Não seria conveniente, por exemplo, seu uso nos retrovisores dos carros. Aí usam-se espelhos convexos, bem como em ambientes de lojas quando se quer um grande campo de visão (vemos pelos gráfico que para qualquer objeto real a imagem é sempre direita).

Sugiro ao estudante fazer os exercícios 17 - 22.

20.6 Imagens por refração

Na seção anterior, ao estudar imagem por reflexão, começamos com o espelho plano e, depois, passamos para espelhos esféricos. Vamos aqui tratar diretamente da imagem por refração em superfícies esféricas. A correspondente em superfície plana será obtida como caso particular. Mesmo assim, no final, pedirei ao estudante que a faça como exercício (partindo de superfície plana).

Inicialmente, falemos sobre a convenção de sinais. No que tange às posições do objeto e da imagem, a convenção é a mesma dos espelhos, ou seja, para objetos e imagens reais, distâncias positivas; e negativas para os virtuais. Há, entretanto, uma inversão nos sinais com respeito aos raios. O da superfície côncava é negativo; e o da convexa, positivo. O motivo se deve às características das imagens. Na refração em superfícies côncavas, há semelhança com as de reflexão em espelhos convexos (idem para refração em superfícies convexas e reflexão em espelhos côncavos). Veremos detalhes no decorrer do desenvolvimento.

Comecemos com o dispositivo da Figura 20.18, que corresponde à imagem por refração de um objeto pontual P colocado diante de uma superfície esférica convexa (raio positivo). Peço ao estudante que compare com a situação semelhante da Figura 20.9, relacionada a espelho côncavo.

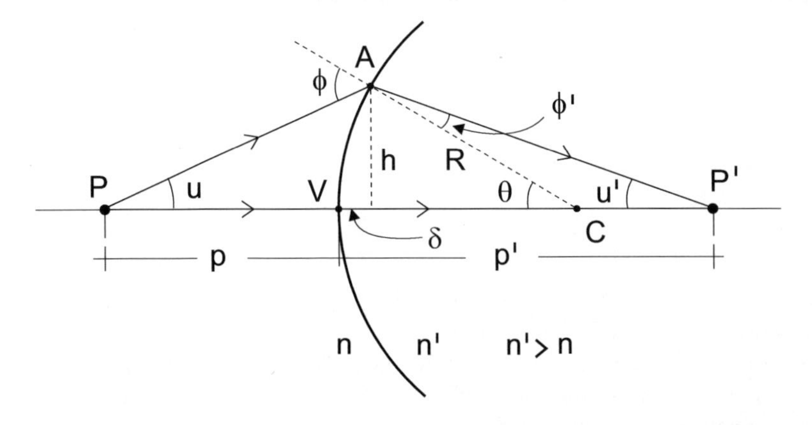

Figura 20.18: Imagem por refração em superfície convexa

Podemos observar que imagens reais por refração (formada pelo encontro dos raios) ocorrem depois da superfície. A Figura 20.19 mostra o caso de uma imagem virtual (que se forma antes da superfície).

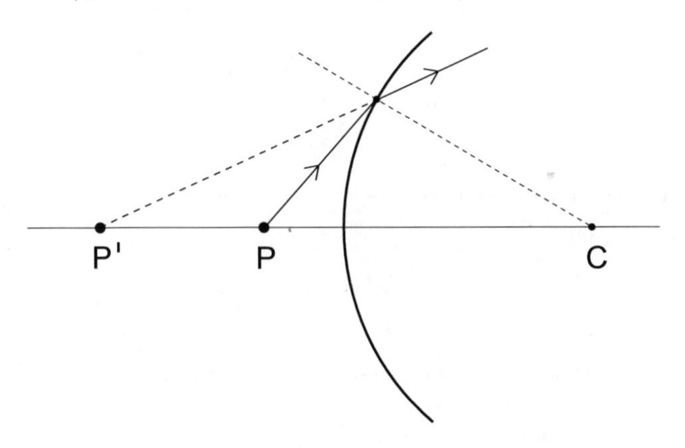

Figura 20.19: Exemplo de imagem virtual

Vamos nos apoiar na Figura 20.18 para deduzir a expressão que relaciona as posições do objeto e imagem. Seguindo passos semelhantes aos dos espelhos, temos

$$\begin{aligned} \tan u &= \frac{h}{p+\delta} \\ \tan\theta &= \frac{h}{R-\delta} \\ \tan u' &= \frac{h}{p'-\delta} \end{aligned} \tag{20.14}$$

E dos triângulos PAC e $P'AC$, temos, também,

$$\begin{aligned} \phi &= u+\theta \\ \theta &= \phi' + u' \end{aligned} \tag{20.15}$$

Há mais uma, vinda da lei de Snell,

$$\frac{\operatorname{sen}\phi}{\operatorname{sen}\phi'} = \frac{n'}{n} \tag{20.16}$$

Há sete quantidades para serem eliminadas (u, u', θ, δ, ϕ, ϕ' e h) e o número de equações não é suficiente. Significa, portanto, que existe aberração. Como no caso dos espelhos esféricos, para evitá-las, consideramos a incidência em pequenos ângulos (desprezando a variável δ). Com isto, as três primeiras relações e a lei de Snell passam a

$$\begin{aligned} \tan u &\simeq u \simeq \frac{h}{p} \\ \tan\theta &\simeq \theta \simeq \frac{h}{R} \\ \tan u' &\simeq u' \simeq \frac{h}{p'} \\ \frac{\operatorname{sen}\phi}{\operatorname{sen}\phi'} &\simeq \frac{\phi}{\phi'} \simeq \frac{n'}{n} \end{aligned}$$

E o sistema pode ser diretamente resolvido com a eliminação das quantidades que restaram (exercício 23),

$$\frac{n}{p} + \frac{n'}{p'} = \frac{n'-n}{R} \tag{20.17}$$

Fazendo $R \to \infty$ temos a equação para refração em superfície plana,

$$\frac{n}{p} + \frac{n'}{p'} = 0 \tag{20.18}$$

Conforme foi antecipado no comentário sobre imagens por reflexão em espelhos planos, aqui a aberração não desaparece ao tomar o limite $R \to \infty$

(exercício 24). Fica como exercício, também, reobter este resultado partindo diretamente de uma superfície plana (exercício 25).

Vejamos quanto à ampliação. Tomemos como referência a Figura 20.20 (o tamanho do objeto ficou exagerado apenas por clareza). Fica como exercício obter (exercício 26)

$$m = \frac{y'}{y} = -\frac{n p'}{n' p} \tag{20.19}$$

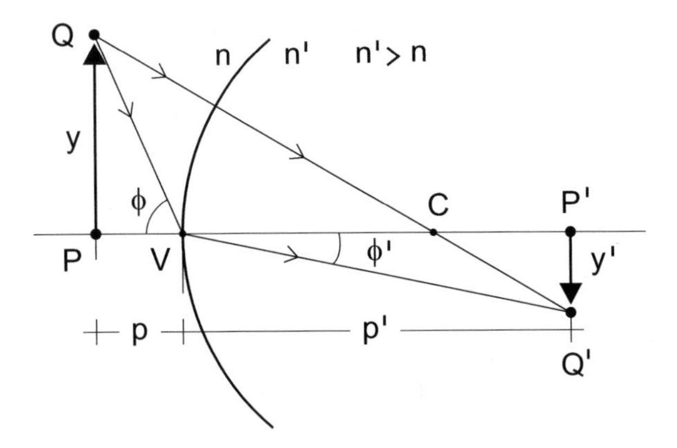

Figura 20.20: Ampliação por refração em superfície esférica

A Figura 20.20 mostra o caso de imagem real (formada pelo encontro dos raios - depois da superfície). Na Figura 20.21, temos uma imagem virtual (formada por prolongamento dos raios - antes da superfície). Poderíamos, também, partir dela para obter a relação (20.19) (exercício 27).

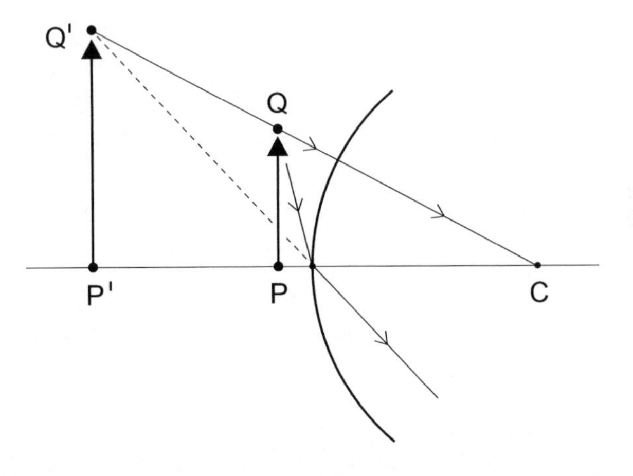

Figura 20.21: Outro exemplo de formaçao de imagem por refração

20.6.1 Voltando aos objetos virtuais

O conceito de objeto virtual também pode ser visto nas refrações. Tomemos novamente o caso da Figura 20.18. Interceptemos os raios que vão convergir em P' por uma outra superfície, que limita a região com índice de refração n''. Veja, por favor, a Figura 20.22 (C_2 é seu centro de curvatura). Agora, os raios não mais convergirão em P', mas em P''. O ponto P' funciona como objeto virtual para a imagem (real) P''.

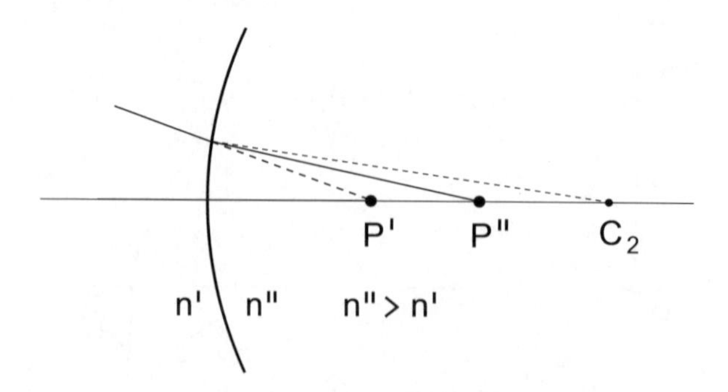

Figura 20.22: Exemplo de objeto virtual

A Figura 20.23 mostra um exemplo geral com objetos real e virtual. O ponto P' é imagem virtual de P em relação à primeira superfície. Já P'' é imagem real de P em relação às duas refrações, mas pode ser visto, também, como imagem (real) do objeto (virtual) P' relativamente à segunda superfície.

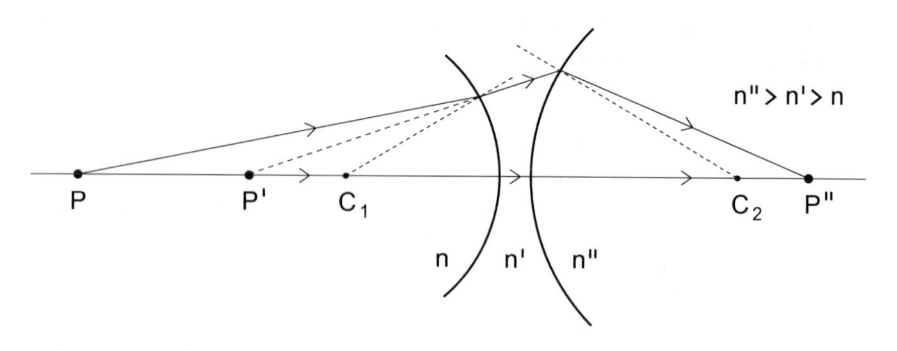

Figura 20.23: Outro exemplo com objetos real e virtual

20.6.2 Dois exemplos

Antes de sugerir alguns exercícios, vejamos dois exemplos comuns relacionados a imagens por refração.

Miragens

Acredito que muitos já devem ter visto o horizonte de uma estrada parecer molhado num dia de calor (o mesmo aconteceria no horizonte de uma superfície arenosa como se fosse um lago). A explicação é bem simples e vale para outros tipos de miragem. A densidade da atmosfera vai aumentando conforme nos aproximamos da superfície da Terra e, consequentemente, seu índice de refração. Entretanto, nos dias de muito sol, o ar próximo à superfície torna-se rarefeito (e a densidade diminui). Assim, o raio luminoso proveniente de um ponto qualquer da atmosfera vai se aproximando da normal e, ao atingir a região rarefeita, afasta-se dela (as normais são paralelas entre si e perpendiculares à superfície da Terra). Algo como mostra a Figura 20,24, onde P é um ponto qualquer da parte superior do horizonte (pode ser de um outro carro, de alguma árvore ou, até mesmo, do céu ou de alguma nuvem) e P' é sua imagem (um ponto da miragem). O ponto O é onde estão nossos olhos.

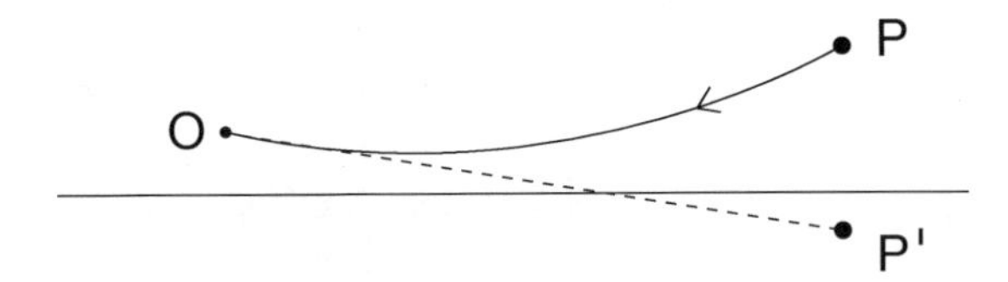

Figura 20.24: Princípio da formação de miragem

Profundidade aparente

Acredito, também, que muitos já devem ter visto o fundo de uma piscina parecer mais próximo. A explicação continua simples. Seja P um ponto no fundo, cuja água tem índice de refração n. Para uma pessoa olhando este ponto do lado de fora (índice de refração 1), perpendicular e próximo à superfície, verá sua imagem P' mais acima, cuja posição pode ser obtida diretamente de (20.18),

$$\frac{n}{p} + \frac{1}{p'} = 0 \quad \Rightarrow \quad p' = -\frac{p}{n}$$

em que p é a posição do ponto em relação à superfície (profundidade da piscina) e, consequentemente, p' é a profundidade aparente (o sinal negativo é porque a imagem P' é virtual).

Se ele estivesse olhando a profundidade relacionada a este ponto, mas numa outra posição horizontal, a distância da sua profundidade não seria a mesma. Por quê? (exercício 28). Sugiro ao estudante fazer, também, os exercícios 29 - 34 antes de passar para a subseção seguinte.

20.6.3 Lentes

São dispositivos formados por duas superfícies refratoras de um mesmo meio (sendo uma necessariamente curva). A Figura 20.25 mostra um exemplo genérico com a respectiva formação da imagem, que é feita através de duas refrações. Não houve a preocupação de escolher raios particulares nem atentar muito para as proporções. A figura é apenas ilustrativa. Servirá de apoio para a utilização de resultados já obtidos.

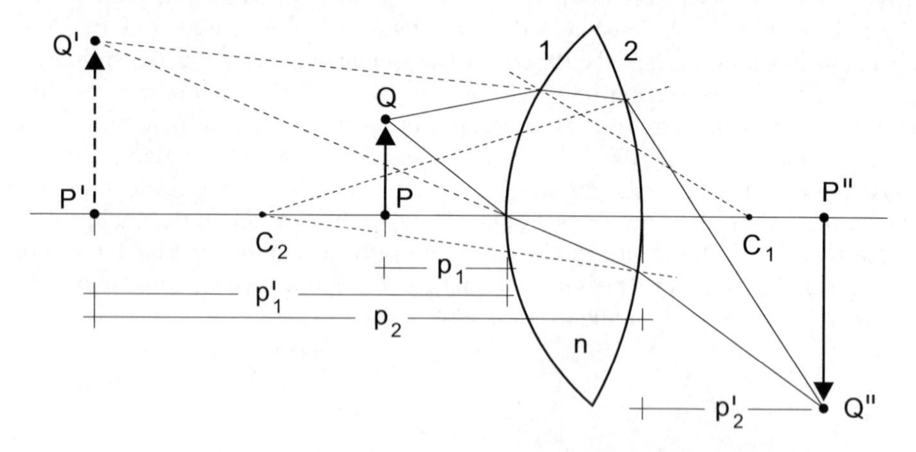

Figura 20.25: Formação de imagem através de uma lente

Consideraremos o caso de lentes delgadas (espessura muito pequena em relação às distâncias do objeto e imagem). Usando (20.17), temos os seguintes resultados para as refrações nas superfícies 1 e 2, respectivamente,

$$\frac{1}{p_1} + \frac{n}{p'_1} = \frac{n-1}{R_1}$$
$$\frac{n}{p_2} + \frac{1}{p'_2} = \frac{1-n}{R_2}$$

Se fôssemos aplicar valores numéricos, p'_1 e R_2 seriam negativos. Somando as duas relações acima, encontramos

$$\frac{1}{p_1} + \frac{1}{p'_2} = (n-1)\left(\frac{1}{R_1} - \frac{1}{R_2}\right) \tag{20.20}$$

em que os termos n/p'_1 e n/p_2 cancelaram-se, pois $p_2 \simeq -p'_1$.

Tendo em conta que a lente é delgada, p_1 pode ser visto diretamente como a posição do objeto e p'_2 a da imagem. Chamando essas duas quantidades simplesmente de p e p', temos a equação relacionando posições do objeto e imagem para lentes delgadas,

$$\frac{1}{p} + \frac{1}{p'} = (n-1)\left(\frac{1}{R_1} - \frac{1}{R_2}\right) \tag{20.21}$$

O conceito de foco é o mesmo do caso dos espelhos, ou seja, é a posição do objeto (ou imagem) quando a imagem (ou objeto) está no infinito. Assim, diretamente temos

$$\frac{1}{f} = (n-1)\left(\frac{1}{R_1} - \frac{1}{R_2}\right) \tag{20.22}$$

Consequentemente, combinando (20.21) e (20.22), chegamos a uma expressão igual à dos espelhos,

$$\frac{1}{p} + \frac{1}{p'} = \frac{1}{f} \tag{20.23}$$

E para o caso da ampliação, usando (20.19) para as superfícies 1 e 2 encontramos

$$m = m_1\, m_2 = -\frac{p'}{p} \tag{20.24}$$

Também igual à dos espelhos.

Assim, como as expressões finais para as lentes são iguais às dos espelhos, todas as observações sobre posições do objeto e imagem, bem como tamanho das imagens, valem aqui também (apenas substituindo R por $2f$). Os comentários sobre espelhos côncavos estão estão associadas a lentes convergentes ($f > 0$); e sobre os convexos, a lentes divergentes ($f < 0$). Consequentemente, Os gráficos das Figuras 20.13 e 20.17 podem ser usados aqui também, conforme aparecem nas Figuras 20.26 e 20.27.

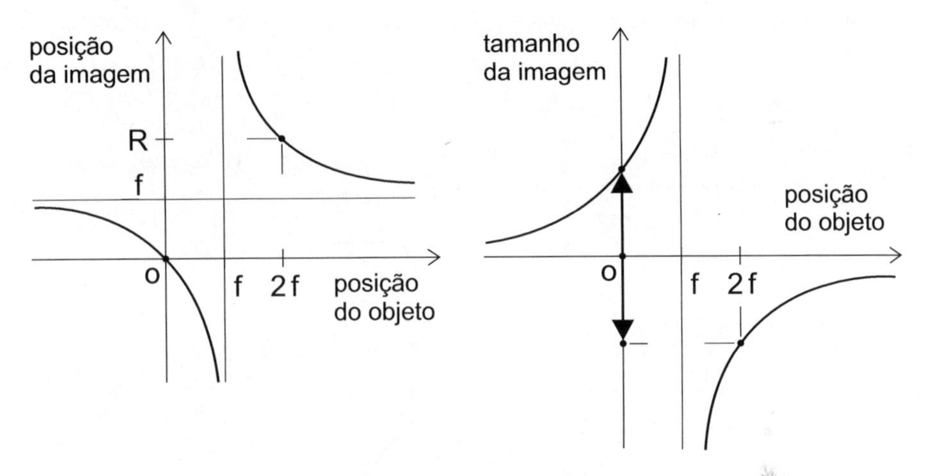

Figura 20.26: Posição do objeto versus posição e tamanho da imagem (lentes convergentes)

Falemos um pouco mais sobre as lentes.

Lentes convergentes e divergentes

A relação (20.22) é geral. Como foi mencionado, se $f > 0$ a lente é convergente; se $f < 0$, divergente. Vai depender dos raios, tanto dos módulos quanto dos sinais. Consideremos que os módulos de R_1 e R_2 sejam a e b, respectivamente.

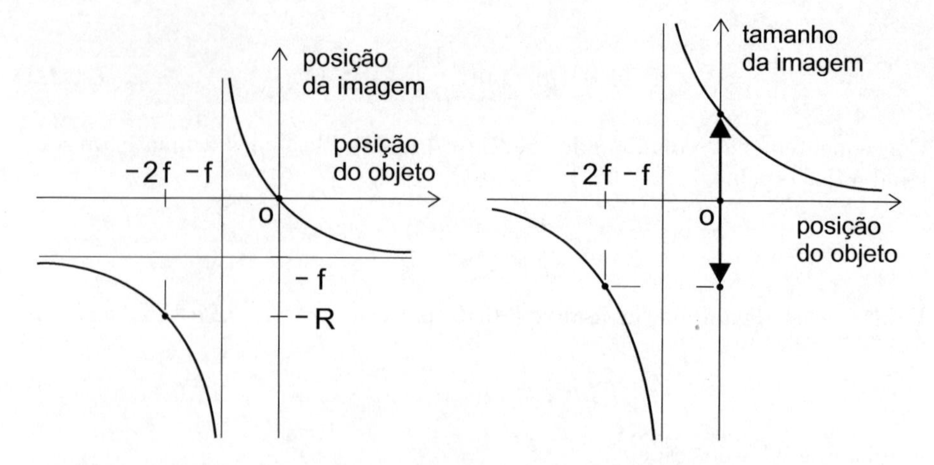

Figura 20.27: Posição do objeto versus posição e tamanho da imagem (lentes divergentes)

No caso do exemplo da Figura 20.25, a superfície 1 é convexa e 2 é côncava (para o raio luminoso incidindo da esquerda para a direita). Assim,

$$R_1 = a \quad \text{e} \quad R_2 = -b \quad \Rightarrow \quad \frac{1}{f} = (n-1)\left(\frac{1}{a} + \frac{1}{b}\right) > 0$$

A lente é convergente. Se a superfície 2 também fosse convexa, teríamos,

$$R_1 = a \quad \text{e} \quad R_2 = b \quad \Rightarrow \quad \frac{1}{f} = (n-1)\left(\frac{1}{a} - \frac{1}{b}\right) > 0$$

Agora, $f > 0$ (lente convergente) se $b > a$ e $f < 0$ (lente divergente) se $a > b$. A Figura 20.28 mostra essas duas situações.

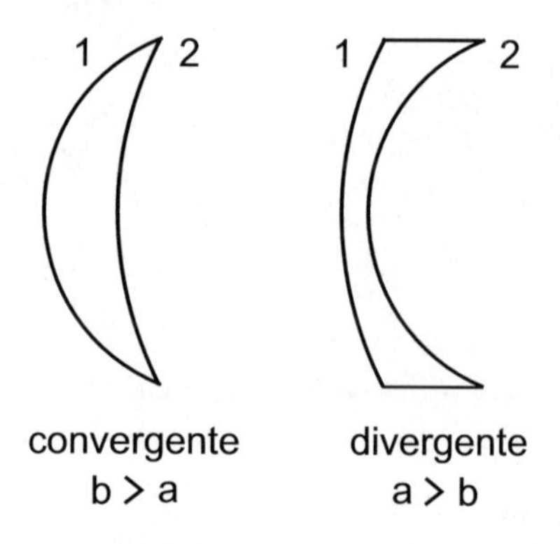

Figura 20.28: Lentes convergente e divergente

Essas conclusões não mudam mesmo que tomemos o raio luminoso incidindo da direita para a esquerda ou, o que é a mesma coisa, girando a lente de 180° (o que pode ser verificado diretamente no desenvolvimento relacionado à Figura 20.25 considerando a lente girada de 180°). A Figura 20.29 mostra os diversos tipos de lentes (as espessuras não foram consideradas pequenas por clareza). As lentes divergentes são mais delgadas na parte central.

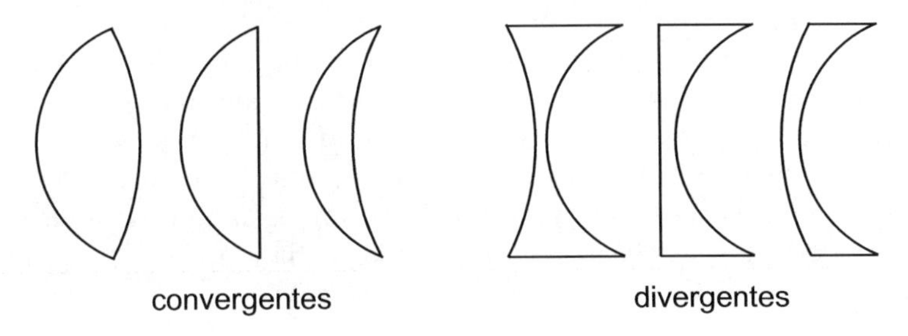

Figura 20.29: Lentes convergente e divergente

20.6.4 Sobre os instrumentos óticos

Seja o dispositivo da Figura 20.30, contendo um objeto vertical no ponto P, um anteparo e uma lente entre ambos (em princípio, pode ser convergente ou divergente). Queremos saber sobre a natureza da imagem no anteparo. Este simples dispositivo explica o funcionamento das câmeras fotográficas, projetores e, até mesmo, do olho humano (o mais sofisticado dos instrumentos óticos).

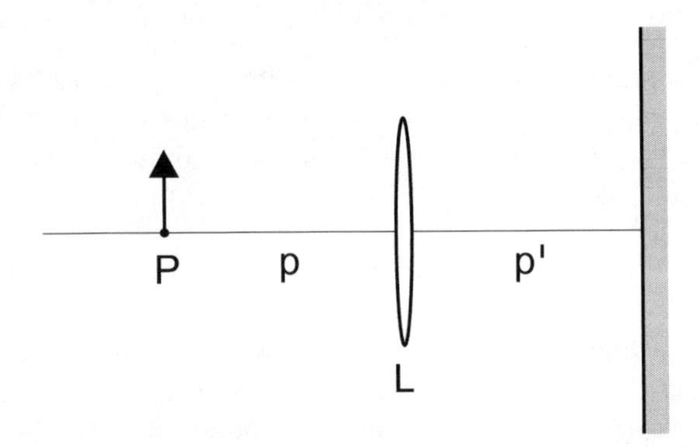

Figura 20.30: Lente e imagem sobre um anteparo

Como a imagem no anteparo deve ser real, temos, pela observação dos gráficos das Figuras 20.26 e 20.27, que a lente só pode ser convergente (caso do *cristalino* dos nossos olhos). Lente divergente só dá imagem real para objeto virtual. Nas câmeras (de maneira geral) e em nossos olhos, a distância da lente ao anteparo é fixa. Nos projetores, é a distância do objeto à lente que é fixa.

Iniciemos com os projetores. Chamemos de d a distância do filme (ou superfície onde estão as imagens) à lente. Assim, a distância p' do projetor ao anteparo é dada por

$$\frac{1}{p'} + \frac{1}{d} = \frac{1}{f} \quad \Rightarrow \quad p' = \frac{df}{d-f} \tag{20.25}$$

A imagem é real se $d > f$ (o filme deve estar depois da distância focal). O primeiro gráfico da Figura 20.26 ajuda a entender um pouco mais. Geralmente, a tela fica longe do projetor. Assim, d não é apenas maior que f, mas próximo a f. Pelo outro gráfico, temos que o tamanho da imagem será bem maior e invertida. O primeiro está consistente com o que sabemos das telas de cinema e o segundo não constitui problema (basta que as figuras do filme estejam invertidas). Podemos, também, ver isto na relação da ampliação,

$$m = -\frac{p'}{d} = -\frac{f}{d-f} \tag{20.26}$$

Como d é próximo de f, o denominador é muito pequeno e, consequentemente, a ampliação é muito grande (o sinal menos corresponde à inversão da imagem).

No caso do olho humano, p' é fixo. Os ajustes para que a imagem se forme sempre sobre a retina são feitos automaticamente pela variação da distância focal do cristalino. Nas câmeras, pode ser feito manualmente naqueles botões "paisagem", "figura" etc. Também pode com o uso de teleobjetivas (no caso das câmeras dos celulares é automático). Fica como exercício, chamando agora de d a distância da imagem à lente, e usando as mesmas relações anteriores (gráficos também), ver detalhes de p e m (exercício 35). Depois, fazer o exercício 36 e 37.

Há outros instrumentos óticos que nos ajudam a ver (caso das lupas e dos familiares óculos) ou permitem ir além do alcance dos nossos olhos, no sentido mais amplo possível (caso dos microscópios e telescópios). Falemos um pouco sobre eles. Iniciemos com as lupas.

Lupa

Sua finalidade é produzir ampliação de objetos. Também facilita a leitura. A observação é feita diretamente através da sua superfície (que é relativamente grande - as mais comuns possuem diâmetro da ordem de $10\,cm$). Então, a imagem deve ser maior e direita. Como o objeto é real, vemos, pela Figura 20.27, que lentes divergentes não servem (pois imagens de objetos reais são sempre menores). Consequentemente, lupas são lentes convergentes. Pela Figura 20.26, vemos que o objeto deve ficar entre o vértice e o foco (a imagem será maior e direita). Quanto mais próximo do foco, maior a ampliação. A imagem será virtual, mas isto não constitui problema. Servirá apenas para observação e leitura (não precisaremos dela sobre nenhum anteparo).

A Figura 20.31 mostra o seu funcionamento. O ponto O corresponde à posição dos nossos olhos, P é o objeto observado, P' a sua imagem (virtual) e d a distância da imagem aos olhos (numericamente, p' é negativo). Assim, podemos obter a ampliação,

$$\frac{1}{p} + \frac{1}{p'} = \frac{1}{f} \quad \Rightarrow \quad p = \frac{p'f}{p' - f}$$
$$m = -\frac{p'}{p} = \frac{f - p'}{f}$$

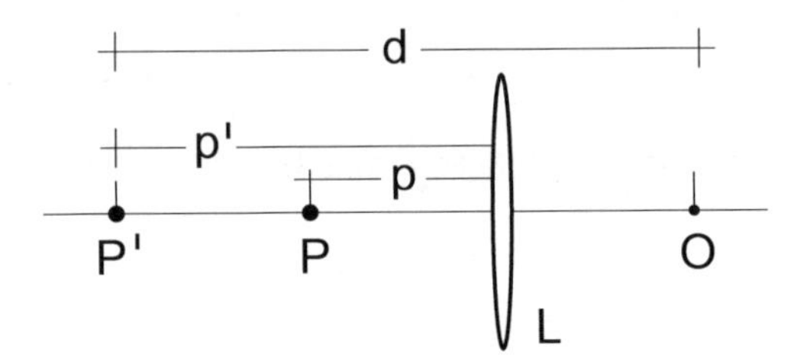

Figura 20.31: Funcionamento de uma lupa

A maior ampliação é com os olhos perto do foco. Então, pela figura, $f - p' \simeq d$ (não esquecendo que p' é negativo). Assim,

$$m \simeq \frac{d}{f} \tag{20.27}$$

O estudante que tiver alguma lupa à mão, e usando $d = 25\,cm$ (aproximadamente a distância mínima de visão), pode conferir seus dados técnicos. Pode, também, se a distância focal não for muito grande, afastar a lupa e notar que a imagem fica invertida.

Óculos

De maneira geral, são bem mais sofisticados que as lupas. Vejamos apenas uma das suas utilidades, correção de miopia e hipermetropia. O primeiro caso corresponde à formação de imagens, para objetos distantes, antes da retina; o segundo, depois. Os óculos ajudam o cristalino a corrigir isto, levando a imagem para trás e para frente, respectivamente. Na correção da miopia, é necessário tornar o feixe menos convergente (com auxílio de lente divergente). O contrário para corrigir a hipermetropia. Os exercícios 38 - 41 ajudam a entender esses tipos de correção.[4]

Microscópio

Na sua versão mais simples, podemos considerá-lo como aperfeiçoamento da lupa, com a inclusão de mais uma lente (também convergente), que recebe o nome de *objetiva*, a L_1 que aparece na Figura 20.32. A L_2 chama-se *ocular*, e faz o papel da lupa. Não é tão grande como a lupa que vimos acima, mas

[4]Só uma explicação. Os *graus*, relacionados às lentes dos óculos, referem-se à *dioptria*, que é o inverso da distância focal (medida em metros).

sua distância focal é muito maior que a da objetiva ($f_2 \gg f_1$). É por onde se vê o objeto ampliado por L_1. D é a distância entre ambas (praticamente o comprimento do microscópio).

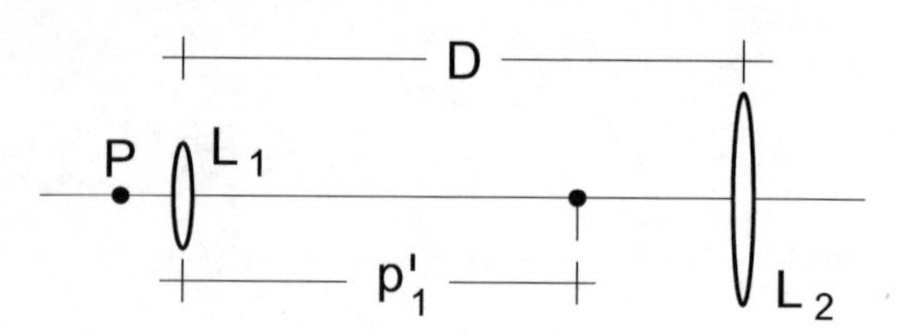

Figura 20.32: Objetiva e ocular de um microscópio

Por clareza, os comprimentos marcados na figura não estão em proporção. Mencionemos apenas que D é muito maior que as distâncias focais. Também por clareza, para não sobrecarregar, não foram colocados mais dados (os que estão lá são suficientes). P é o objeto que será ampliado por L_1, cuja imagem servirá de objeto para L_2. Observando o primeiro gráfico da Figura 20.26, temos que, para haver um grande aumento, P deve estar próximo do foco de L_1 ($p_1 \simeq f_1$); e entre f e $2f$ para que a imagem seja real (formada depois da lente). Pelo segundo gráfico, vemos que será invertida.

Como disse, esta imagem (ponto à direita de L_1 na figura acima) será o objeto para L_2. A imagem final deve ser virtual, a fim de ser vista pelo observador à direita de L_2 (a imagem virtual ficará à esquerda). Novamente pelo gráfico, a imagem objeto deve ficar próxima ao foco de L_2 (entre a origem e f para que sua imagem seja virtual). Temos, então, que as ampliações produzidas por L_1 e L_2 são, respectivamente,

$$m_1 \simeq -\frac{p_1'}{f_1} \simeq -\frac{D}{f_1}$$

$$m_2 \simeq \frac{d}{f_2}$$

Na primeira expressão, substituímos $p_1' \simeq D$ (pois $D \gg f_2$); e a segunda é a ampliação da lupa, dada por (20.27), em que d é a distância mínima de visão. Assim, a ampliação M produzida pelo microscópio é

$$M = m_1 m_2 \simeq -\frac{Dd}{f_1 f_2} \tag{20.28}$$

A imagem final ficou invertida. Poderia ser facilmente corrigido com uma terceira lente, mas não acrescentaria nada substancial ao que foi desenvolvido.

Telescópio

Veremos o caso mais simples, com duas lentes (veja, por favor, a Figura 20.33). Seu funcionamento é similar ao do microscópio mas, agora, para objetos distantes. A objetiva (lente L_1) dá a imagem (real) do objeto distante (ponto entre as lentes, localizado por p'_1). Ela vai servir de objeto (real) para L_2 (localizado por p_2), a ocular, onde estão os olhos do observador. Essas distâncias são aproximadamente as distâncias focais. D é a separação entre as lentes.

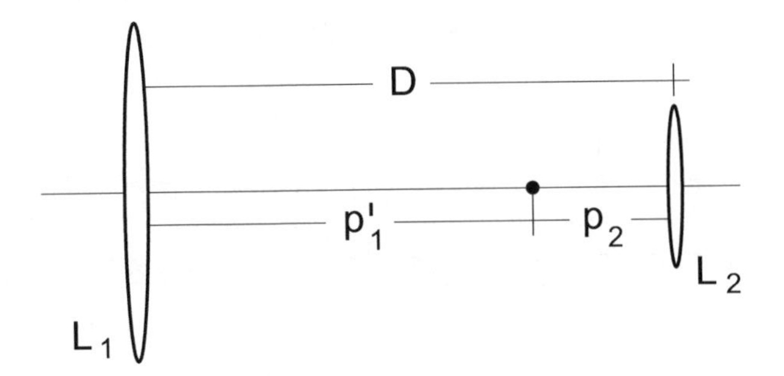

Figura 20.33: Objetiva e ocular de um telescópio

Apesar de o funcionamento ser semelhante ao do microscópio, o tratamento não pode ser o mesmo. É fácil entender porque. Não faz sentido falar em ampliação, pelo menos da maneira que foi feita para o microscópio, pois o objeto (distante) é muito maior que a imagem formada (caso de um planeta por exemplo). O que se usa é a chamada *ampliação angular* (já veremos sua definição). Veja, por favor, a Figura 20.34. A imagem real y'_1 (invertida) é do objeto que está muito longe (infinito). Localiza-se praticamente no foco de L_1 e seu tamanho é muito pequeno (por clareza os dados da figura não estão em escala). O ângulo α, consequentemente, é também muito pequeno. Esta imagem serve de objeto (real) para a lente L_2 ($y'_1 = y_2$). Sua imagem (virtual e direita) é y'_2, que está muito distante, até mesmo além da objetiva (não há problema algum, pois é virtual). O ângulo β, embora seja muito maior que α, é também muito pequeno.

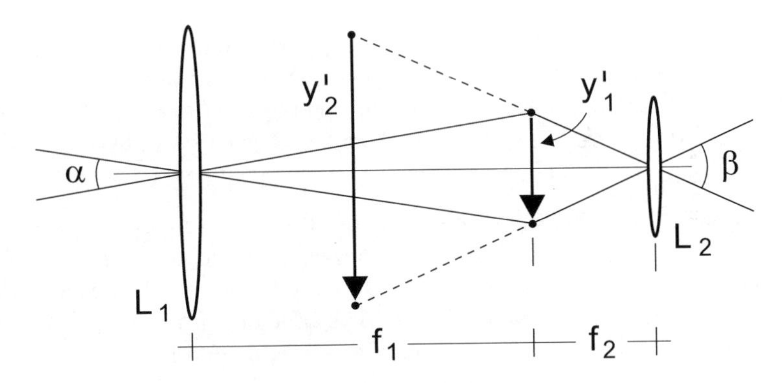

Figura 20.34: Detalhe da ampliação angular

A ampliação angular, que vou representar pela mesma letra M, é

$$M = \frac{\beta}{\alpha} \tag{20.29}$$

Como α e β são muito pequenos, podemos escrever, considerando y_1' aproximadamente como um arco de círculo (raios f_1 e f_2),

$$\alpha = \frac{y_1'}{f_1} \quad \text{e} \quad \beta = \frac{y_1'}{f_2}$$

Substituindo na relação anterior, obtemos a ampliação para o telescópio

$$M = \frac{f_1}{f_2} \tag{20.30}$$

que é muito grande pois, normalmente, $f_1 \gg f_2$.

E se seguíssemos os mesmos passos da ampliação do microscópio? O que a Matemática nos diria? Naturalmente, o M a ser obtido não deve coincidir com (20.30). Qual o seu significado? Vou deixar como exercício (exercício 42). Sugiro fazer, também, o 43 antes de passar para a seção seguinte.

20.7 Polarização

Como vimos no Capítulo 19, Volume 3, os vetores $\vec{E}$ e $\vec{B}$ da onda eletromagnética, juntos com o vetor de onda $\vec{k}$, são ortogonais e formam um triedro direto. Entretanto, isto não significa que $\vec{E}$ e $\vec{B}$, embora perpendiculares entre si, devam continuar sempre os mesmos sentidos. Também, que não possa haver combinações lineares de soluções, envolvendo outros vetores do campo eletromagnético, satisfazendo a mesma equação de onda (ou seja, dependendo de $\vec{k}\cdot\vec{r}-\omega t$ a menos de certa fase). É daí que surge o conceito de polarização.

20.7.1 Conceito de polarização

Sejam dois vetores $\vec{E}_a = E_a\,\hat{\imath}$ e $\vec{E}_b = E_b\,\hat{\jmath}$, correspondentes a ondas eletromagnéticas de mesma frequência e propagando-se no sentido caracterizado pelo vetor de onda $\vec{k}$ (aqui, é também o sentido do eixo z). Estou usando índices a e b, em lugar de 1 e 2, para não confundir com meios de índices de refração diferentes (que veremos mais adiante).

Naturalmente, os vetores correspondentes do campo magnético são $\vec{B}_a = B_a\,\hat{\jmath}$ e $\vec{B}_b = -B_b\,\hat{\imath}$, em que o sinal menos do segundo termo é necessário a fim de que $\vec{E}_b$, $\vec{B}_b$ e $\vec{k}$ continuem formando triedro direto. Daqui por diante, vamos nos concentrar no campo elétrico (pois sabemos exatamente qual será o campo magnético). Devido à linearidade da teoria, a combinação

$$\vec{E}\,(\vec{r},t) = \hat{\imath}\,E_a\cos\left(\vec{k}\cdot\vec{r}-\omega t\right) + \hat{\jmath}\,E_b\cos\left(\vec{k}\cdot\vec{r}-\omega t-\phi\right) \tag{20.31}$$

também corresponde ao vetor campo elétrico de uma onda eletromagnética, com frequência angular ω, propagando-se no sentido do vetor de onda $\vec{k}$. Tomamos o caso geral de as amplitudes serem diferentes e com uma diferença de fase ϕ entre os dois termos.

Vamos estudar seu comportamento para certo ponto fixo da direção de propagação (no caso, $\vec{k} \cdot \vec{r} = kz$). Tomemos $z = 0$ (só por simplificação - poderíamos tomar qualquer ponto),

$$\vec{E}\,(0,t) = \vec{E}\,(t) = \hat{\imath}\,E_a \cos \omega t + \hat{\jmath}\,E_b \cos\big(\omega t + \phi\big) \tag{20.32}$$

O movimento descrito pela extremidade do vetor $\vec{E}$ caracteriza a polarização da onda.[5] Vejamos isto com mais detalhes. Se $\phi = 0$ ou $\phi = \pm\pi$, a extremidade de $\vec{E}$ descreverá uma reta. De fato, para $\phi = 0$, temos

$$\vec{E}(t) = \big(E_a\,\hat{\imath} + E_b\,\hat{\jmath}\big) \cos \omega t \tag{20.33}$$

e o vetor $\vec{E}$ oscila entre os extremos de $E_a\,\hat{\imath} + E_b\,\hat{\jmath}$ e $-(E_a\,\hat{\imath} + E_b\,\hat{\jmath})$. Veja, por favor, a Figura 20.35 que corresponde, respectivamente, às posições de $\vec{E}$ para $t = 0$, $T/6$, $T/4$, $T/3$ e $T/2$. Para a outra metade do período T, as figuras vão se sucedendo na ordem inversa.

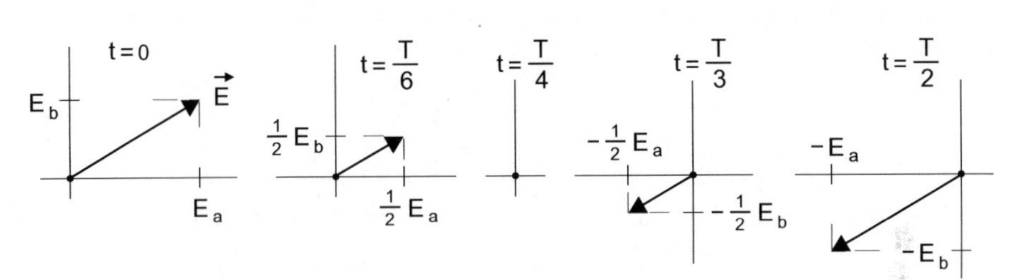

Figura 20.35: Posições do vetor $\vec{E}$ para $\phi = 0$

No caso de $\phi = \pm\pi$, a forma do vetor $\vec{E}$ fica

$$\vec{E}(t) = \big(E_a\,\hat{\imath} - E_b\,\hat{\jmath}\big) \cos \omega t \tag{20.34}$$

A trajetória descrita por sua extremidade aparece na Figura 20.36, onde foi colocada, também, a trajetória do caso anterior para fins de comparação. Essas ondas são ditas *linearmente polarizadas.* Como casos particulares, as soluções $\vec{E}_a$ e $\vec{E}_b$ também são linearmente polarizadas (a primeira na direção x e a segunda em y). Os exemplos da Figura 20.36 correspondem a polarizações lineares com direções mais genérica.

Passemos ao caso de $\phi = \pm\pi/2$, em que a extremidade do vetor $\vec{E}$, dado por (20.32), descreverá elipses. Seja $\phi = -\pi/2$,

$$\begin{aligned} \vec{E} &= \hat{\imath}\,E_a \cos \omega t + \hat{\jmath}\,E_b \cos\big(\omega t - \pi/2\big) \\ &= \hat{\imath}\,E_a \cos \omega t + \hat{\jmath}\,E_b \,\mathrm{sen}\, \omega t \end{aligned} \tag{20.35}$$

[5]Notamos que esse movimento é a composição de dois movimentos harmônicos ortogonais de mesma frequência [$E_a \cos\omega t$ no eixo x e $E_b \cos(\omega t + \phi)$ em y], que aparecem na literatura com o nome de *figuras de Lissajous.*

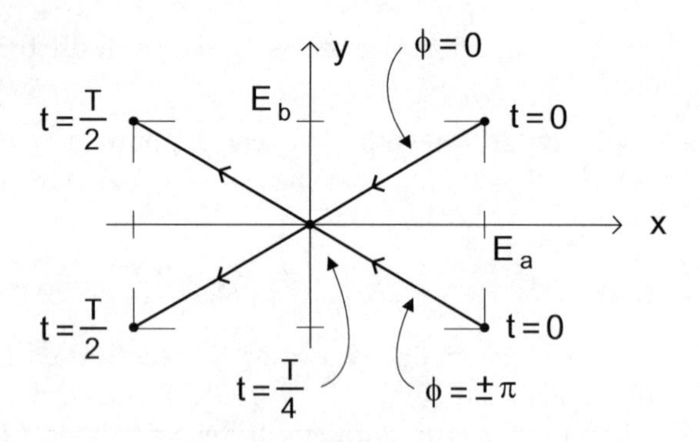

Figura 20.36: Trajetórias do extremo de $\vec{E}$ para $\phi = 0$ e $\phi = \pm\pi$

Realmente, $E_x = E_a \cos \omega t$ e $E_y = E_b \operatorname{sen} \omega t$ formam uma elipse (seria círculo se $E_a = E_b$), que está representada na Figura 20.37. Os pontos correspondem às posições da extremidade de $\vec{E}$ nos instantes marcados na própria figura. Como vemos, o vetor $\vec{E}$ gira no sentido anti-horário. No caso de $\phi = \pi/2$, temos uma figura semelhante, mas com o vetor $\vec{E}$ girando no sentido horário, como mostra a Figura 20.38 (exercício 44).

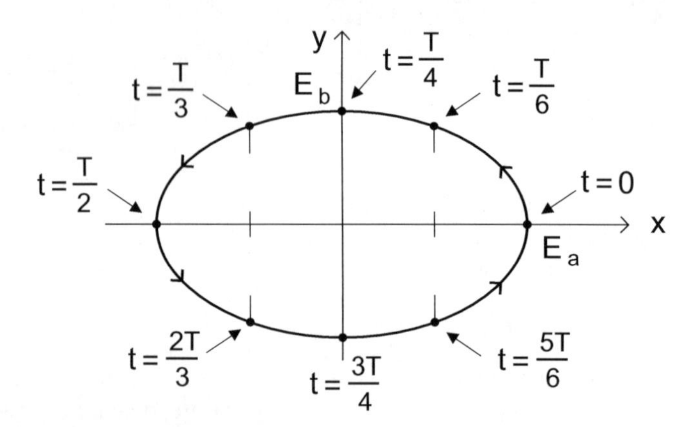

Figura 20.37: Trajetória do extremo de $\vec{E}$ para $\phi = -\pi/2$

As ondas decorrentes de $\phi = \pm\pi/2$ são ditas *elipticamente polarizadas.* Para $\phi = -\pi/2$, recebem o nome mais específico de *polarizadas elipticamente à esquerda*; e para $\phi = \pi/2$, *polarizadas elipticamente à direita.* No caso de $E_a = E_b$ são ditas *circularmente polarizadas*, com denominações semelhantes para $\phi = -\pi/2$ e $\phi = \pi/2$.

Nossos olhos não distinguem se a luz é polarizada ou não (os das abelhas, por exemplo, distinguem, o que as ajudam na orientação). Apesar disso, seu conhecimento possui grande utilidade prática. Por exemplo, na fotografia, quando lentes polarizadoras eliminam problemas de luz refletida (que contém grande quantidade de luz polarizada). Nas lentes de alguns óculos, também. Veremos

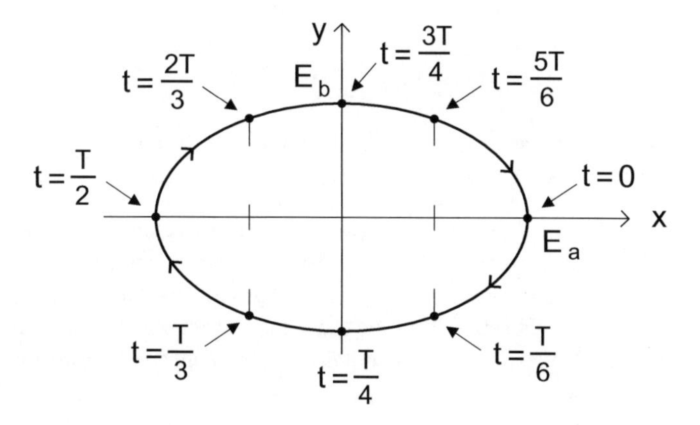

Figura 20.38: Trajetória do extremo de $\vec{E}$ para $\phi = \pi/2$

o porquê disto no desenvolvimento a seguir (aliás, é a polarização da luz refletida que orienta as abelhas quanto à posição do Sol).

20.7.2 Polarização por reflexão

Seja uma onda eletromagnética propagando-se no meio 1 e incidindo sobre a superfície de separação com o meio 2 como mostra a primeira Figura 20.39. Podemos considerá-la linearmente polarizada com o vetor $\vec{E}_1$ perpendicular ao plano de incidência (plano xy). A segunda figura representa outra onda, com campo elétrico de mesmo módulo, mas polarizado paralelamente ao plano xy. Estou usando a mesma letra para não sobrecarregar a notação, mas o $\vec{E}_1$ da primeira figura é diferente do da segunda (não haverá confusão porque não os usaremos na mesma equação).

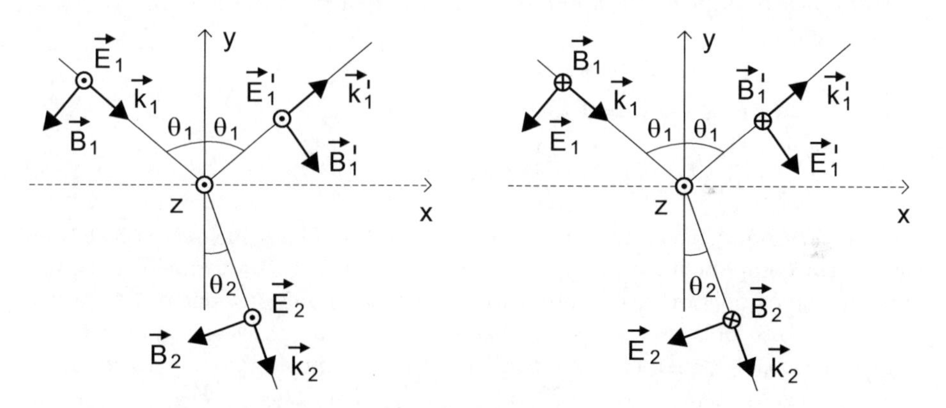

Figura 20.39: Ondas linearmente polarizadas

Vejamos as características de reflexão e refração dessas duas ondas, através dos chamados *coeficientes de Fresnel*,

$$r = \frac{E'_{10}}{E_{10}} \qquad t = \frac{E_{20}}{E_{10}} \tag{20.36}$$

Ao aplicar aos dois casos, chamaremos de $r_\perp$ e $t_\perp$ os coeficientes de Fresnel relacionados à primeira figura; e de $r_\parallel$ e $t_\parallel$, aos da segunda.

Na demonstração das leis da Ótica Geométrica, estávamos interessados apenas na continuidade do campo eletromagnético na superfície de separação entre os dois meios, pois ali não havia cargas livres. Agora também não há, mas, para obter os coeficientes de Fresnell (em termos das características dos meios e do ângulo de incidência), precisamos do relacionamento entre os módulos dos campos elétrico e magnético no instante que passa de um meio a outro. Também é obtido das equações de Maxwell (como se fosse um problema de eletrostática ou magnetostática). Basta considerar as equações de Maxwell correspondentes, na forma integral, tomando linhas e superfícies fechadas próximas à superfície de separação. Vou deixar como exercício, considerando dois campos gerais $\vec{E}$ e $\vec{B}$, mostrar que (exercícios 45)

$$\begin{aligned} &\epsilon_1 E_{1n} = \epsilon_2 E_{2n} \\ &B_{1n} = B_{2n} \\ &E_{1t} = E_{2t} \\ &\frac{1}{\mu_1} B_{1t} = \frac{1}{\mu_2} B_{2t} \end{aligned} \tag{20.37}$$

em que E_{1n} é a componente do campo $\vec{E}$ no meio 1 normal à superfície de separação; E_{2n} é a componente normal no meio 2; E_{1t} é a componente tangencial no meio 1; e assim por diante, também para $\vec{B}$.

Para o caso da primeira Figura 20.39, essas relações fornecem

$$\begin{aligned} &B_{10} \operatorname{sen}\theta_1 + B'_{10} \operatorname{sen}\theta_1 = B_{20} \operatorname{sen}\theta_2 \\ &E_{10} + E'_{10} = E_{20} \\ &\frac{1}{\mu_1} B_{10} \cos\theta_1 - \frac{1}{\mu_1} B'_{10} \cos\theta_1 = \frac{1}{\mu_2} B_{20} \cos\theta_2 \end{aligned} \tag{20.38}$$

Não há correspondência para a primeira relação (20.37) porque o campo elétrico não possui componente normal à superfície de separação. Também podemos mostrar que os dois primeiros resultado acima são iguais (exercício 46). O que está consistente pois precisamos apenas de duas para expressar E_{10} e E'_{10} em termos de E_{20}. Vamos escrever a última com campos elétricos. Basta fazer as substituições $B_{10} = E_{10}/v_1$, $B'_{10} = E'_{10}/v_1$ e $B_{20} = E_{20}/v_2$, em que $v_1 = 1/\sqrt{\epsilon_1 \mu_1}$ e $v_2 = 1/\sqrt{\epsilon_2 \mu_2}$ são as velocidades da luz nos meios 1 e 2, respectivamente. Assim, a última relação fica

$$\sqrt{\frac{\epsilon_1}{\mu_1}} \left(E_{10} + E'_{10}\right) \cos\theta_1 = \sqrt{\frac{\epsilon_2}{\mu_2}} E_{20} \cos\theta_2 \tag{20.39}$$

Combinando-a com a segunda (20.38), diretamente obtemos (exercício 47),

$$r_\perp = \frac{E'_{10}}{E_{10}} = \frac{\sqrt{\dfrac{\epsilon_1}{\mu_1}}\cos\theta_1 - \sqrt{\dfrac{\epsilon_2}{\mu_2}}\cos\theta_2}{\sqrt{\dfrac{\epsilon_1}{\mu_1}}\cos\theta_1 + \sqrt{\dfrac{\epsilon_2}{\mu_2}}\cos\theta_2} \tag{20.40}$$

$$t_\perp = \frac{E_{20}}{E_{10}} = \frac{2\sqrt{\dfrac{\epsilon_1}{\mu_1}}\cos\theta_1}{\sqrt{\dfrac{\epsilon_1}{\mu_1}}\cos\theta_1 + \sqrt{\dfrac{\epsilon_2}{\mu_2}}\cos\theta_2} \tag{20.41}$$

Tomemos, agora, o caso da segunda figura ($\vec{E}_1$ no plano de incidência). Agora, as relações (20.37) fornecem

$$\begin{aligned}
&\epsilon_1 E_{10}\,\mathrm{sen}\,\theta_1 + \epsilon_1 E'_{10}\,\mathrm{sen}\,\theta_1 = \epsilon_2 E_{20}\,\mathrm{sen}\,\theta_2\\
&E_{10}\cos\theta_1 - E'_{10}\cos\theta_1 = E_{20}\cos\theta_2\\
&\frac{1}{\mu_1}\left(B_{10} + B'_{10}\right) = \frac{1}{\mu_2} B_{20}
\end{aligned} \tag{20.42}$$

Não há correspondência para a segunda (20.37) porque o campo magnético é paralelo à superfície de separação. Também, a primeira e a terceira, que pode ser escrita como [mesmo desenvolvimento para obtenção de (20.39)],

$$\sqrt{\frac{\epsilon_1}{\mu_1}}\left(E_{10} + E'_{10}\right) = \sqrt{\frac{\epsilon_2}{\mu_2}}\,E_{20} \tag{20.43}$$

são iguais (exercício 48). Combinando, então, as duas relações restantes, diretamente obtemos (exercício 49)

$$r_\parallel = \frac{E'_{10}}{E_{10}} = \frac{\sqrt{\dfrac{\epsilon_2}{\mu_2}}\cos\theta_1 - \sqrt{\dfrac{\epsilon_1}{\mu_1}}\cos\theta_2}{\sqrt{\dfrac{\epsilon_2}{\mu_2}}\cos\theta_1 + \sqrt{\dfrac{\epsilon_1}{\mu_1}}\cos\theta_2} \tag{20.44}$$

$$t_\parallel = \frac{E_{20}}{E_{10}} = \frac{2\sqrt{\dfrac{\epsilon_1}{\mu_1}}\cos\theta_1}{\sqrt{\dfrac{\epsilon_2}{\mu_2}}\cos\theta_1 + \sqrt{\dfrac{\epsilon_1}{\mu_1}}\cos\theta_2} \tag{20.45}$$

Sejam algumas observações.

(i) Para incidência normal ($\theta_1 = 0$ e, consequentemente, $\theta_2 = 0$) não há caracterização do plano de incidência. Assim, neste caso, deveremos ter $r_\perp = r_\parallel$ e $t_\perp = t_\parallel$. Confirmemos isto pelas relações (20.40), (20.41), (20.44) e (20.45). De fato, com respeito a (20.41) e (20.45), vemos que ambas fornecem

$$t_\perp = t_\parallel = \frac{2\sqrt{\dfrac{\epsilon_1}{\mu_1}}}{\sqrt{\dfrac{\epsilon_1}{\mu_1}} + \sqrt{\dfrac{\epsilon_2}{\mu_2}}} \tag{20.46}$$

Entretanto, partindo de (20.40) e (20.44) parece haver uma discrepância,

$$r_\perp = \frac{\sqrt{\dfrac{\epsilon_1}{\mu_1}} - \sqrt{\dfrac{\epsilon_2}{\mu_2}}}{\sqrt{\dfrac{\epsilon_1}{\mu_1}} + \sqrt{\dfrac{\epsilon_2}{\mu_2}}} \tag{20.47}$$

$$r_\parallel = \frac{\sqrt{\dfrac{\epsilon_2}{\mu_2}} - \sqrt{\dfrac{\epsilon_1}{\mu_1}}}{\sqrt{\dfrac{\epsilon_1}{\mu_1}} + \sqrt{\dfrac{\epsilon_2}{\mu_2}}} \tag{20.48}$$

Não há. O sinal relativo menos é porque, na segunda figura, E'_{10} e E_{10} têm sentidos opostos.

(*ii*) Vemos nas relações (20.40) e (20.44) que há, em cada caso, um ângulo de incidência com $r_\perp$ e $r_\parallel$ nulos. Em (20.40) isto acontece se

$$\begin{aligned}
\sqrt{\frac{\epsilon_1}{\mu_1}}\cos\theta_1 &= \sqrt{\frac{\epsilon_2}{\mu_2}}\cos\theta_2 \\
&= \sqrt{\frac{\epsilon_2}{\mu_2}}\sqrt{1-\operatorname{sen}^2\theta_2} \\
&= \sqrt{\frac{\epsilon_2}{\mu_2}}\sqrt{1-\frac{\mu_1\,\epsilon_1}{\mu_2\,\epsilon_2}\operatorname{sen}^2\theta_1} \\
\Rightarrow\quad \frac{\epsilon_1}{\mu_1}\cos^2\theta_1 &= \frac{\epsilon_2}{\mu_2}\left(1-\frac{\mu_1\,\epsilon_1}{\mu_2\,\epsilon_2}\operatorname{sen}^2\theta_1\right)
\end{aligned}$$

Na passagem da segunda para a terceira linha usou-se (20.2) (lei de Snell).

Pelo que vimos na Seção 17.7 (Volume 2), as permissividades de substâncias *não ferromagnéticas* (que são as dos meios que estamos considerando) são muito próximas à permissividade magnética do vácuo (as correções se dão em torno da quinta casa decimal). Assim, tomando $\mu_1 = \mu_2 = \mu_o$, o resultado acima fica

$$\begin{aligned}
&\epsilon_1\cos^2\theta_1 = \epsilon_2\left(1-\frac{\epsilon_1}{\epsilon_2}\operatorname{sen}^2\theta_1\right) \\
&\epsilon_1\left(\cos^2\theta_1 + \operatorname{sen}^2\theta_1\right) = \epsilon_2 \\
\Rightarrow\quad &\epsilon_1 = \epsilon_2
\end{aligned}$$

que é um resultado com interpretação trivial. Não haverá onda refletida se os dois meios forem iguais (não há mais superfície de separação).

Façamos a mesma análise para a relação (20.44). Veremos que algo bem mais interessante acontece.

$$\begin{aligned}\sqrt{\frac{\epsilon_2}{\mu_2}}\cos\theta_1 &= \sqrt{\frac{\epsilon_1}{\mu_1}}\cos\theta_2\\ &= \sqrt{\frac{\epsilon_1}{\mu_1}}\sqrt{1-\operatorname{sen}^2\theta_2}\\ &= \sqrt{\frac{\epsilon_1}{\mu_1}}\sqrt{1-\frac{\mu_1\,\epsilon_1}{\mu_2\,\epsilon_2}\operatorname{sen}^2\theta_1}\end{aligned}$$

em que, na última passagem, usou-se novamente a lei de Snell. Até aqui, os passos foram os mesmos ao caso anterior. Agora, escrevendo $\mu_1\epsilon_1/\mu_2\epsilon_2$ em termos dos índices de refração e, depois, fazendo $\mu_1 = \mu_2$, diretamente encontramos (exercício 50)

$$\operatorname{tg}\theta_B = \frac{n_2}{n_1} \tag{20.49}$$

que é conhecida como *lei de Brewster* e θ_B é um ângulo com o mesmo nome. No caso de os meios serem ar e vidro ($n_1 \simeq 1$ e $n_2 \simeq 1,5$), obtém-se $\theta_B \simeq 56^{\circ}$.

Em consequência do que vimos acima, temos um importante e interessante resultado. Se incidirmos sobre a superfície de separação entre dois meios uma onda eletromagnética num ângulo de incidência igual ao de Brewster, a onda refletida será linearmente polarizada perpendicular ao plano de incidência. Esta é uma maneira de se obter uma onda eletromagnética polarizada linearmente. Voltaremos a falar sobre isto de forma quantitativa na última observação.

(*iii*) Em geral, não é o campo elétrico da onda eletromagnética que se mede, mas, sim, a média do fluxo de energia por unidade de área, que é chamado *intensidade da onda.* Esta quantidade, corresponde à média do vetor de Poynting, que foi apresentado no volume anterior, Seção 19.3. Só relembrando, para uma onda eletromagnética, cujos campos são $\vec{E}$ e $\vec{B}$, propagando-se num meio de permissividade μ, o vetor de Poynting $\vec{S}$ é dado por

$$\vec{S} = \frac{\vec{E}\times\vec{B}}{\mu} \tag{20.50}$$

Seu sentido é o do vetor de onda $\vec{k}$. Assim, para o caso geral de ondas com

$$\begin{aligned}\vec{E} &= \vec{E}_{\rm o}\operatorname{sen}(\vec{k}\cdot\vec{r}-\omega t)\\ \vec{B} &= \vec{B}_{\rm o}\operatorname{sen}(\vec{k}\cdot\vec{r}-\omega t)\end{aligned} \tag{20.51}$$

e chamando $\hat{k}$ o unitário correspondente ao vetor de onda (não está relacionado necessariamente ao eixo z) teríamos,

$$\vec{S} = \frac{E_{\rm o}B_{\rm o}}{\mu}\operatorname{sen}^2(\vec{k}\cdot\vec{r}-\omega t)\,\hat{k} \tag{20.52}$$

Seu valor médio, que chamaremos $\vec{S}_m$, vem da média de $\text{sen}^2(...)$, que é 1/2 (exercício 51). Assim,

$$\vec{S}_m = \frac{E_o B_o}{2\mu}\,\hat{k} \tag{20.53}$$

Vamos associá-lo aos casos da Figura 20.39, em que $\vec{S}_{1m}$, $\vec{S}'_{1m}$ e $\vec{S}_{2m}$ são os vetores de Poynting médios correspondentes às ondas incidente, refletida e refratada, respectivamente. Introduzamos as quantidades R e T, que estão relacionadas às intensidades das ondas refletida e refratada com respeito à intensidade da onda incidente. São definidas pelas razões entre as componentes normais de $\vec{S}'_{1m}$ e $\vec{S}_{2m}$ com a componente normal de $\vec{S}_{1m}$,

$$R = \frac{S'_{1m}}{S_{1m}} \qquad T = \frac{S_{2m}\cos\theta_2}{S_{1m}\cos\theta_1} \tag{20.54}$$

Assim, para os dois casos da Figura 20.39, temos, para as ondas refletidas (usando a mesma notação para distingui-los)

$$R_\perp = \frac{E'_{10}B'_{10}}{E_{10}B_{10}} = \left(\frac{E'_{10}}{E_{10}}\right)^2 = r_\perp^2 \tag{20.55}$$

$$R_\parallel = r_\parallel^2 \tag{20.56}$$

E para as ondas transmitidas,

$$T_\perp = \frac{E_{20}B_{20}\cos\theta_2}{E_{10}B_{10}\cos\theta_1} = \left(\frac{E_{20}}{E_{10}}\right)^2 \frac{\sqrt{\mu_2\,\epsilon_2}\,\cos\theta_2}{\sqrt{\mu_1\,\epsilon_1}\,\cos\theta_1}$$

$$= \frac{\sqrt{\epsilon_2}\,\cos\theta_2}{\sqrt{\epsilon_1}\,\cos\theta_1}\,t_\perp^2 \tag{20.57}$$

$$T_\parallel = \frac{\sqrt{\epsilon_2}\,\cos\theta_2}{\sqrt{\epsilon_1}\,\cos\theta_1}\,t_\parallel^2 \tag{20.58}$$

Por consistência, podemos diretamente mostrar que (exercício 52)

$$R_\perp + T_\perp = 1$$

$$R_\parallel + T_\parallel = 1 \tag{20.59}$$

que nada mais são do que a conservação da energia na superfície de separação entre os dois meios.

(*iv*) Voltemos ao final do item (*ii*), quando vimos que incidindo uma onda eletromagnética na superfície de separação entre dois meios, num ângulo igual ao de Brewster, a onda refletida era linearmente polarizada. É interessante ressaltar que, mesmo para incidências fora do ângulo de Brewster, há uma predominância de ondas refletidas polarizadas perpendicularmente. Veja, por favor, a Figura 20.40 para o caso de o meio 1 ser o ar; e o 2, vidro, em que R é a *intensidade* da onda refletida.

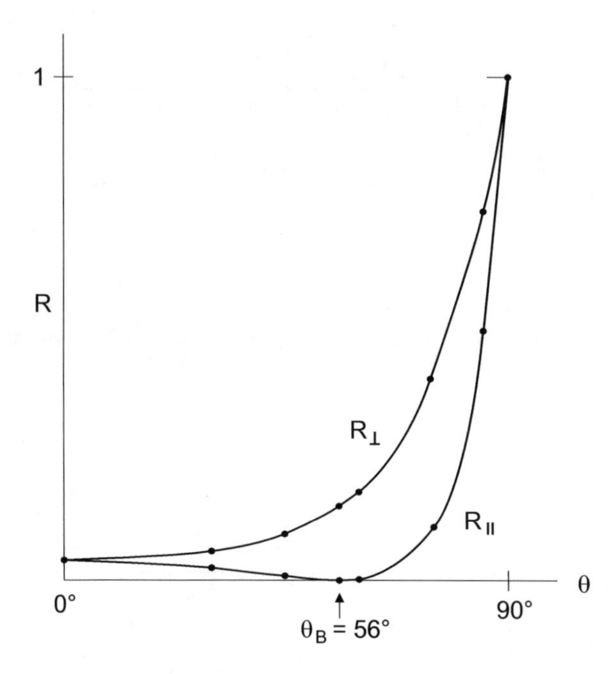

Figura 20.40: Comparação entre as ondas refletidas

Poderíamos traçar os gráficos acima, mas, no momento, estamos apenas interessados na informação que foi passada.[6] Sugiro ao estudante fazer os exercícios 53 - 56. que completam o estudo deste capítulo.

Exercícios [7]

1* - Das relações (20.6), obter as duas últimas leis da ótica geométrica.

2* - Uma fibra ótica consiste de um núcleo de material transparente (formato cilíndrico geralmente muito fino) com índice de refração n_1 e envolvido por uma película de índice de refração n_2 ($n_2 > n_1$). Tomemos $n_1 = 3/2$ e $n_2 = 4/3$. Consideremos um sinal luminoso indo do ar para a fibra e fazendo um ângulo θ com seu eixo, como mostra a Figura 20.41. Calcular o valor máximo de θ. Você pode explicar a função da película de índice n_2? Como é o funcionamento da fibra ótica?

3 - Um cilindro circular reto e longo (tipo de fibra ótica), construído com material de índice de refração $\sqrt{2}$, está imerso no ar. Um raio luminoso incide

[6]Caso o estudante esteja interessado, veja, por favor, a resolução do exercício 30 da lista número 20, do meu livro **Teoria Eletromagnética - Parte Clássica**, Capítulo 7, Editora Livraria da Física.

[7]Os exercícios marcados com asterisco estão resolvidos no Apêndice G. Como mencionei nos volumes anteriores, eles não são necessariamente os mais difíceis. Aqui também, sugiro ao estudante que primeiro tente resolvê-los antes de verificar a solução.

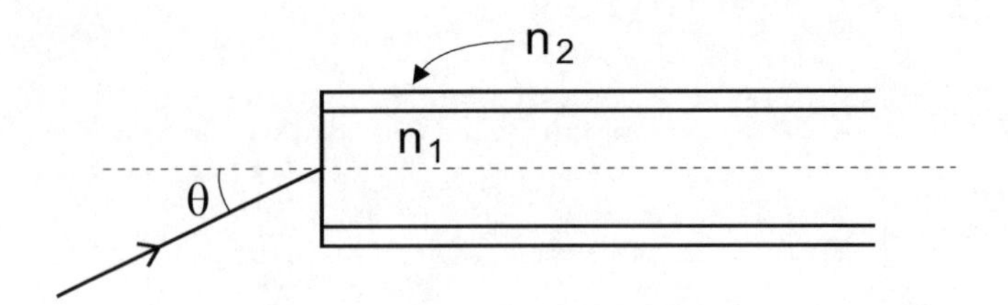

Figura 20.41: Exercício 2

num ângulo de 45° em uma das bases (veja, por favor, a Figura 20.42).

a) Obter o ângulo β com que o raio refratado atinge a superfície lateral (ponto F da figura).

b) Qual o ângulo crítico?

c) Explicar o que ocorrerá com o raio luminoso no interior do cilindro.

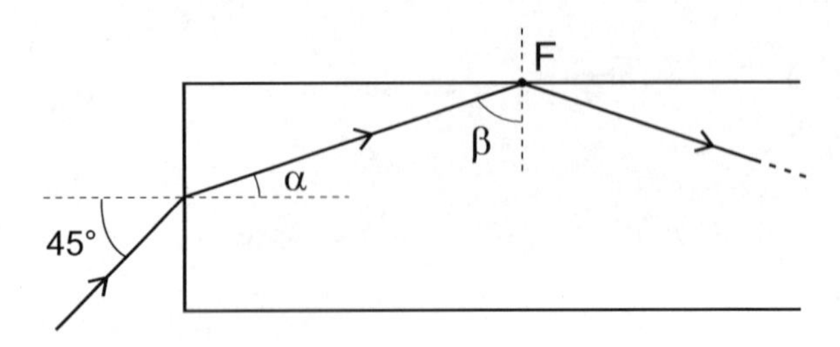

Figura 20.42: Exercício 3

4 - Um bloco retangular, feito de material transparente, possui índice de refração n. Um raio luminoso incide no topo através de um ângulo θ e emerge da face lateral com ϕ, como mostra a Figura 20.43.

a) Expressar o ângulo ϕ em termos de θ e do índice de refração n.

b) Se $n = 1,50$, o raio de luz ainda emerge da face lateral? Por que?

b) Para que valor de n o raio sairá paralelo à face lateral quando $\theta = 30°$?

5 - Um raio luminoso incide sobre uma placa de vidro de espessura t e índice de refração n através de um ângulo θ (veja, por favor, a Figura 20.44). Mostrar que o deslocamento δ entre os raios incidente e refratado é

$$\delta = \frac{t \operatorname{sen}\theta}{\sqrt{n^2 - \operatorname{sen}^2\theta}} \left(\sqrt{n^2 - \operatorname{sen}^2\theta} - \cos\theta\right)$$

Se θ for muito pequeno, mostrar que a expressão do deslocamento fica

$$\delta \simeq t\theta \, \frac{n-1}{n}$$

6* - Considere um raio luminoso incidindo na face de um prisma através de um ângulo ϕ_1 e saindo na outra face com ϕ_2, como mostra a Figura 20.45. Mostrar que

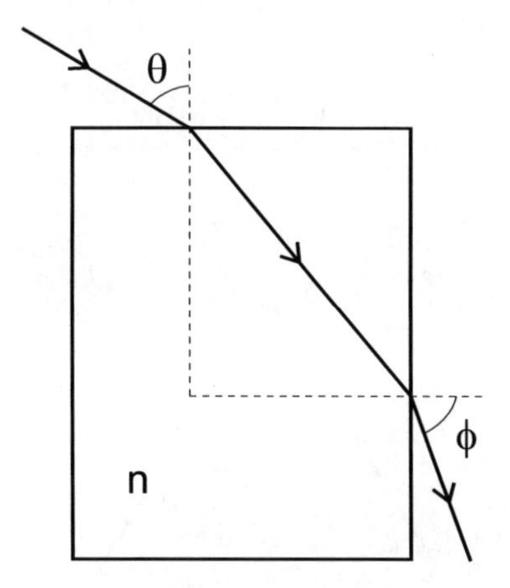

Figura 20.43: Exercício 4

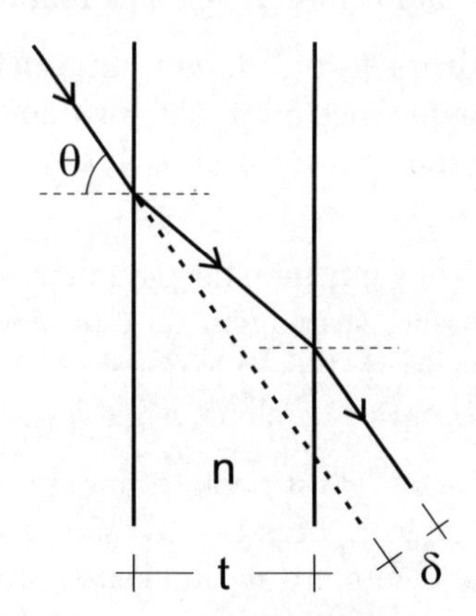

Figura 20.44: Exercício 5

a) o desvio angular sofrido pelo raio luminoso é $\delta = \phi_1 + \phi_2 - A$;

b) o desvio mínimo é dado por $\delta_{\text{mín}} = 2\,\phi_1 - A$;

c) o índice de refração do prisma pode ser expresso em termos do desvio mínimo através da relação

$$n = \frac{\operatorname{sen}\frac{1}{2}\left(A + \delta_{\text{mín}}\right)}{\operatorname{sen}\frac{1}{2}A}$$

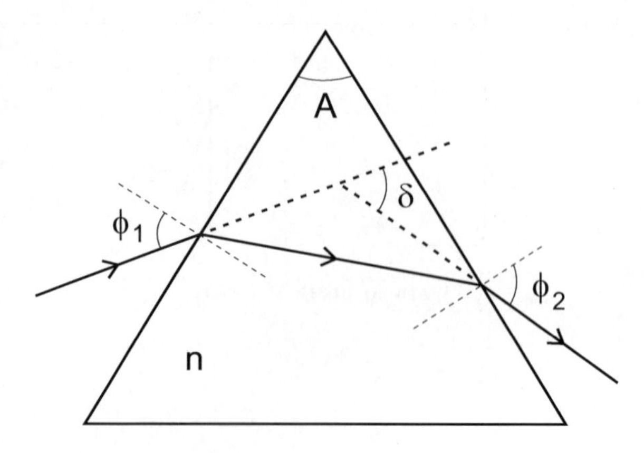

Figura 20.45: Exercício 6

7* - Usando o princípio do tempo mínimo, obter a terceira lei da ótica geométrica a partindo dos dados mostrados na Figura 20.4.

8 - Uma pessoa de altura h está diante um espelho plano situado a uma distância D. Considerando que seus olhos distam d do topo de sua cabeça, obter o tamanho do espelho e a que distância do solo deve ser posicionado para que consiga ver toda a sua imagem.

9 - Um menino está com um espelho plano em suas mãos, posicionado a $0{,}50\,m$ de seus olhos, e observa a imagem de uma árvore de $10{,}0\,m$ de altura, localizada a $30{,}0\,m$ de suas costas. Sabendo que seus olhos estão a $1{,}50\,m$ do solo, qual o tamanho do espelho para que ele consiga ver a árvore completamente?

10 - Um objeto puntiforme P está colocado entre dois espelhos planos formando entre si um ângulo de $90°$. Mostrar que são geradas três imagens. Pode-se diretamente induzir que o número de imagens para o caso de dois espelhos formando um ângulo α, sendo $360°/\alpha$ um número inteiro par, é

$$N = \frac{360°}{\alpha} - 1$$

Verifique sua consistência para o caso estudado e, também, o da Figura 20.5, em que $\alpha = 180°$.

11* - No caso de $360^{\circ}/\alpha$ igual a um número ímpar, há certa particularidade. Verificar isto considerando o caso mais simples, $\alpha = 120^{\circ}$. Mostrar que haverá duas imagens se P estiver situado simetricamente entre os espelhos, mas três em caso contrário.

12* - Após obter a equação dos espelhos esféricos, relação (20.9), foi ressaltada sua compatibilidade com espelhos planos fazendo $R \to \infty$. Acontece que (20.9) foi deduzida num caso particular, com incidência de raios luminosos em pequenos ângulos, para evitar aberração. E pelo que foi estudado em espelho plano, não havia aberração. Justificar porque a aberração desaparece ao tomar $R \to \infty$.

13 - Usando um dispositivo como o da Figura 20.9, mostrar a formação da imagem para o caso de o ponto P estar situado entre o foco e o vértice.

14 - Considerando os dados dos itens a - g (referentes à posição da imagem em espelhos côncavos para diversas posições do objeto), fazer a análise da natureza da imagem para objetos extensos,correspondente à relação (20.12).

15 - Através da Figura 20.16, mostrar que a relação (20.12), referente à amplitude, também vale para espelhos convexos.

16 - Partindo das posições particulares do objeto para espelhos convexos (infinito, foco, R e vértice), construir os gráficos mostrados nas Figuras 20.17. Verificar a natureza da imagem para as diversas posições do objeto.

17* - Um objeto vertical de $2\,cm$ é colocado diante de um espelho esférico de $6\,cm$ de raio. Qual a sua posição e o tipo de espelho para que $m = 2$? Qual a posição e natureza da imagem?

18 - Idem para $m = -2$, $m = 1/2$ e $m = -1/2$?

19 - Um objeto vertical está a $8\,cm$ da superfície de uma bola de árvore de Natal (espelhada) de raio $4\,cm$. Onde a imagem vai se formar e qual a ampliação?

20* - Certo espelho caseiro, colocado a $30\,cm$ do nosso rosto, permite que vejamos nossa face com duas vezes de aumento. Qual o tipo de espelho? Qual o seu raio? O que aconteceria se afastássemos muito o espelho?

21* - Seja um objeto pontual movendo-se com velocidade v ao longo do eixo principal de um espelho esférico (côncavo ou convexo) de raio R. Qual a relação com a velocidade da imagem quando está na posição p? Interprete a expressão obtida, tanto para espelhos côncavos como convexos, considerando o objeto (real) com velocidade constante V partindo da origem.

22 - Um objeto linear de comprimento L está ao longo do eixo principal de um espelho esférico (côncavo ou convexo) de raio R. No dispositivo da Figura 20.46, usei um espelho côncavo apenas por referência. Mostrar que a imagem L' é dada por

$$L' = -\frac{R^2}{(2p - R + 2L)(2p - R)} L$$

No caso de espelho convexo, basta substituir R por $-R$. Considerando que o objeto seja sempre real, fale sobre algumas características da imagem relativamente à sua posição ao objeto.

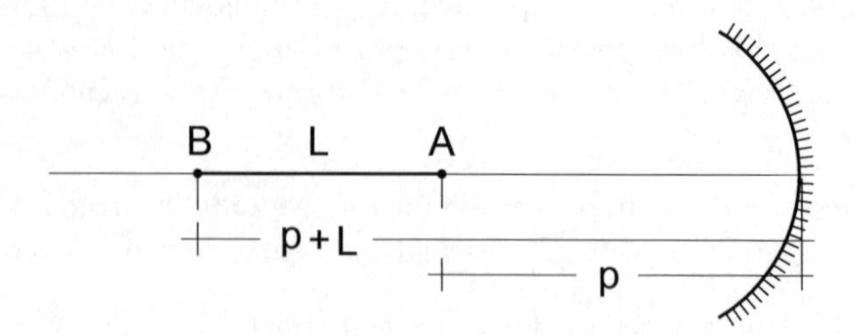

Figura 20.46: Exercício 22

23 - Usando as relações obtidas da Figura 20.18 para pequenos ângulos, obter a equação (20.17).

24* - Mostrar que ao tomar o limite $R \to \infty$ na relação (20.17) a aberração não desaparece.

25* - Obter a expressão que relaciona as posições do objeto e imagem considerando diretamente a refração em superfície plana.

26* - Deduzir a relação (20.19).

27 - Deduzir a relação (20.19) tendo como referência a Figura 20.21.

28* - O dispositivo da Figura 20.47 corresponde a uma piscina de $4,0\,m$ de profundidade, onde P é uma ponto qualquer da sua base (pode ser uma moeda, um certo azulejo etc.). Considere o índice de refração da água igual a $4/3$.

a) Qual a profundidade da piscina para A (posição da imagem P')?

b) A que profundidade B, afastado $2,0\,m$ de A, vê a imagem do ponto P?

c) A posição de B possui algum limite horizontal?

29 - Considere a mesma piscina do exercício anterior, mas com o fundo sendo um espelho. Onde estará a imagem de uma lâmpada colocada a $2,0\,m$ acima da superfície da água?

30* - Um objeto pontual P é colocado a $2,0\,cm$ diante de uma placa de vidro (índice de refração $n = 1,5$) de superfícies planas e com espessura de $5,0\,cm$ (veja, por favor, a Figura 20.48). Qual a posição da imagem final?

31 - Tomemos a situação mostrada na Figura 20.49. O objeto está a $5,0\,cm$ de uma placa com índice de refração $n_1 = 1,5$, que está junta de outra com $n_2 = 2,0$. Ambas têm espessura de $2,0\,cm$. Qual a posição da imagem final?

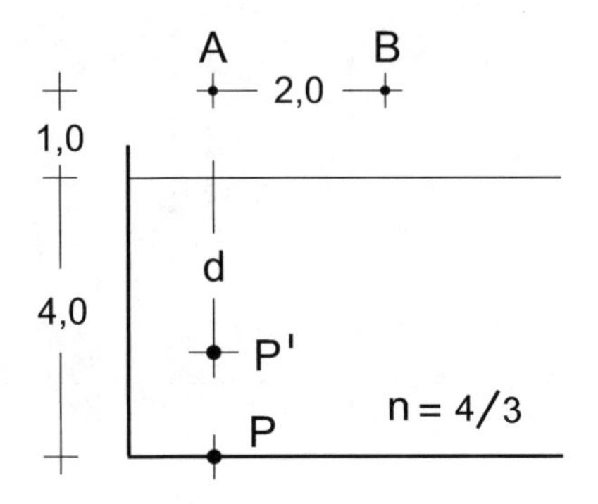

Figura 20.47: Exercício 28

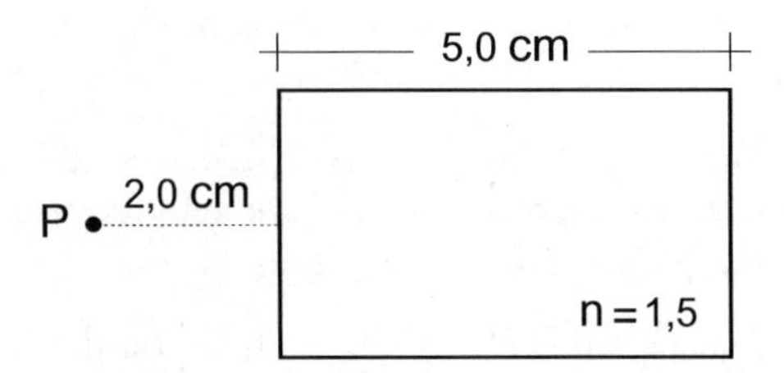

Figura 20.48: Exercício 30

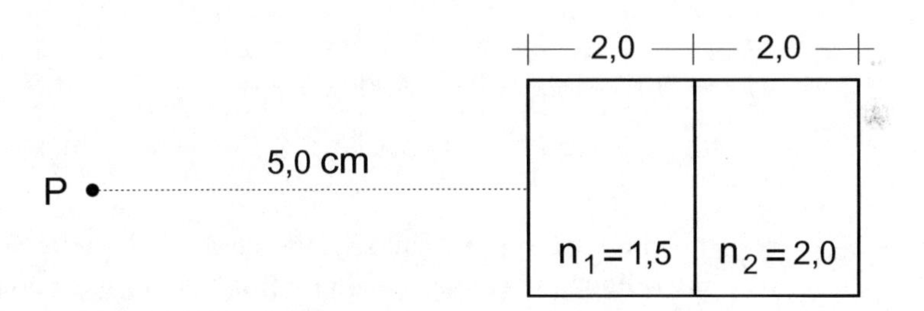

Figura 20.49: Exercício 31

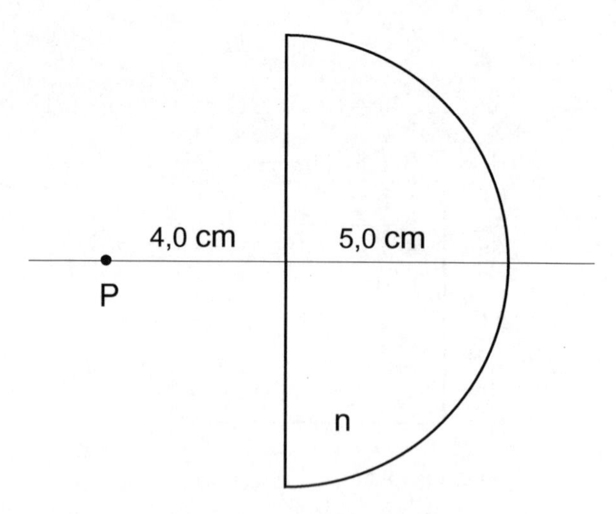

Figura 20.50: Exercício 32

32 - Um objeto pontual P está a $4,0\,cm$ de uma semiesfera de vidro (índice de refração $n = 3/2$) cujo raio vale $5,0\,cm$, como mostra a Figura 20.50. Obter a posição da imagem final. Qual a posição da imagem final se a semiesfera estiver invertida (o ponto P a $4,0\,cm$ da face esférica)?

33* - Considere, agora, o objeto pontual P a $4,0\,cm$ de uma esfera de vidro (com o mesmo raio e índice de refração do exercício anterior). Qual a posição da imagem final? Idem para o objeto situado a $40\,cm$.

34 - Seja um objeto pontual P situado a $30\,cm$ de um dispositivo de vidro (índice de refração $1,5$) de $1,0\,m$ de comprimento, como mostra a Figura 20.51, onde R_1 e R_2 são raios de superfícies esféricas com $10\,cm$ e $20\,cm$, respectivamente. Qual a posição final da imagem?

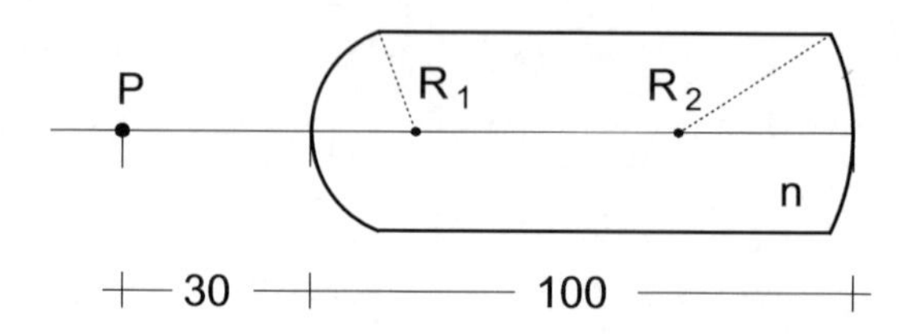

Figura 20.51: Exercício 34

35* - Seja d a distância entre o filme (ou sensor) e a lente de uma câmera, ou entre a retina e o cristalino. De forma semelhante ao que foi feito no início da Subseção 20.6.4 para os projetores, repetir para as câmeras e nossos olhos.

36 - Considere um objeto a $32\,cm$ de um anteparo. Uma lente de distância focal $6,0\,cm$ (convergente) é colocada entre ambos. Obter as posições da lente para que ocorram imagens reais sobre o anteparo. Qual a ampliação em cada caso? Verificar, usando uma lente de distância focal $-6,0\,cm$ (divergente), que não existe nenhuma solução possível.

37 - Repetir o exercício anterior, considerando $27\,cm$ a distância do objeto ao anteparo e usando a mesma lente.

38* - Seja uma lente de distância focal $5,0\,cm$ (convergente). Qual lente, colocada próxima a ela, faz com que este ponto passe para a posição $6,0\,cm$ (semelhante ao que ocorre na correção de miopia).

39 - Repetir, considerando que o ponto passe para a posição $4,0\,cm$ (agora é semelhante à correção de hipermetropia).

40 - Um objeto é colocado a $30\,cm$ de uma lente de distância focal $7,5\,cm$. Onde a imagem irá se formar? Qual lente deve ser colocada entre ela e o objeto, a $2,0\,cm$ da lente, para que a imagem se forme $1,0\,cm$ depois?

41 - Repetir, considerando a imagem agora se formando $1,0\,cm$ antes.

42* - Seguindo os mesmos passos do cálculo da ampliação do microscópio, isto é, calculando a ampliação da objetiva e multiplicando pela da ocular (tomar como referência dos dados da Figura 20.33), obter M para o telescópio. Como foi mencionado no texto, não deverá ser o mesmo M dado por (20.30). Qual o significado do M encontrado?

43 - Mostre que afastando-se um objeto de uma lente (convergente ou divergente), ou de um espelho (côncaco ou convexo) com velocidade v, a velocidade v' de sua imagem é dada por

$$v' = -m^2 v$$

em que m é a ampliação. Considere que o objeto se afaste com velocidade constante. O módulo da velocidade da imagem é constante? E o sentido?

44 - Mostre que para a fase $\phi = \pi/2$, a extremidade do vetor $\vec{E}$, dado por (20.32), descreve a elipse mostrada na Figura 20.38.

45* - Mostrar as relações (20.37).

46* - Mostrar que os dois primeiros resultados (20.38) são iguais.

47 - Obter as relações (20.40) e (20.41).

48 - Mostrar que a primeira e a terceira relações (20.42) são iguais.

49 - Combinando a segunda relação (20.42) com (20.43), obter as relações (20.44) e (20.45).

50 - Obter a relação (20.49).

51* - Obter o valor médio de $\text{sen}^2\,\theta$ no intervalo de zero a 2π.

52 - Mostrar as relações (20.59).

53* - Como vimos, os campos elétrico e magnético das ondas que compõem um feixe de luz geralmente apontam em todas as direções. Os polarizadores (caso das lentes polarizadoras das câmeras fotográficas) são dispositivos que só permitem passar a componente do campo elétrico numa determinada direção.

a) Considere um polarizador colocado diante de um feixe de luz não polarizada de intensidade I_o. Mostrar que a intensidade da luz polarizada é igual a metade da intensidade inicial.

b) Considere, agora, que a luz acima polarizada passe por mais dois polarizadores. A direção de polarização do primeiro fazendo um ângulo de 30° com a direção da luz polarizada; e o segundo, 60° com a do anterior (veja, por favor, a Figura 20.52). Qual a intensidade final em termos de I_o.

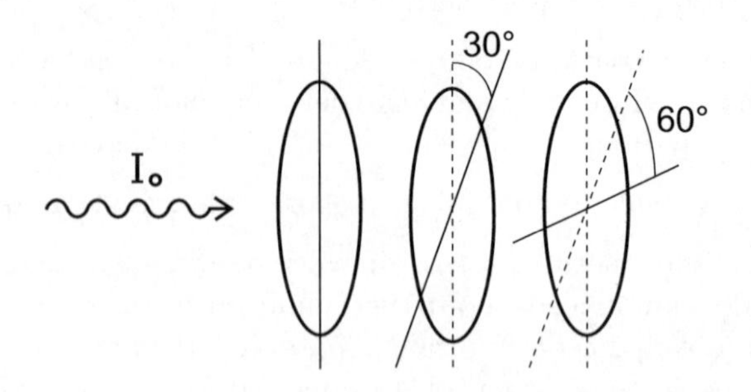

Figura 20.52: Exercício 53

54 - Quatro polarizadores são colocados diante de um feixe luminoso de intensidade I_o, cujas direções de propagação fazem um um ângulo de 30° com a do anterior. Qual a intensidade do feixe após passar pelo último polarizador?

55 - Qual deve ser o ângulo formado por dois polarizadores para que a intensidade de luz seja reduzida a 1/3?

56* - Como foi mostrado no item *a* do exercício 53, um feixe de luz, ao passar por um polarizador, tem sua intensidade reduzida à metade. Quantos polarizadores devemos colocar depois para girar a direção de polarização de 90° e reduzir a intensidade (depois que passou pelo polarizador inicial) de apenas 5%?

Capítulo 21

Interferência e difração

No Volume 2, Capítulo 10, vimos, de maneira geral, a superposição de ondas, levando a interferências construtiva e destrutiva. Referimo-nos, ainda, na Subseção 10.6.1, à experiência de Young com a luz. Voltaremos a este assunto, aqui, com mais detalhes.

Antes de tratar especificamente desta experiência, relembremos o fenômeno da interferência para o movimento ondulatório de maneira geral (não necessariamente a luz), visto na Seção 10.4.

21.1 Fenômeno da interferência

Na Figura 21.1, F_1 e F_2 são duas fontes sincronizadas (estão em fase) e P é certo ponto no mesmo meio onde estão as fontes. Para que a interferência seja construtiva em P, deveremos ter a diferença entre os percursos $\overline{F_1P}$ e $\overline{F_2P}$ igual a um número inteiro de comprimentos de onda,

$$\overline{F_2P} - \overline{F_1P} = n\lambda \qquad n = 1,\ 2,\ 3,\ \ldots \tag{21.1}$$

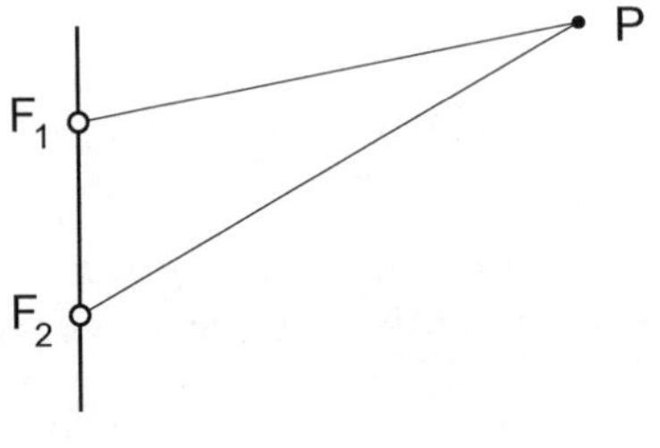

Figura 21.1: Duas fontes sincronizadas

E para que seja destrutiva, igual a um número semi-inteiro,

$$\overline{F_2P} - \overline{F_1P} = \left(n + \frac{1}{2}\right)\lambda \qquad n = 0,\ 1,\ 2,\ \ldots \tag{21.2}$$

Sem dúvida, fazer experiência como esta com a luz há dificuldades. Haja vista que a de Thomas Young só ocorreu em 1801, mais de 120 anos depois da teoria ondulatória de Huygens (mostrando as leis da reflexão e refração). A primeira dificuldade, é claro, relaciona-se ao pequeno comprimento de onda. Outra dificuldade é conseguir duas fontes luminosas sincronizadas. Naturalmente, não pode ser feita usando-se lâmpadas comuns para F_1 e F_2.

Antes de tratar da experiência de Young, sugiro ao estudante, para adquirir mais familiaridade sobre os processos de interferência, fazer os exercícios 1 - 5.

21.2 Experiência de Young

Vimos na Seção 10.6 do Volume 2 que Thomas Young resolveu este problema através do anteparo com duas fendas, interceptando uma onda luminosa plana incidente, como mostra a Figura 21.2. As fendas funcionam como fontes sincronizadas. Para se conseguir registrar o fenômeno da interferência, coloca-se uma tela na distância D do anteparo, onde $D \gg d$, sendo d a separação entre as fendas. Isto significa que os raios indo de F_1 e F_2 até a tela são aproximadamente paralelos. Também, as franjas claras e escuras são registradas próximas ao centro do anteparo (os ângulos correspondentes são muito pequenos).

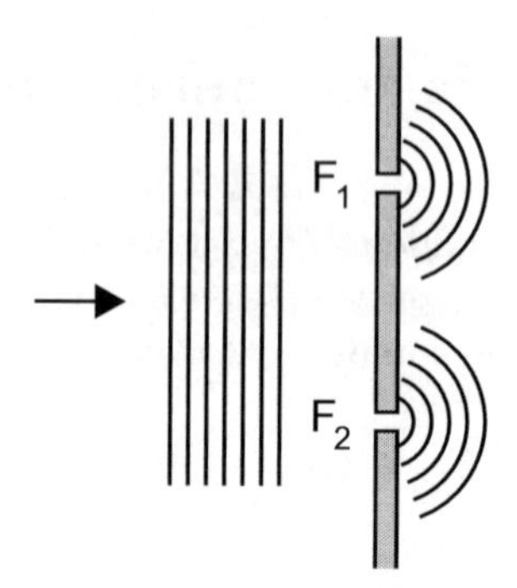

Figura 21.2: Anteparo com dupla fenda

A Figura 21.3 mostra, de forma ilustrativa, os raios chegando até o anteparo. Assim, haverá interferência construtiva ou destrutiva se

$$d \operatorname{sen} \theta = \begin{cases} n\,\lambda & \text{construtiva} \\ \left(n + \frac{1}{2}\right)\lambda & \text{destrutiva} \end{cases} \tag{21.3}$$

em que $d \operatorname{sen} \theta$ é a diferença de percurso entre os dois raios (lembrar que são aproximadamente paralelos). Sugiro ao estudante fazer o exercício 6.

A subseção a seguir corresponde a outra maneira para se chegar à conclusão acima, através da intensidade da onda resultante sobre a tela. Sugiro ao estudante que, antes disso, faça, ainda, os exercícios 7 - 9.

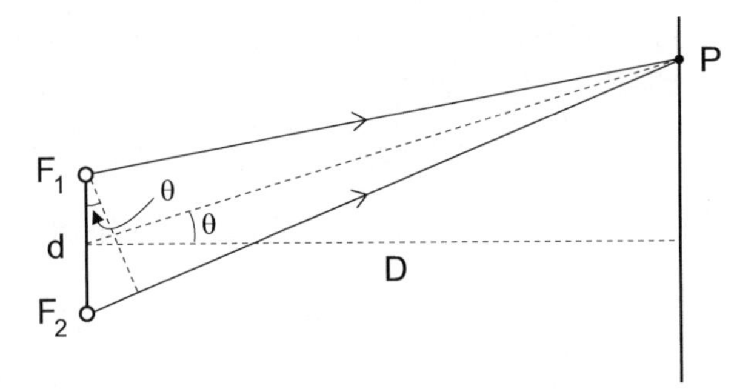

Figura 21.3: Interferência sobre uma tela

21.2.1 Outro desenvolvimento

Vamos obter os pontos de interferência construtiva e destrutiva através da intensidade da onda eletromagnética atingindo o anteparo. Só relembrando, a intensidade corresponde ao valor médio do módulo do vetor de Poynting,

$$\vec{S} = \frac{\vec{E} \times \vec{B}}{\mu_o}$$

que, como vimos no Volume 3, Subseção 19.3.3, desempenha o papel de uma corrente de energia (aparece numa equação de continuidade).

Comecemos, então. Consideremos que os módulos do campo elétrico das ondas que chegam a P, provenientes das duas fendas, sejam

$$\begin{aligned} E_1 &= E_{10} \operatorname{sen}\big(\omega t\big) \\ E_2 &= E_{20} \operatorname{sen}\big(\omega t + \phi\big) \end{aligned} \tag{21.4}$$

em que ϕ é a diferença de fase devido à diferença dos percursos. Lembrando da expressão geral do campo elétrico da onda eletromagnética, mais especificamente do termo $\vec{k} \cdot \vec{r}$ ($\vec{k}$ é o vetor de onda e $k = 2\pi/\lambda$), temos

$$\begin{aligned} \phi &= k\left(\overline{F_2P} - \overline{F_1P}\right) \\ &= \frac{2\pi}{\lambda}\, d \operatorname{sen}\theta \end{aligned} \tag{21.5}$$

Em virtude de a distância das fendas ao anteparo ser muito grande (e a diferença de percurso muito pequena), podemos considerar os campos elétricos das duas ondas com amplitudes aproximadamene iguais, $E_{10} \simeq E_{20}$. E como tiveram origem na mesma frente de onda, seus sentidos também são os mesmos. Assim, obtemos o módulo do campo elétrico resultante E,

$$\begin{aligned} E &= E_1 + E_2 \\ &\simeq E_{10}\Big[\operatorname{sen}\big(\omega t\big) + \operatorname{sen}\big(\omega t + \phi\big)\Big] \\ &= 2\,E_{10} \cos\frac{\phi}{2} \operatorname{sen}\left(\omega t + \frac{\phi}{2}\right) \end{aligned} \tag{21.6}$$

Na última passagem, usou-se a relação trigonométrica (que foi pedida para ser deduzida no exercício 10.15 do Volume 2),

$$\operatorname{sen} a + \operatorname{sen} b = 2 \operatorname{sen} \frac{a+b}{2} \cos \frac{a-b}{2}$$

Do resultado anterior, identificamos que a amplitude da onda resultante é

$$E_o = 2\, E_{10} \cos \frac{\phi}{2} \tag{21.7}$$

Podemos, então, escrever a intensidade I (em caso de alguma dúvida, sugiro ao estudante rever a solução do exercício 19.8, que está no Apêndice E do mesmo volume),

$$\begin{aligned} I &= \frac{E_o^2}{2\,\mu_o\, c} \\ &= 4\,\frac{E_{10}^2}{2\,\mu_o\, c} \cos^2 \frac{\phi}{2} \\ &= 4\, I_o \cos^2 \frac{\phi}{2} \end{aligned} \tag{21.8}$$

sendo I_o é a intensidade de cada onda isoladamente.

Os pontos de interferência construtiva são aqueles onde I é máximo; e os de interferência destrutiva, mínimo. Logo,

$$\begin{aligned} I = I_{\text{máx}} \quad &\Rightarrow \quad \cos^2 \frac{\phi}{2} = 1 \quad \Rightarrow \quad \frac{\phi}{2} = n\pi \\ &\Rightarrow \quad \frac{\pi}{\lambda}\, d \operatorname{sen}\theta = n\pi \\ &\Rightarrow \quad d \operatorname{sen}\theta = n\lambda \end{aligned}$$

que é a condição vista em (21.3). Na penúltima passagem usou-se a relação (21.5). Para interferência destrutiva,

$$\begin{aligned} I = I_{\text{mín}} \quad &\Rightarrow \quad \cos^2 \frac{\phi}{2} = 0 \quad \Rightarrow \quad \frac{\phi}{2} = \left(n + \frac{1}{2}\right)\pi \\ &\Rightarrow \quad \frac{\pi}{\lambda}\, d \operatorname{sen}\theta = \left(n + \frac{1}{2}\right)\pi \\ &\Rightarrow \quad d \operatorname{sen}\theta = \left(n + \frac{1}{2}\right)\lambda \end{aligned}$$

que também confere com a condição (21.3).

21.3 Interferência em filmes finos

Vimos nos desenvolvimentos acima, e em alguns exercícios, que a defasagem produzindo interferência luminosa origina-se na diferença de percursos entre ondas partindo de duas fontes (poderiam ser mais).

Existe outra maneira de haver defasagem e, consequentemente, interferência. É o caso da chamada *interferência em filmes finos* (ou *interferência em películas* ou, ainda, *inteferência em lâminas delgadas*). Ocorre quando o sinal luminoso incide sobre a superfície de uma fina lâmina de certo material. O termo *fino* significa espessura não muito grande perante o comprimento de onda. No caso geral, parte do sinal luminoso se reflete e parte se refrata. A parte refratada (ou fração dela) pode também sofrer reflexão na superfície inferior. Teremos, então, dois sinais luminosos saindo da película. Um que se refletiu na superfície superior e outro na inferior (veja, por favor, a Figura 21.4). Esses sinais podem estar defasados devido à diferença de percursos, aos diferentes meios e a uma possível inversão de fase na reflexão.

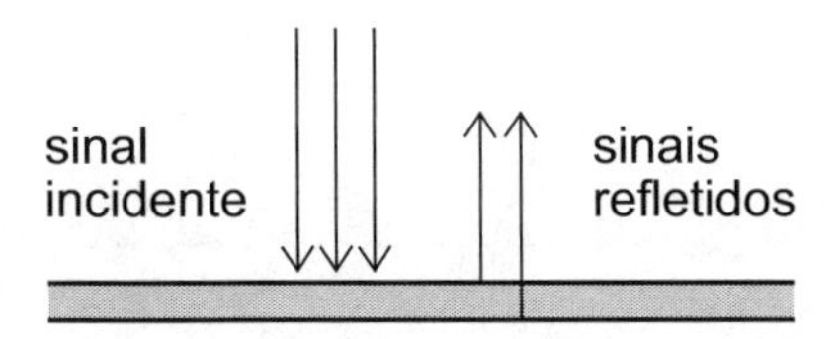

Figura 21.4: Interferência em filme fino

Expliquemos este último caso. Voltemos ao exemplo discutido no capítulo anterior, referente à Figura 20.39. Para incidência normal, $\theta_1 = 0$ e, consequentemente, $\theta_2 = 0$, obtivemos os coeficientes de Fresnel dados por (20.47) e (20.48). Naquela oportunidade, explicamos que o sinal relativo menos entre os dois resultados devia-se aos sentidos contrários dos campos numa das figuras. Tomemos o resultado (20.47), em que os campos estão com os mesmo sentidos,

$$E'_{10} = \frac{\sqrt{\dfrac{\epsilon_1}{\mu_1}} - \sqrt{\dfrac{\epsilon_2}{\mu_2}}}{\sqrt{\dfrac{\epsilon_1}{\mu_1}} + \sqrt{\dfrac{\epsilon_2}{\mu_2}}} E_{10} \tag{21.9}$$

Como os meios não são ferromagnéticos, $\mu_1 \simeq \mu_2 \simeq \mu_{\text{o}}$,

$$E'_{10} = \frac{\sqrt{\epsilon_1} - \sqrt{\epsilon_2}}{\sqrt{\epsilon_1} + \sqrt{\epsilon_2}} E_{10} \tag{21.10}$$

Vamos escrevê-la em termos dos índices de refração. Para tal, multipliquemos numerador e denominador por $c\sqrt{\mu_{\text{o}}}$. Obteremos, então,

$$E'_{10} = \frac{n_1 - n_2}{n_1 + n_2} E_{10} \tag{21.11}$$

Se $n_2 > n_1$, haverá um sinal inicial menos, significando que a onda refletida é defasada de 180° (ou meio comprimento de onda). Para $n_1 > n_2$ não há defasagem. Algo semelhante ao que ocorre nas reflexões em extremos fixo e móvel com ondas nas cordas, como vimos no Volume 2, Subseção 10.4.3.

Um exemplo

Seja uma onda plana monocromática incidindo normalmente sobre uma película de óleo com espessura constante e índice de refração 1,30, que cobre uma placa de vidro cujo índice de refração é 1,50 (veja, por favor, a Figura 21.5). Consideremos que seja possível variar continuamente o comprimento de onda da fonte luminosa e que se observe interferências destrutivas para $5,00 \times 10^{-7}\,m$ e $7,00 \times 10^{-7}\,m$ (e nenhuma outra dentro deste intervalo). Com estes dados, podemos determinar a espessura da película.

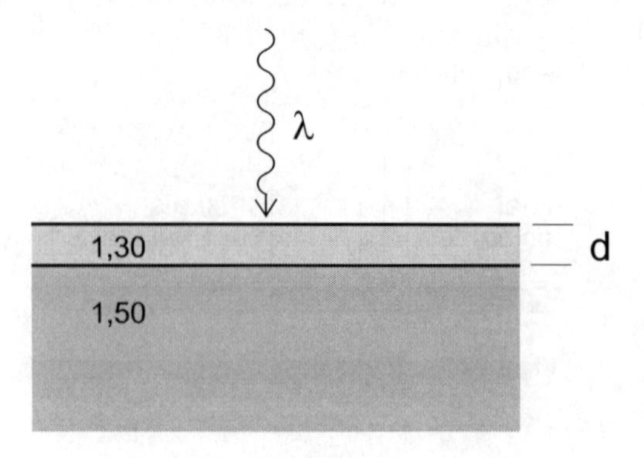

Figura 21.5: Exemplo de interferência

Primeiramente, notemos que há uma mudança de fase de 180° em cada uma das reflexões. Assim, a interferência será apenas devida à diferença entre os percursos. As condições para ocorrerem são

$$2d = \left(m + \frac{1}{2}\right)\frac{5,00 \times 10^{-7}}{1,30}$$
$$2d = \left(m' + \frac{1}{2}\right)\frac{7,00 \times 10^{-7}}{1,30}$$

em que $5,00 \times 10^{-7}/1,30$ e $7,00 \times 10^{-7}/1,30$ são os comprimentos de onda no meio de índice de refração 1,30, e m e m' são números inteiros consecutivos. Pelas relações, vemos que $m' < m$. Fazendo $m' = m - 1$, temos

$$2d = \left(m + \frac{1}{2}\right)\frac{5,00 \times 10^{-7}}{1,30}$$
$$2d = \left(m - \frac{1}{2}\right)\frac{7,00 \times 10^{-7}}{1,30}$$

Dividindo-as, encontramos

$$1 = \frac{\left(m + \frac{1}{2}\right)5}{\left(m - \frac{1}{2}\right)7} \quad \Rightarrow \quad m = 3$$

Levando este resultado em qualquer uma das relações anteriores, obteremos que a espessura da película é $d = 6,73 \times 10^{-7}\, m$.

Consideremos, agora, que a película de óleo seja substituída por outra de índice de refração $1,60$ e que a segunda interferência destrutiva ocorra para o comprimento de onda igual a $6,00 \times 10^{-7}\, m$. Determinemos a espessura da película neste caso.

Não haverá inversão de fase na segunda reflexão. Portanto, os dois sinais que irão interferir já estão defasados de meio comprimento de onda. Assim, em lugar das relações anteriores, agora temos

$$2d = m\ \frac{5,00 \times 10^{-7}}{1,30}$$
$$2d = (m-1)\ \frac{7,00 \times 10^{-7}}{1,30}$$

cuja solução fornece $m = 6$ e $d = 9,37 \times 10^{-7}\, m$.

Sugiro ao estudante fazer os exercícios 10 - 12.

21.4 Antes de começar o estudo de difração

Voltemos ao desenvolvimento da Subseção 21.2.1, considerando, agora, o caso da interferência produzida por N fontes síncronas. Veja, por favor, a Figura 21.6, onde o anteparo também está muito distante relativamente ao espaçamento d entre elas (os sentidos de propagação são aproximadamente paralelos).

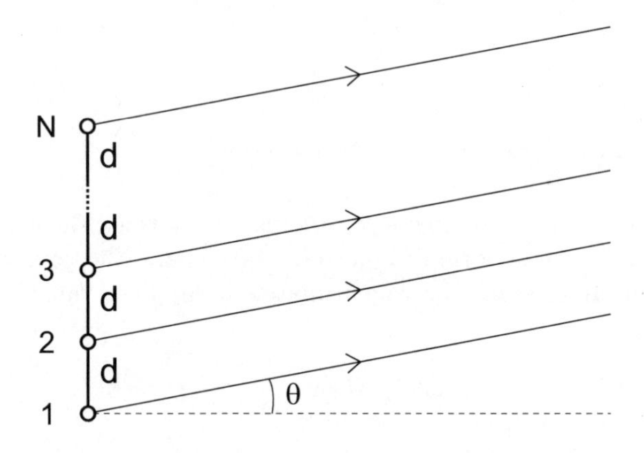

Figura 21.6: N fontes espaçadas de d

Os módulos dos campos elétricos que chegam ao anteparo são

$$\begin{aligned}
E_1 &= E_{10} \operatorname{sen}(\omega t) \\
E_2 &= E_{20} \operatorname{sen}(\omega t + \phi) \\
E_3 &= E_{30} \operatorname{sen}(\omega t + 2\phi) \\
&\vdots \\
E_N &= E_{N0} \operatorname{sen}\left[\omega t + (N-1)\,\phi\right]
\end{aligned} \tag{21.12}$$

em que ϕ é a defasagem entre fontes consecutivas. Pelo mesmo argumento do desenvolvimento feito no caso de duas fendas, relacionado à distância muito grande ao anteparo, podemos tomar as amplitudes aproximadamente iguais, $E_{10} \simeq E_{20} \simeq \cdots \simeq E_{N0}$. Assim, temos para o módulo do campo elétrico resultante,

$$\begin{aligned}
E &= E_1 + E_2 + \cdots + E_N \\
&\simeq E_{10}\Big\{ \operatorname{sen}(\omega t) + \operatorname{sen}(\omega t + \phi) + \operatorname{sen}(\omega t + 2\phi) + \cdots \\
&\qquad + \operatorname{sen}\left[\omega t + (N-1)\phi\right]\Big\}
\end{aligned} \tag{21.13}$$

No caso das duas fendas, era apenas a soma entre dois senos. Poderíamos usar aquela mesma relação sucessivamente e, depois, induzir o resultado geral para N fendas. Vamos seguir um caminho mais direto. Consideremos a relação (cuja dedução foi vista no Volume 1, Subseção 4.4.3),

$$e^{i\alpha} = \cos\alpha + i \operatorname{sen}\alpha$$

Assim, (21.13) pode ser escrita como

$$\begin{aligned}
E &\simeq E_{10} \operatorname{Im}\left(e^{i\omega t} + e^{i(\omega t + \phi)} + e^{i(\omega t + 2\phi)} + \cdots + e^{i(\omega t + (N-1)\,\phi)} \right) \\
&= E_{10} \operatorname{Im} e^{i\omega t}\left(1 + e^{i\phi} + e^{i2\phi} + \cdots + e^{i(N-1)\phi}\right)
\end{aligned} \tag{21.14}$$

A quantidade entre parênteses é a soma dos termos de uma progressão geométrica. Existe uma fórmula que dá esta soma. Não precisa. Podemos visualizá-la com apenas uma passagem matemática. Escrevamos a soma separadamente,

$$S = 1 + e^{i\phi} + e^{i2\phi} + \cdots + e^{i(N-1)\phi}$$

Multipliquemos ambos os lados desta relação por $e^{i\phi}$ (corresponde à razão da progressão geométrica),

$$e^{i\phi} S = e^{i\phi} + e^{i2\phi} + \cdots + e^{iN\phi}$$

Pronto, esta foi a passagem matemática. Basta interpretar o que está escrito no lado direito e veremos como obter a soma. Excetuando o último termo, notamos que os demais são iguais a $S-1$. Assim,

$$\begin{aligned} & e^{i\phi}S = S - 1 + e^{iN\phi} \\ \Rightarrow\ & S\left(1-e^{i\phi}\right) = 1 - e^{iN\phi} \\ \Rightarrow\ & S = \frac{1-e^{iN\phi}}{1-e^{i\phi}} \end{aligned} \tag{21.15}$$

Temos, então, a amplitude da onda resultante (exercício 13),

$$\begin{aligned} E &\simeq E_{10}\,\mathrm{Im}\,e^{i\omega t}\,\frac{1-e^{iN\phi}}{1-e^{i\phi}} \\ &= E_{10}\,\frac{\operatorname{sen}\dfrac{N\phi}{2}}{\operatorname{sen}\dfrac{\phi}{2}}\,\operatorname{sen}\left(\omega t + (N-1)\,\frac{\phi}{2}\right) \end{aligned} \tag{21.16}$$

Por questão de consistência, este resultado deve coincidir com (21.6) para o caso de $N=2$ (exercício 14). Seguindo os mesmos passos depois da obtenção daquela relação, identificamos a amplitude do campo elétrico resultante,

$$E_{\mathrm{o}} = E_{10}\,\frac{\operatorname{sen}\dfrac{N\phi}{2}}{\operatorname{sen}\dfrac{\phi}{2}} \tag{21.17}$$

A intensidade, então, é dada por (exercício 15)

$$I = I_{\mathrm{o}}\left(\frac{\operatorname{sen}\dfrac{N\phi}{2}}{\operatorname{sen}\dfrac{\phi}{2}}\right)^2 \tag{21.18}$$

em que I_{o} é a intensidade de cada onda isoladamente.

A Figura 21.7 contém os gráficos das intensidades para $N=2$ e $N=4$, que estão relacionados respectivamente às expressões (exercício 16)

$$I = 4\,I_{\mathrm{o}}\cos^2\frac{\phi}{2} \tag{21.19}$$

$$I = 16\,I_{\mathrm{o}}\cos^2\frac{\phi}{2}\cos^2\phi \tag{21.20}$$

A variável do eixo horizontal corresponde ao uso de (21.5).

Para ter ideia da forma do gráfico com o aumento de N, na Figura 21.8 está a representação (sem levar muito em conta as proporcionalidades) para $N=8$, cuja expressão da intensidade fica

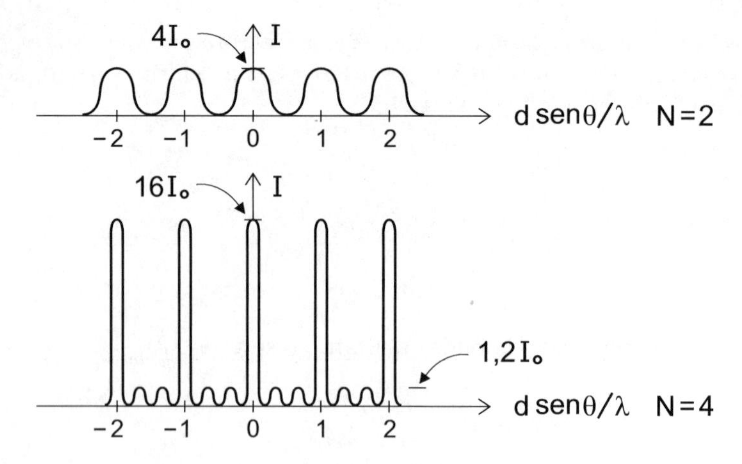

Figura 21.7: Intensidades para $N = 2$ e $N = 4$

$$I = 64\,I_{\text{o}} \cos^2 \frac{\phi}{2} \cos^2 \phi \cos^2 2\phi \tag{21.21}$$

Os pequenos máximos secundários são $3,2\,I_{\text{o}}$, $1,4\,I_{\text{o}}$ e $1,0\,I_{\text{o}}$, aproximadamente (exercício 17).

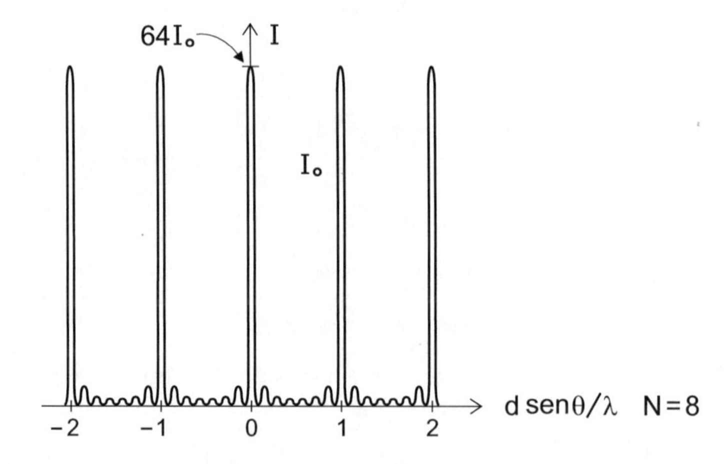

Figura 21.8: Intensidade para $N = 8$

A generalização para N muito grande está na Figura 21.9. Aqui há um detalhe. Como o espaçamento entre as fontes é constante, fazer N muito grande corresponderá, também, a uma distância muito grande para a soma do espaço ocupado pelas fontes. Asssim, para que os raios continuem aproximadamente paralelos, devemos considerar que a distância D do anteparo às fontes seja muito maior que Nd.

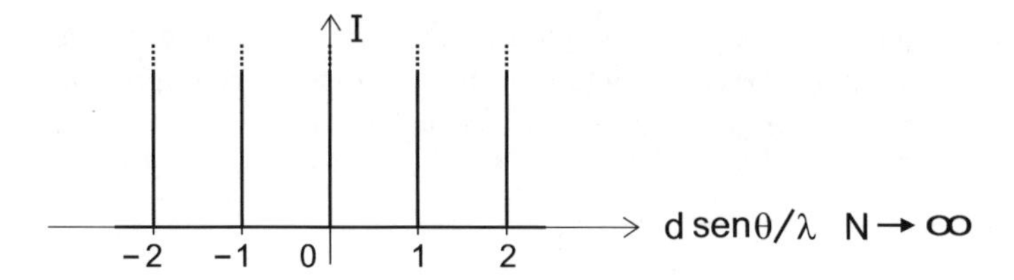

Figura 21.9: Intensidade para $N \to \infty$

21.5 Difração

É outro fenômeno de natureza ondulatória. Ocorre quando o comprimento de onda não é desprezível perante a largura da fenda. Este fenômeno não foi considerado tanto na Seção 21.2 (caso de duas fendas) como no estudo da seção anterior (N fendas). Aqui, trataremos deste efeito para o caso de uma fenda retangular (na seção seguinte incluiremos mais fendas). A Figura 21.10 mostra os dados que serão usados no desenvolvimento.

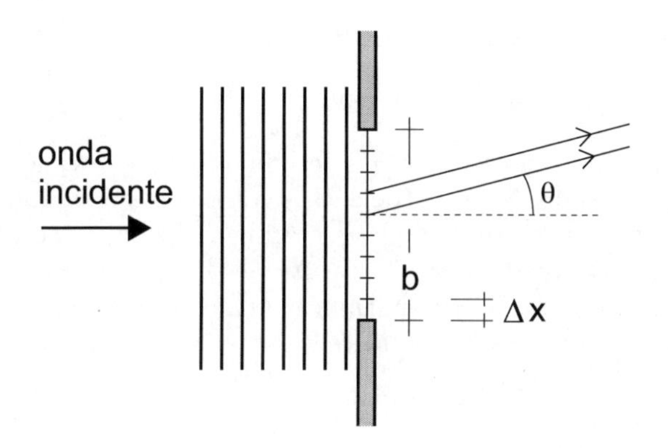

Figura 21.10: Onda incidente num anteparo retangular

Para calcular a intensidade sobre o anteparo, aproveitaremos o desenvolvimento da seção anterior, considerando N fontes espaçadas de Δx. Depois, tomaremos os limites $N \to \infty$ e $\Delta x \to 0$, tal que $N\Delta x \to b$. Matematicamente, serão infinitas fontes em que $N\Delta x$ corresponderá ao símbolo de indeterminação $\infty \times 0$ (no caso, igual a b).

Este é um detalhe que diferencia do exemplo da seção anterior. Lá, as fontes estavam afastadas entre si pela distância fixa d. Assim, para N muito grande, Nd era muito grande também. Naquela oportunidade, conforme foi mencionado, também consideramos que a distância D das fontes ao anteparo continuasse muito maior que Nd. Agora, o espaço entre as fontes vai diminuindo com $\Delta x \to 0$ e $N\Delta x \to b$ para $N \to \infty$. Antes de passar para a obtenção da intensidade, tratemos primeiramente desta questão matemática.

Seja a relação (21.16), correspondente à resultante do campo elétrico produzido por N fendas separadas pela distância d e substituamos a diferença de fase ϕ com o uso de (21.5), escrevendo Δx no lugar de d,

$$\phi = \frac{2\pi}{\lambda}\,\Delta x\,\mathrm{sen}\,\theta$$

Assim,

$$\begin{aligned} E &= E_{10}\,\frac{\mathrm{sen}\left(\dfrac{N}{2}\,\dfrac{2\pi}{\lambda}\,\Delta x\,\mathrm{sen}\,\theta\right)}{\mathrm{sen}\left(\dfrac{1}{2}\,\dfrac{2\pi}{\lambda}\,\Delta x\,\mathrm{sen}\,\theta\right)}\,\mathrm{sen}\left[\omega t + (N-1)\,\frac{1}{2}\,\frac{2\pi}{\lambda}\,\Delta x\,\mathrm{sen}\,\theta\right] \\ &= E_{10}\,\frac{\mathrm{sen}\left(\dfrac{\pi}{\lambda}\,N\Delta x\,\mathrm{sen}\,\theta\right)}{\mathrm{sen}\left(\dfrac{\pi}{\lambda}\,\Delta x\,\mathrm{sen}\,\theta\right)}\,\mathrm{sen}\left[\omega t + (N-1)\,\frac{1}{2}\,\frac{2\pi}{\lambda}\,\Delta x\,\mathrm{sen}\,\theta\right] \end{aligned}$$

Fazendo a substituição $N\Delta x \to b$, temos

$$E = E_{10}\,\frac{\mathrm{sen}\left(\dfrac{\pi}{\lambda}\,b\,\mathrm{sen}\,\theta\right)}{\mathrm{sen}\left(\dfrac{\pi}{\lambda}\,\Delta x\,\mathrm{sen}\,\theta\right)}\,\mathrm{sen}\left(\omega t + \frac{\pi}{\lambda}\,b\,\mathrm{sen}\,\theta\right)$$

O resultado acima apresenta a indeterminação 0/0 devida ao fator E_{10}, que tende a zero quando $N \to \infty$ (pois E_{10} corresponderá à amplitude de uma das infinitas fontes da frente de onda que atinge a fenda), e ao termo em seno do denominador, que tende a zero para $\Delta x \to 0$. A maneira de resolver esta indeterminação é simples, basta multiplicar numerador e denominador por N. Assim, quando $N \to \infty$ (e $\Delta x \to 0$), temos

$$\begin{aligned} &N E_{10} \to E_0 \\ &N\,\mathrm{sen}\left(\frac{\pi}{\lambda}\,\Delta x\,\mathrm{sen}\,\theta\right) \to N\,\frac{\pi}{\lambda}\,\Delta x\,\mathrm{sen}\,\theta \to \frac{\pi}{\lambda}\,b\,\mathrm{sen}\,\theta \end{aligned}$$

em que o E_0 do primeiro termo corresponde à amplitude do campo elétrico da onda sobre o anteparo. Finalmente, a expressão deste campo elétrico é

$$E = E_0\,\frac{\mathrm{sen}\left(\dfrac{\pi}{\lambda}\,b\,\mathrm{sen}\,\theta\right)}{\dfrac{\pi}{\lambda}\,b\,\mathrm{sen}\,\theta}\,\mathrm{sen}\left(\omega t + \frac{\pi}{\lambda}\,b\,\mathrm{sen}\,\theta\right) \qquad (21.22)$$

Identificamos, então, o módulo do campo elétrico resultante sobre o anteparo (que usaremos para obter a intensidade),

$$E_0\,\frac{\mathrm{sen}\left(\dfrac{\pi}{\lambda}\,b\,\mathrm{sen}\,\theta\right)}{\dfrac{\pi}{\lambda}\,b\,\mathrm{sen}\,\theta}$$

Com isto, temos a intensidade,

$$I = I_0 \left[\frac{\operatorname{sen}\left(\dfrac{\pi}{\lambda}\, b\, \operatorname{sen}\theta\right)}{\dfrac{\pi}{\lambda}\, b\, \operatorname{sen}\theta} \right]^2 \tag{21.23}$$

Por este resultado vemos, nitidamente, a condição apropriada para haver difração. Primeiramente, se $b \ll \lambda$, temos $\operatorname{sen}(\pi b \operatorname{sen}\theta/\lambda) \simeq \pi b \operatorname{sen}\theta/\lambda$ e, consequentemente, $I = I_0$. As fendas de todos os dispositivos estudados na seção anterior eram desse tipo. Por outro lado, se $b \gg \lambda$, temos que $\operatorname{sen}(\pi b \operatorname{sen}\theta/\lambda)$ terá muitas oscilações para pequenas variações de θ, além de uma possível forte supressão (se $\operatorname{sen}\theta \neq 0$) devido ao denominador $\pi b \operatorname{sen}\theta/\lambda$. Assim, a condição apropriada para verificar o fenômeno é com λ da ordem de grandeza de b, conforme tinha sido mencionado no início da seção.

A Figura 21.11 mostra o gráfico da intensidade em termos de $b \operatorname{sen}\theta/\lambda$.

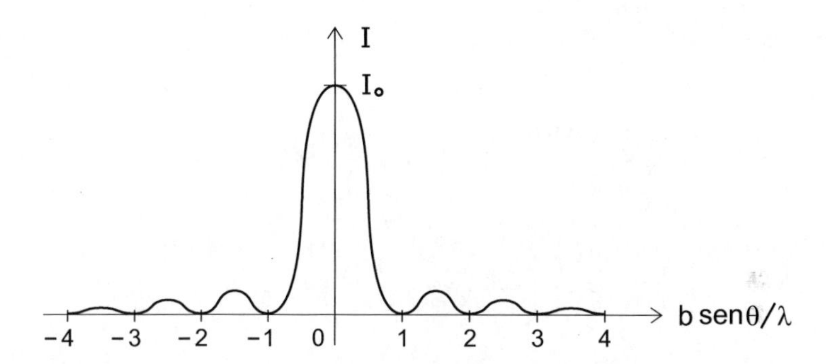

Figura 21.11: Difração em fenda retangular

21.6 Mais fendas

Na experiência de Young (caso do anteparo com duas fendas) e nos exemplos da Seção 21.4 (casos com N fendas) não foram levados em conta os efeitos de difração (em virtude de o comprimento de onda ser muito menor que a largura das fendas). Na seção anterior, quando esta condição não é verificada, vimos que a difração aparece. Não houve interferência porque só tomamos uma fenda. Voltemos, agora, ao que fizemos na seção anterior, considerando mais de uma fenda. Seja o caso com duas, como ilustra a Figura 21.12.

As ondas provenientes dessas fendas são semelhantes à da relação (21.22), apenas estarão defasadas devido à distância d entre elas. Sabendo, por (21.5), que a diferença de fase é dada por $2\pi d \operatorname{sen}\theta/\lambda$, podemos escrever a equação da onda resultante,

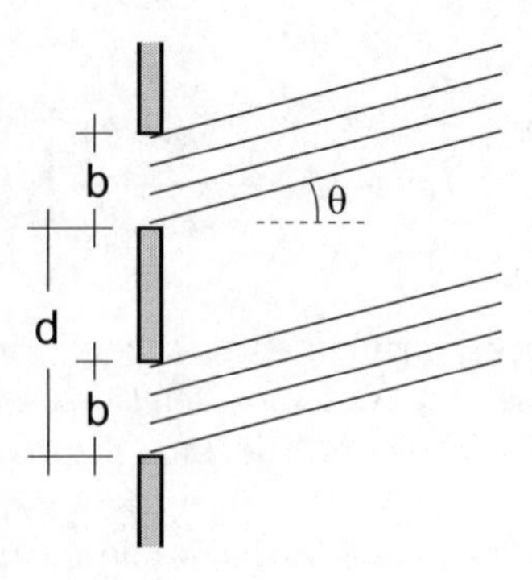

Figura 21.12: Interferência e difração em fenda dupla

$$
\begin{aligned}
E &= E_0 \frac{\operatorname{sen}\left(\frac{\pi}{\lambda} b \operatorname{sen}\theta\right)}{\frac{\pi}{\lambda} b \operatorname{sen}\theta} \operatorname{sen}\left(\omega t + \frac{\pi}{\lambda} b \operatorname{sen}\theta\right) \\
&\quad + E_0 \frac{\operatorname{sen}\left(\frac{\pi}{\lambda} b \operatorname{sen}\theta\right)}{\frac{\pi}{\lambda} b \operatorname{sen}\theta} \operatorname{sen}\left(\omega t + \frac{\pi}{\lambda} b \operatorname{sen}\theta + \frac{2\pi}{\lambda} d \operatorname{sen}\theta\right) \\
&= E_0 \frac{\operatorname{sen}\left(\frac{\pi}{\lambda} b \operatorname{sen}\theta\right)}{\frac{\pi}{\lambda} b \operatorname{sen}\theta} \left[\operatorname{sen}\left(\omega t + \frac{\pi}{\lambda} b \operatorname{sen}\theta\right)\right. \\
&\qquad \left. + \operatorname{sen}\left(\omega t + \frac{\pi}{\lambda} b \operatorname{sen}\theta + \frac{2\pi}{\lambda} d \operatorname{sen}\theta\right)\right] \\
&= 2 E_0 \frac{\operatorname{sen}\left(\frac{\pi}{\lambda} b \operatorname{sen}\theta\right)}{\frac{\pi}{\lambda} b \operatorname{sen}\theta} \cos\left(\frac{\pi}{\lambda} b \operatorname{sen}\theta\right) \operatorname{sen}\left[\omega t + \frac{\pi}{\lambda} (b + d) \operatorname{sen}\theta\right]
\end{aligned}
\tag{21.24}
$$

em que, na última passagem, usou-se a mesma relação da soma dos senos quando da obtenção de (21.6). Deixo como exercício, caso o estudante prefira, seguir um outro caminho para obter o resultado acima (exercício 18).

A intensidade, então, é dada por

$$
I = I_o \left[\frac{\operatorname{sen}\left(\frac{\pi}{\lambda} b \operatorname{sen}\theta\right)}{\frac{\pi}{\lambda} b \operatorname{sen}\theta}\right]^2 \cos^2\left(\frac{\pi}{\lambda} b \operatorname{sen}\theta\right) \tag{21.25}
$$

Ou seja, temos a mesma relação do dispositivo de Young modulada pelo fator

$$\left[\frac{\operatorname{sen}\left(\dfrac{\pi}{\lambda}\, b \operatorname{sen}\theta\right)}{\dfrac{\pi}{\lambda}\, b \operatorname{sen}\theta}\right]^2$$

A Figura 21.13 mostra a intensidade resultante das duas fendas estreitas e paralelas

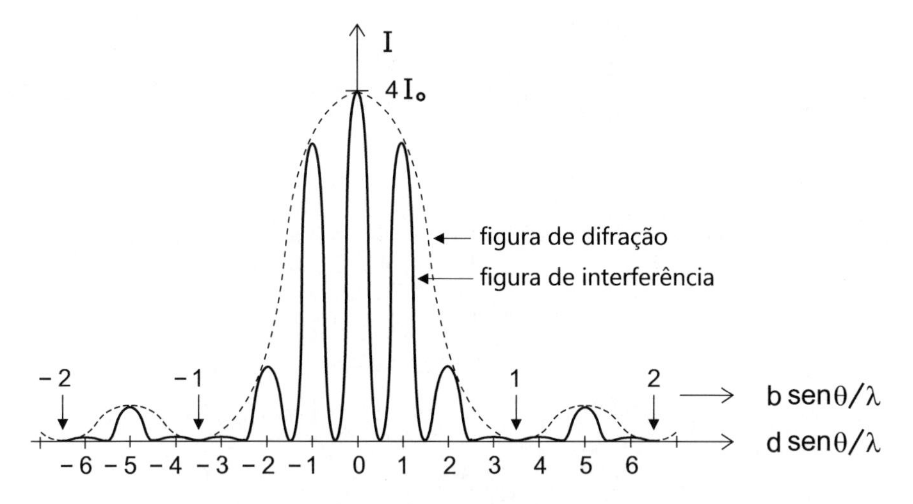

Figura 21.13: Interferência e difração para $N = 2$

Para o caso de N fendas retagulares de larguras iguais a b e espaçadas de d, diretamente obteríamos

$$I = I_o \left[\frac{\operatorname{sen}\left(\dfrac{\pi}{\lambda}\, b \operatorname{sen}\theta\right)}{\dfrac{\pi}{\lambda}\, b \operatorname{sen}\theta}\right]^2 \left[\frac{\operatorname{sen}\left(\dfrac{N\pi}{\lambda}\, d \operatorname{sen}\theta\right)}{\dfrac{\pi}{\lambda}\, d \operatorname{sen}\theta}\right]^2 \qquad (21.26)$$

Por exemplo, para $N = 4$ o gráfico está mostrado na Figura 21.14.

Exercícios

1* - Na Figura 21.15, F_1 e F_2 são duas fontes sincronizadas emitindo ondas de comprimento $1,0\,m$. Sabendo que a distância entre as fontes é $4,0\,m$, obter os pontos de interferência construtiva sobre os eixos x e y.

2 - As fontes F_1 e F_2 da Figura 21.16 também estão separadas de $4,0\,m$ e emitem ondas de $1,0\,m$. Obter os pontos de interferência construtiva sobre o eixo x a partir da origem. A intensidade do primeiro mínimo de interferência destrutiva é nula? Por quê?

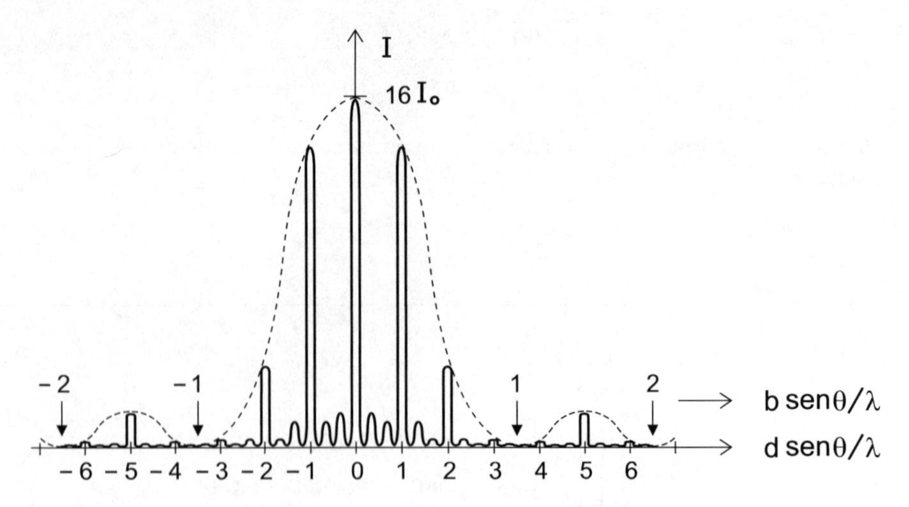

Figura 21.14: Interferência e difração para $N = 4$

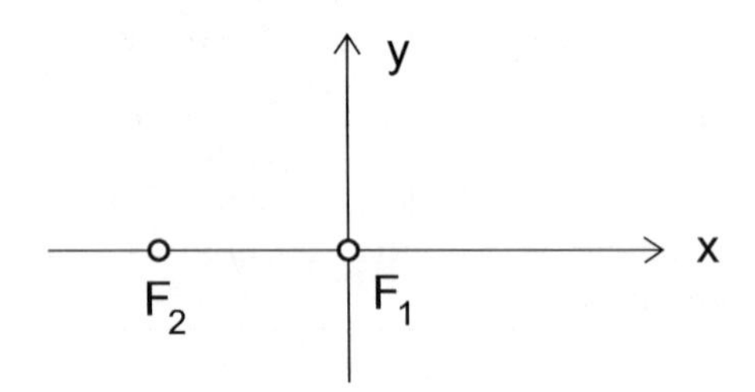

Figura 21.15: Exercício 1

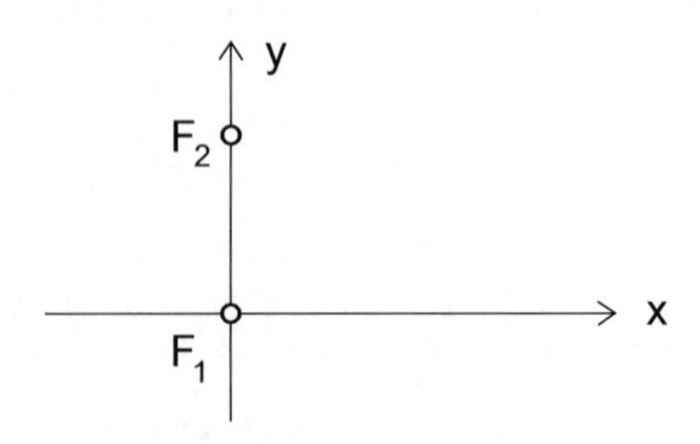

Figura 21.16: Exercício 2

3 - Seja o mesmo dispositivo da Figura 21.16 mas, agora, com as fontes defasadas de meio período e separadas de $3,00\,m$. Quais os pontos de interferência construtiva para ondas com $1,00\,m$ de comprimento?

4 - As fontes F_1 e F_2 da Figura 21.17 estão sincronizadas e emitem ondas de comprimento λ. Obter a expressão para as posições de interferência construtiva sobre o eixo y em termos de d, D e λ. Considerando $D = d = 2,0\,m$, qual o valor de λ para que a segunda ocorra em $y = 3,0\,m$ (a primeira ocorre em $y = 0$)?

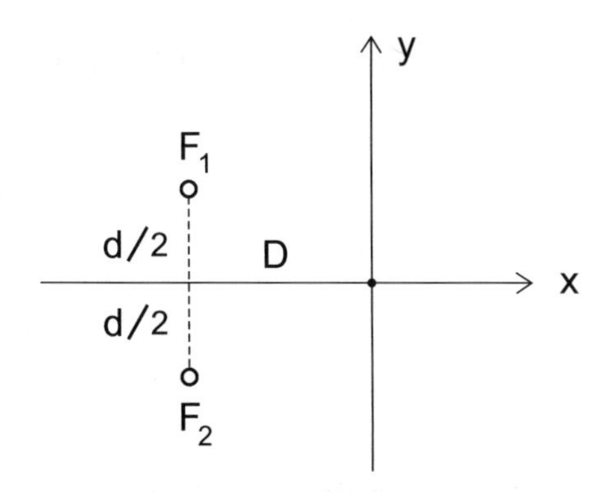

Figura 21.17: Exercício 3

5* - Seja um dispositivo similar ao da figura do exercício anterior, onde $D = d = 2a$ e com as fontes defasadas de meio período.

a) Obter a expressão para y referente a pontos de interferência construtiva em termos de a e λ.

b) Considerando $a = \lambda = 1,0\,m$ obter y para interferência construtiva.

c) Idem para $a = 1,0\,m$ e $\lambda = 2,0\,m$.

6* - Como foi mencionado no texto, na experiência de Young, $D \gg d$ e as franjas claras e escuras ficam próximas ao centro do anteparo (os ângulos correspondentes são muito pequenos). Mostrar que o espaço Δx entre duas franjas consecutivas, claras ou escuras, é dado por

$$\Delta x \simeq \frac{D\lambda}{d}$$

7 - Numa experiência de Young, considerar que λ, d e D são dados por $\lambda = 5,9 \times 10^{-7}\,m$, $d = 1,0\,mm$ e $D = 70\,cm$.

a) Qual a separação entre duas franjas claras ou escuras?

b) Qual a separação entre a terceira franja clara e a primeira escura?

8 - Em certa experiência de Young, com $\lambda = 5,9 \times 10^{-7}\,m$, o ângulo correspondente a duas franjas claras ou escuras é $0,30^\circ$. Obter d. É possível também obter D?

9* - Quando a relação (21.3) foi deduzida, tendo como referência a Figura 21.3, consideramos raios aproximadamente paralelos indo das fontes até P. Esta aproximação vai depender do quanto D é maior que d. Para ver isto mais quantivamente, obter a primeira correção dependendo de d/D.

10 - Uma película com índice de refração n, cuja seção reta é um triângulo retângulo, está apoiada sobre uma superfície de índice de refração n'. Veja, por favor, a Figura 21.18, onde $d \ll D$ (a hipotenusa e o cateto da base são aproximadamente paralelos). O feixe de luz incidente possui comprimento de onda λ (no vácuo).

a) Obter as posições dos máximos de interferência para $n' > n$.

b) Repetir para $n' < n$.

c) Se $\lambda = 6{,}30 \times 10^{-7}\, m$, $d = 0{,}0100\, mm$, $D = 10{,}0\, cm$ e $n = 1{,}50$, quantas franjas claras serão formadas nos dois casos? O resultado encontrado depende de D?

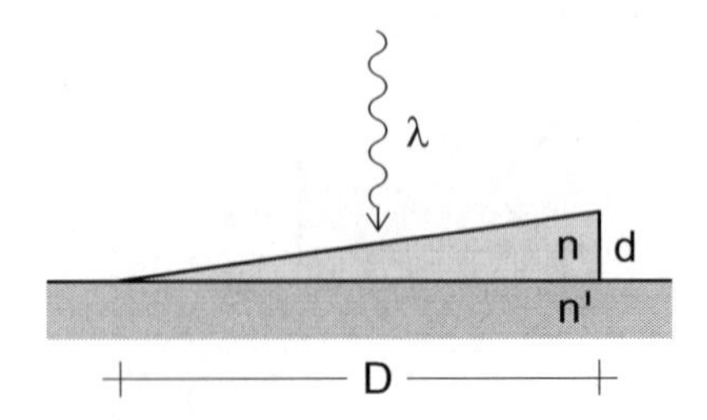

Figura 21.18: Exercício 10

11 - Duas placas de substância transparentes e índice de refração n estão dispostas como mostra a Figura 21.19, onde $d \ll D$. Um feixe de luz de comprimento de onda λ incide sobre elas.

a) Obter as posições de interferência construtiva.

b) Repetir para o caso de o sistema estar imerso num líquido de índice de refração $n' > n$.

c) O mesmo que foi pedido no item c do exercício anterior.

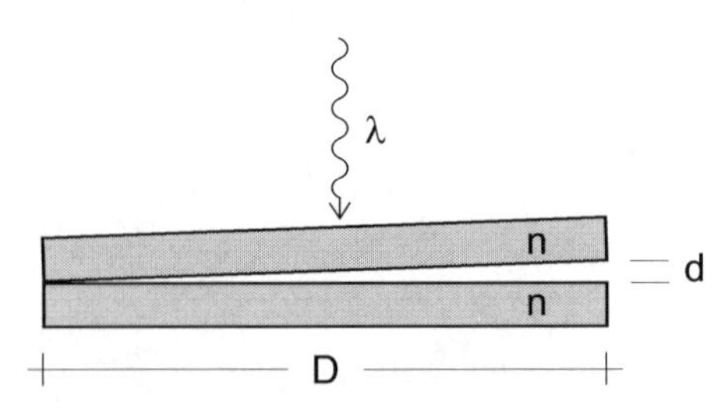

Figura 21.19: Exercício 11

12* - Uma lente de raio de curvatura R apoia-se numa superfície plana, também de vidro, como mostra a Figura 21.20. Um feixe de luz de comprimento de onda λ incide o sistema, que vai gerar círculos de inteferências construtiva e destrutiva (são os chamados *anéis de Newton*).

a) Mostrar que os raios das interferência construtivas são

$$r = \sqrt{\left(m + \frac{1}{2}\right)\lambda R} \qquad m = 0\,,1\,,2\,,\ldots \qquad r \ll R$$

b) Tomando $R = 5,0\,m$ e $\lambda = 5,9 \times 10^{-7}\,m$, quantos anéis são formados num raio de $1,00\,cm$?

c) Se em lugar do ar houver água entre a lente e o vidro, obter o número de anéis para os mesmos dados acima. Considere o índice de refração da água igual a $1,3$ (menor que o do vidro).

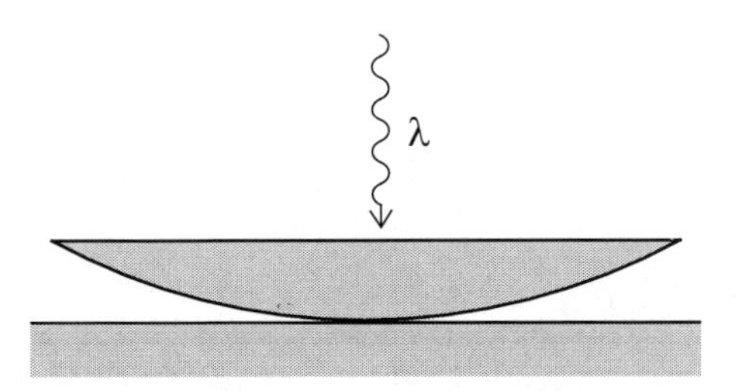

Figura 21.20: Exercício 12

13* - Obter a segunda passagem que levou à relação (21.16).

14 - Verificar que para $N = 2$ a relação (21.16) é igual a (21.6).

15 - Obter a relação (21.18).

16 - Obter as relações (21.19) e (21.20) e verificar os gráficos da Figura 21.7.

17 - Obter a relação (21.21) e verificar o gráfico da Figura 21.8.

18* - Obter a relação (21.24) procurando seguir um outro caminho para a última passagem.

Capítulo 22

Mecânica Quântica

Até aqui, incluindo o que vimos nos volumes anteriores, temos tratado do movimento envolvendo massas grandes, relativamente, por exemplo, à massa do elétron,

$$m_e = 9,11 \times 10^{-31}\, kg \tag{22.1}$$

Para nos situarmos no tempo, é interessante mencionar que esta massa só ficou conhecida no início do Século XX, quando Millikan, em experiências realizadas entre 1909 e 1917, determinou sua carga. Até então só era conhecida a razão entre carga e massa (experiências de Townsend e Thomas a partir de 1897). Sabia-se, também, que a massa do átomo de Hidrogênio é aproximadamente 1840 vezes a do elétron. Assim, pode-se estimar a massa do próton,

$$m_p = 1,67 \times 10^{-27}\, kg \tag{22.2}$$

Aliás, a concepção do átomo com núcleo data de 1911, quando Rutherford incidiu partículas alfa sobre finas folhas de ouro. Ocorriam grandes desvios. Só podiam ser explicados pela interação das partículas com concentrações de massa bem localizadas. Mais tarde soube-se que partículas alfa são núcleos de átomos de Hélio, formados por dois prótons e dois nêutrons. O nêutron foi descoberto em 1932. Sua massa é quase igual à do próton,

$$m_n = 1,68 \times 10^{-27}\, kg \tag{22.3}$$

São massas incrivelmente pequenas. O que sabemos sobre o movimento de partículas, através da segunda lei de Newton, não pode ser aplicado neste mundo de massas tão pequenas. Há particularidades bastante intrigantes, que revolucionaram o modo de pensar em muitos desenvolvimentos do Século XX. Inclui-se, também, a Relatividade, que já tratamos em algumas partes e será vista com detalhes no capítulo seguinte.

22.1 Comparação entre o clássico e o quântico

Para termos ideia geral do tratamento quântico, comecemos de forma bem simples, fazendo um paralelo com o movimento (que sabemos) de uma partícula de massa m. No decorrer do capítulo, detalhes e explicações serão apresentados. Seja uma partícula de massa m que no instante t_1 está localizada pelo vetor $\vec{r}_1$. Se conhecemos a interação que atua sobre ela, podemos obter sua trajetória (usando a segunda lei de Newton) e saber onde estará no instante t_2, ou seja, saber exatamente sua posição, dada por $\vec{r}_2$. A Figura 22.1 ilustra o que foi dito. O vetor $\vec{r}(t)$ dá, também exatamente, a posição da partícula em cada instante.

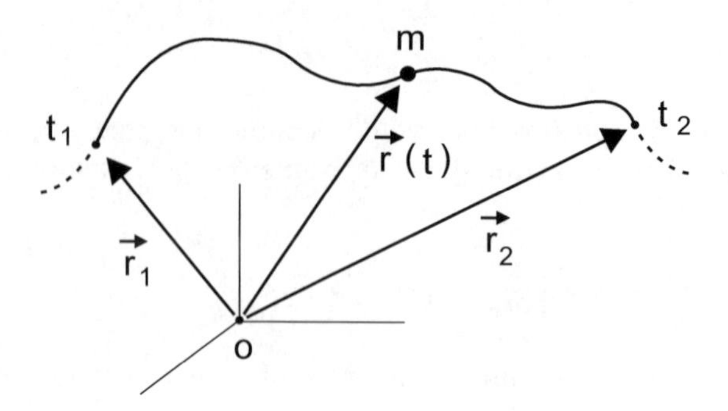

Figura 22.1: Trajetória de uma partícula de massa m

E na situação quântica? De que modo se dá a evolução entre os dois instantes? Primeiramente, não é possível afirmar que a partícula está em certa posição. Não há um vetor $\vec{r}_1$ para localizá-la no instante t_1, nem $\vec{r}_2$ para t_2, nem em qualquer outro instante. Como foi adiantado no Volume 2, Subseção 10.6.4, existe um princípio na Natureza, apresentado por Heisemberg em 1927, em que posição e momento não podem ser conhecidos com precisão absoluta. É o chamado *princípio da incerteza*. Algo em antagonismo com a Mecânica Clássica pois conhecendo $\vec{r}(t)$ obtém-se $\vec{v}(t)$ (e consequentemente o momento). O princípio da incerteza é o alicerce da Mecânica Quântica. Serão dados mais detalhes. Antes disso, acho oportuno falar sobre o que ocorreu no final do Século XIX e início do XX, mostrando a necessidade de uma nova teoria.

22.2 Antes da Mecânica Quântica

Falaremos sobre a radiação do corpo negro, efeito fotoelétrico, efeito Compton e átomo de Bohr (que foi um modo de explicar o espectro do átomo de hidrogênio). Comecemos pelo corpo negro.

22.2.1 Radiação do corpo negro

Este assunto foi apresentado no Volume 2, Subseção 13.4.4. Vamos revisá-lo, incluindo detalhes e informações que, na época, foram apenas adiantadas. O objetivo principal é o mesmo daquela oportunidade, mostrar a forma que Planck encontrou para explicar o espectro da radiação. Comecemos relembrando o conceito de *corpo negro* bem como a tentativa inicial de explicação.

Conceito de corpo negro e tentativa de explicação

Sabe-se que todo corpo emite e absorve energia através de ondas eletromagnéticas, que depende da sua temperatura e da natureza da sua superfície. Todo corpo bom absorvedor é também bom irradiador (a irradiação não é no mesmo comprimento de onda da absorvida). Por exemplo, é bem conhecido que superfícies escuras são boas absorvedoras de radiação. Lembremos de o estofamento dos carros, geralmente de cor preta, estar sempre muito aquecido nos dias verão. Para piorar, os vidros, que são transparentes para a luz visível, não são para a radiação infravermelha emitida pelo estofamento (exemplo claro de efeito estufa). A denominação *corpo negro* corresponde ao absorvedor ideal, aquele capaz de absorver toda a radiação incidente.

Pode-se construir um dispositivo que muito se aproxima do corpo negro. Seja um objeto com cavidade de paredes rugosas. Incidindo radiação através de um pequeno orifício, como mostra a Figura 22.2, ela ficará se refletindo no interior da cavidade, sendo, portanto, praticamente toda absorvida.

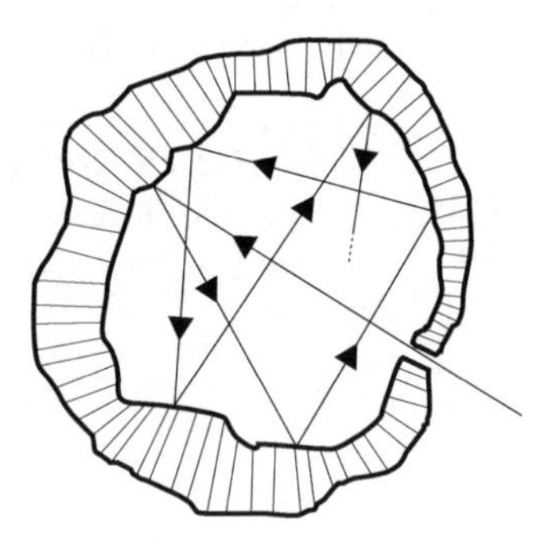

Figura 22.2: Exemplo de corpo negro

Por outro lado, aquecendo suas paredes internas por um agente qualquer (por exemplo, um circuito com resistor), teremos o corpo negro emitindo energia através do mesmo orifício. Exemplos da densidade de energia u_λ (energia por unidade de volume e de comprimento de onda) da radiação do *corpo negro*, para diferentes temperaturas, são apresentados na Figura 22.3 (as marcações verticais estão em unidades arbitrárias). Este fenômeno foi mostrado por Lummer e Pringshei um ano antes do trabalho de Planck.

A tentativa inicial para explicar essas curvas foi usar diretamente a distribuição de Maxwell-Boltzmann. Considerou-se que a radiação dentro do corpo negro formava ondas estacionárias cujas frequências dependiam da temperatura. Assim, a energia média dessas oscilações é

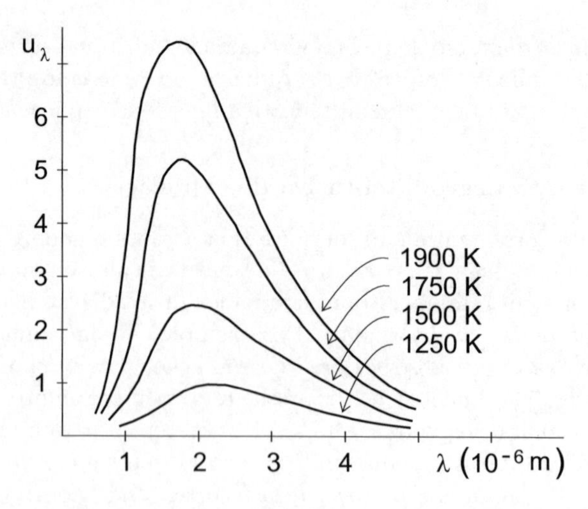

Figura 22.3: Radiação do corpo negro para algumas temperaturas

$$\langle \mathcal{E} \rangle = \frac{\displaystyle\int_0^\infty \mathcal{E}\, e^{-\mathcal{E}/kT}\, d\mathcal{E}}{\displaystyle\int_0^\infty e^{-\mathcal{E}/kT}\, d\mathcal{E}} \tag{22.4}$$

Só relembrando o que foi visto no Volume 2, Seção 13.4, $e^{-\mathcal{E}/kT}$ é o fator de Boltzmann, que corresponde à probabilidade de a oscilação possuir energia $\mathcal{E}$. A relação (22.4) é uma média ponderada. Fica como exercício mostrar que (exercício 1)

$$\langle \mathcal{E} \rangle = kT \tag{22.5}$$

O número estados estacionários por unidade de volume com comprimentos de onda entre λ e $\lambda + d\lambda$ é (será deduzido na subseção seguinte),

$$N(\lambda)\, d\lambda = \frac{8\pi}{\lambda^4}\, d\lambda \tag{22.6}$$

Consequentemente, a densidade de energia para essas radiações fica

$$\begin{aligned} u_\lambda &= N(\lambda)\, \langle \mathcal{E} \rangle \\ &= \frac{8\pi}{\lambda^4}\, kT \end{aligned} \tag{22.7}$$

que se chama *lei de Rayleigh-Jeans* do corpo negro. Ela não explicou sua radiação. Só há concordância experimental para grandes comprimentos de onda, como mostra a Figura 22.4.

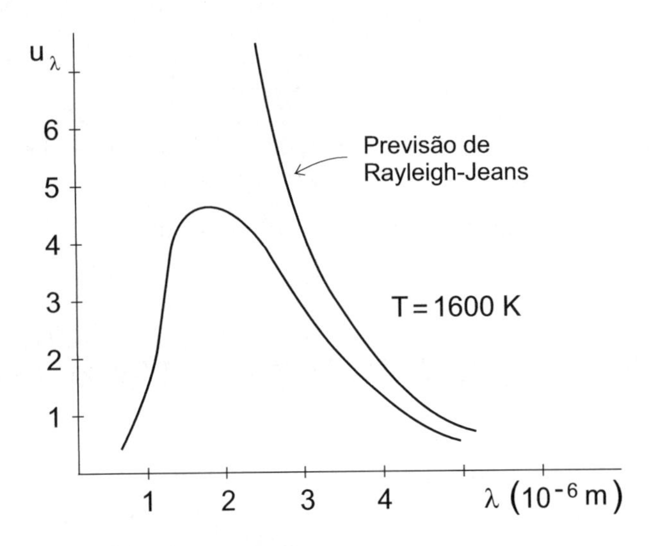

Figura 22.4: Radiação do corpo negro para algumas temperaturas

Dedução de (22.6)

Vamos fazê-la de forma bem simples. Tomemos um trecho de comprimento a no interior do corpo negro, onde seus extremos sejam pontos estacionários (como se fossem extremos fixos). Temos, então, que

$$a = n\,\frac{\lambda}{2} \qquad n = 1,\, 2,\, 3,\, \ldots$$

Podemos obter o número de estados estacionários por unidade de volume, calculando um elemento de volume através de n, ou seja, através da quantidade,

$$\frac{1}{8} \times 4\pi n^2\, dn$$

em que n está representando o número de estados entre n e $n+dn$ (o fator $1/8$ é para ter apenas o octeto onde n é positivo).[1] Substituindo o n da relação anterior, obtemos

$$\begin{aligned} \frac{1}{8} \times 4\pi n^2\, dn &= \frac{1}{8} \times 4\pi\, \frac{4a^2}{\lambda^2} \left(- \frac{2a}{\lambda^2} \right) d\lambda \\ &\to \frac{4\pi a^3}{\lambda^4}\, d\lambda \end{aligned}$$

Na última passagem, foi tomado o módulo para ser compatível com o lado esquerdo que é positivo. Assim, o número de estados estacionários com comprimento de onda entre λ e $\lambda + d\lambda$ por unidade de volume (a^3) fica

[1]Pode parecer estranho ter tomado n contínuo, pois, na expressão inicial, escrevemos os valores $n = 1, 2, 3, \ldots$. Acontece que os comprimentos de onda são muito pequenos para as dimensões da cavidade do corpo negro e, assim, os estados estacionários normalmente ocorrem para n muito grande (a diferença entre eles é quase de uma variável contínua).

$$N(\lambda)\,d\lambda = \frac{8\pi}{\lambda^4}\,d\lambda$$

que é a relação (22.6). Houve a multiplicação por dois a fim de levar em conta os dois estados de polarização da onda eletromagnética.

Em termos da frequência, diretamente teríamos (exercício 2)

$$N(\nu)\,d\nu = \frac{8\pi\nu^2}{c^3}\,d\nu \tag{22.8}$$

Estamos usando a letra grega ν para representar a frequência (como aparece comumente na literatura).

A ideia de Planck

Era o final do Século XIX, mais precisamente o ano de 1899. Sua ideia mudou sobremaneira os rumos da Ciência no Século XX. Planck considerou que os estados da radiação do corpo negro só pudessem existir com energia igual a um número inteiro de $h\nu$, em que h era uma constante a ser fixada (foi a introdução do que ficou conhecida como *constante de Planck*). A energia média dos osciladores seria, portanto, dada por somas em lugar de integrais,

$$\langle\, \mathcal{E}\,\rangle = \frac{\displaystyle\sum_{n=0}^{\infty} nh\nu\; e^{-\,nh\nu/kT}}{\displaystyle\sum_{n=0}^{\infty} e^{-\,nh\nu/kT}} \tag{22.9}$$

Essas somas correspondem a expansões conhecidas. Para vê-las com clareza, vamos simplificar a notação fazendo $e^{-\,h\nu/kT} = x$. Assim,

$$\begin{aligned}\langle\, \mathcal{E}\,\rangle &= h\nu\;\frac{\displaystyle\sum_{n=0}^{\infty} n\,x^n}{\displaystyle\sum_{n=0}^{\infty} x^n}\\ &= h\nu\;\frac{x+2x^2+3x^3+\cdots}{1+x+x^2+x^3+\cdots}\end{aligned} \tag{22.10}$$

Estão relacionadas às expansões,

$$\begin{aligned}\frac{1}{1-x} &= 1+x+x^2+x^3+\cdots\\ \frac{1}{(1-x)^2} &= 1+2x+3x^2+4x^3+\cdots\end{aligned} \tag{22.11}$$

Substituindo-as na relação anterior, bem como a definição de x, obtemos

$$
\begin{aligned}
\langle \mathcal{E} \rangle &= h\nu \, \frac{x}{1-x} \\
&= h\nu \, \frac{e^{-h\nu/kT}}{1 - e^{-h\nu/kT}} \\
&= h\nu \, \frac{1}{e^{h\nu/kT} - 1}
\end{aligned}
\tag{22.12}
$$

Considerando novamente o número de estados por unidade de volume com comprimentos de onda entre λ e $\lambda + d\lambda$, dado por (22.6), e substituindo $\nu = c\lambda$, temos que $u_\lambda \, d\lambda$ é dado por (exercício 3)

$$
u_\lambda \, d\lambda = \frac{8\pi hc}{\lambda^5} \, \frac{d\lambda}{e^{hc/\lambda kT} - 1}
\tag{22.13}
$$

que ficou conhecida como *lei de Planck da Radiação.* Está perfeitamente de acordo com os resultados experimentais desde que h tenha o valor que já nos foi apresentado (a famosa *constante de Planck*). Não custa repetir,

$$
h = 6,626 \times 10^{-34} \, Js
\tag{22.14}
$$

É muito pequena e representa a escala para o mundo quântico. Só a título de ilustração, sua primeira determinação, apresentada por Planck no artigo original do seu trabalho, "Annalen der Physik", volume 4, página 553 (1901), foi bem próxima do valor acima, $6,55 \times 10^{-34} \, Js$. Por este trabalho, Planck ganhou o Prêmio Nobel em Física de 1918.

22.2.2 Efeito fotoelétrico

Hertz verificou, em experiências realizadas no ano de 1887, que elétrons podem ser ejetados de superfícies metálicas por incidência de radiação eletromagnética (no caso luz ultravioleta). Este fenômeno, que ficou conhecido como *efeito fotoelétrico,* só foi explicado em 1905 por Einstein. Usou a mesma ideia de Planck. Entretanto, foi ainda menos convencional. Considerou que a luz, ao interagir com os elétrons, comportava-se como partículas de energia $h\nu$ (mais tarde chamadas de *fótons*). Segundo Einstein, a energia cinética dos elétrons, ao sair dos metais seria,

$$
E = h\nu - W
\tag{22.15}
$$

em que W é a energia mínima necessária para tirar o elétron do metal (é uma característica de cada material). Como vemos, o gráfico da função E versus ν é uma linha reta e a sua inclinação é justamente o valor de h. O interessante é que tal experiência, de natureza bem diferente da do corpo negro (pelo menos na visão da época), levava ao mesmo valor encontrado por Planck.

A ideia de Einstein em reviver a luz como partículas não foi bem vista pelos físicos, incluindo o próprio Planck. Como mencionei no Volume 2, Subseção 13.4.5, a radiação do corpo negro também pode ser explicada considerando-o como um conjunto estatístico de fótons e usando a distribuição de Bose-Einstein (quântica) em lugar da de Maxwell-Boltzmann (clássica). Einstein recebeu o Prêmio Nobel em 1921 por sua contribuição na Física Teórica, especialmente pela explicação do efeito fotoelétrico.

22.2.3 Efeito Compton

Em 1923, Compton descobriu que incidindo raios X com frequência bem definida sobre uma folha metálica eram detectados do outro lado, além dos raios X incidentes, outros de frequências menores, dependendo do ângulo relativamente ao feixe inicial. Este fenômeno passou a ser conhecido como *efeito Compton.*

Sua explicação pode ser feita com a mesma hipótese de Einstein de que raios X interagem com a matéria como partículas de energia $h\nu$. Usa-se, também, a Relatividade Especial, que será tratada com detalhes no capítulo seguinte. Entretanto, com o que foi adiantado no Volume 1, Seções 2.4 e 6.5, podemos explicá-lo aqui. Só precisamos das expressões da energia e momento relativísticos referentes à partícula com massa m e velocidade $\vec{v}$,

$$E = \frac{mc^2}{\sqrt{1 - \dfrac{v^2}{c^2}}} \tag{22.16}$$

$$\vec{p} = \frac{m\vec{v}}{\sqrt{1 - \dfrac{v^2}{c^2}}} \tag{22.17}$$

Na primeira, observa-se que, relativisticamente, a partícula em repouso possui energia igual a mc^2. Combinando-as, obtemos a seguinte relação envolvendo energia e momento,

$$E^2 = p^2c^2 + m^2c^4 \tag{22.18}$$

Vemos que se pode associar à partícula de massa zero o momento

$$p = \frac{E}{c} \tag{22.19}$$

Passemos, então, à explicação do efeito Compton. Notou-se que independe da natureza da folha metálica utilizada. Isto sugere que a interação deve envolver os elétrons livres do metal e não os átomos como um todo. A Figura 22.5 mostra a interação de uma partícula de raio X, possuindo energia $E_1 = h\nu$ e momento $p_1 = h\nu/c$ [de acordo com (22.19)], com um elétron de massa m, inicialmente em repouso (ainda não se sabia do princípio da incerteza), $E_2 = mc^2$. Pela conservação de energia e momento, temos

$$
\begin{aligned}
&h\nu + mc^2 = h\nu' + \sqrt{p_2'^2 c^2 + m^2 c^4} \\
&\frac{h\nu}{c} = \frac{h\nu'}{c}\cos\theta + p_2' \cos\phi \\
&\frac{h\nu'}{c}\operatorname{sen}\theta + p_2' \operatorname{sen}\phi = 0
\end{aligned} \tag{22.20}
$$

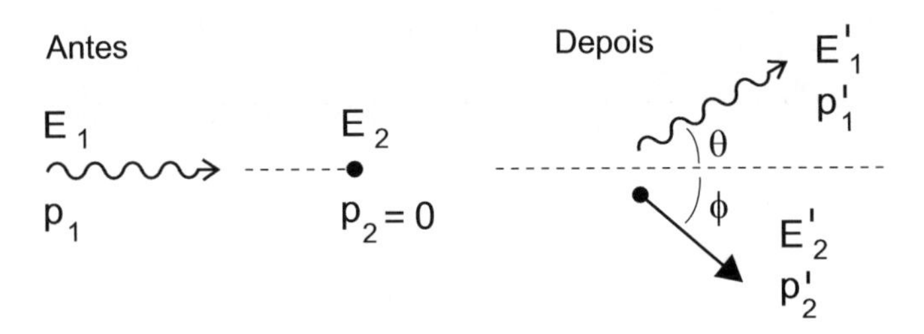

Figura 22.5: Efeito Compton

em que $E_1' = h\nu'$ e $p_1' = h\nu'/c$ são a energia e momento do raio X após a interação. Na energia final do elétron, usou-se (22.18). Combinando-as para eliminar p_2' e ϕ, obtemos (exercício 4),

$$
\nu' = \frac{\nu}{1 + \dfrac{h\nu}{mc^2}\left(1 - \cos\theta\right)} \tag{22.21}
$$

que dá a frequência do raio X que interagiu com o elétron em função do ângulo de espalhamento. Está de acordo com os resultados experimentais.

22.2.4 Explicação de Bohr para o átomo de hidrogênio

O átomo de hidrogênio, por ser o mais simples, é o mais estudado. Funciona como modelo para outros estudos. Seu espectro era bem conhecido no final do Século XIX. De forma empírica, sabia-se os comprimentos de onda das raias,

$$
\frac{1}{\lambda} = R\left(\frac{1}{n_f^2} - \frac{1}{n_i^2}\right) \tag{22.22}
$$

em que R é uma constante igual a $1,097 \times 10^7\, m^{-1}$ (chamada *constante de Rydberg*). Têm-se, então, as seguintes sequências de raias (que tomaram nomes particulares),

$n_i = 1$	$n_f = 2, 3, 4, \ldots$	série de Lyman
$n_i = 2$	$n_f = 3, 4, 5, \ldots$	série de Balmer
$n_i = 3$	$n_f = 4, 5, 5, \ldots$	série de Paschen
$n_i = 4$	$n_f = 5, 7, 7, \ldots$	série de Bracket
$n_i = 5$	$n_f = 6, 7, 8, \ldots$	série de Pfund

Pode-se diretamente verificar que as da série de Lyman estão na região ultravioleta, as de Balmer, na visível e as demais na região infravermelha.

As hipóteses de Bohr, formuladas no ano de 1913, para explicar o espectro do átomo de hidrogênio são:

- O elétron está em órbita circular em torno do núcleo, sem irradiar e sob ação da força de Coulomb.
- As órbitas permitidas são aquelas em que o momento angular é um número inteiro de $\hbar$ $(\hbar = h/2\pi)$.
- Quando o elétron passa de uma órbita para outra emite um fóton cuja energia é exatamente igual à diferença de energia entre as duas órbitas.

Vejamos o que é obtido dessas hipóteses. Pela primeira, temos

$$k\,\frac{e^2}{r^2} = \frac{mv^2}{r}$$

em que k é a constante eletrostática ($k = 9,00 \times 10^9\,Nm^2C^{-2}$ no SI). Por outro lado, a energia do elétron é (supondo não relativística)

$$E = \frac{1}{2}\,mv^2 - k\,\frac{e^2}{r}$$

Combinando-as, encontramos

$$E = k\,\frac{e^2}{2r}$$

Agora, de acordo com a segunda hipótese,

$$mvr = n\hbar$$

que combinada com a relação inicial fornece

$$r = \frac{n^2\hbar^2}{kme^2} \tag{22.23}$$

Para $n = 1$ e usando os valores conhecidos para as demais quantidades, obtém-se $r = 5,29 \times 10^{-10}\,m = 0,529\,\text{Å}$. Este valor é conhecido como *raio de Bohr* e está de acordo com a ordem de grandeza do tamanho do átomo.

Finalmente, substituamos (22.23) na expressão da energia,

$$E = -\,\frac{mk^2e^4}{2n^2\hbar^2}$$

E usando a terceira hipótese, obtemos

$$\nu = \frac{mk^2e^4}{4\pi\hbar^3}\left(\frac{1}{n_f^2} - \frac{1}{n_i^2}\right) \tag{22.24}$$

que corresponde à relação (22.22), com determinação precisa da constante de Rydberg (exercício 5). Bohr ganhou o Prêmio Nobel de 1922 por este trabalho.

Tudo que foi apresentado nesta seção, referente às hipóteses iniciais, não tinha respaldo nos fundamentos teóricos da época. No caso do átomo de Bohr, dizer que uma carga acelerada não irradia é ir contra ao que estabelece a Teoria Eletromagnética de Maxwell. Dizer, também, que as órbitas dos elétrons só poderiam ser aquelas com número inteiro de $\hbar$ não encontra nenhum apoio na Mecânica Newtoniana para movimento sob força central.

Outros resultados experimentais foram aparecendo. Observou-se que as raias do espectro do átomo de hidrogênio eram, na verdade, compostas por sub-raias bem próximas (o que se chamou *estrutura fina*) e estas por outras sub-raias (*estrutura hiperfina*). Tentou-se explicá-las considerando órbitas elípticas em lugar das circulares. Conseguiu-se algum avanço, mas muito aquém do que os resultados experimentais mostravam. Podemos dizer que a física clássica esgotara-se no tocante a adaptações.

22.3 Necessidade de uma nova teoria

Como vimos na seção anterior, para explicar o que era observado na Natureza, considerou-se a luz com comportamento de partícula e, também, apresentando estados discretos de energia. Nesta seção, vamos ainda um pouco além. Seja, novamente, o anteparo de dupla fenda, usado por Young para obtenção da interferência luminosa (quando se verificou que a luz tinha natureza ondulatória). Agora, consideremos elétrons em lugar da luz (ou dos fótons). Não precisa ser um feixe de elétrons, pode ser um de cada vez (com a luz também se poderia fazer o mesmo, incidindo quase um fóton de cada vez).

Primeiramente, tomemos uma das fendas fechada. Dos elétrons incidentes, parte passa pela outra fenda, parte resvala na sua parede interna e parte volta. A Figura 22.6 ilustra, um pouco, o que foi dito. O pequeno círculo à esquerda representa a fonte onde os elétrons são emitidos. A curva à direita corresponde à probabilidade de os elétrons atingirem o anteparo num determinado ponto. A Figura 22.7 é quando a outra fenda está fechada (considerou-se o mesmo número de elétrons do caso anterior).

Deixemos, agora, as duas fendas abertas. É o que está representado na Figura 22.8. O primeiro gráfico é o que se esperaria de acordo com a Mecância Clássica. Se fossem partículas maiores e bem mais massivas que o elétron (pequenas esferas de chumbo por exemplo), aconteceria mesmo. Entretanto, para elétrons (e fótons também), o que se observa corresponde ao segundo gráfico. É a figura de interferência que vimos no capítulo anterior. Não há como explicá-lo classicamente. É realmente necessária uma nova teoria. Começaremos a falar sobre o mundo quântico na seção seguinte. Só antecipemos algumas informações.

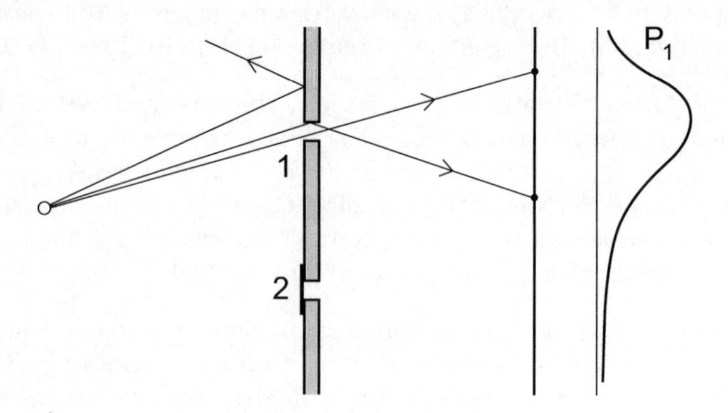

Figura 22.6: Elétrons só passando pela fenda 1

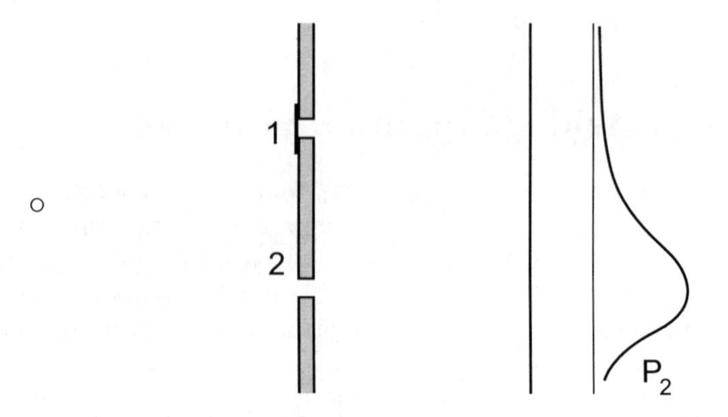

Figura 22.7: Elétrons só passando pela fenda 2

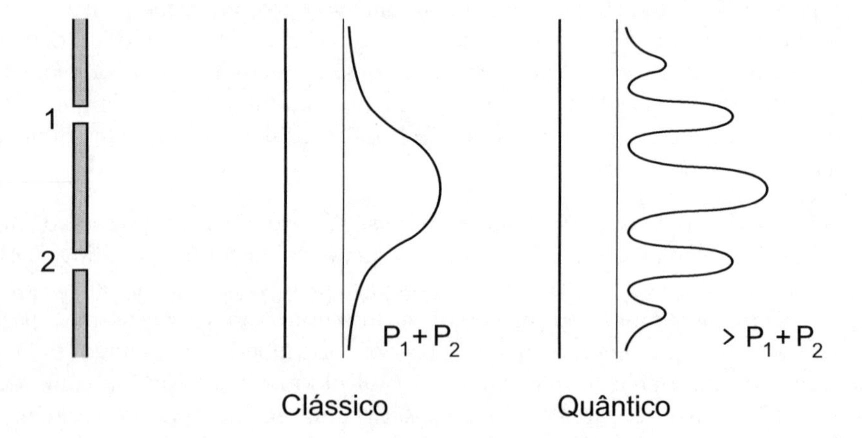

Figura 22.8: Passando pelas duas fendas

(*i*) A questão fundamental, como foi vista logo no início do capítulo, é que não existe trajetória para o elétron (ou fóton, ou qualquer partícula de massa muito pequena). Aqueles traços colocados na Figura 22.7, representando possíveis trajetórias para o elétron, não existem.

(*ii*) Conforme foi mencionado (e voltaremos com detalhes na próxima seção), a posição do elétron não é caracterizada pelo vetor posição $\vec{r}(t)$, mas por uma função complexa $\Psi(\vec{r},t)$, em que $\Psi(\vec{r},t)\,\Psi^*(\vec{r},t)$ corresponde, não à posição, mas à probabilidade de a partícula estar na posição $\vec{r}$ no instante t.

(*iii*) Isto explica o fato de a probabilidade final ser maior que $P_1 + P_2$ (a soma das probabilidades dos casos isolados).[2] Seja Ψ_1 o estado final correspondente ao caso de só a fenda 1 estar aberta. Consequentemente, $P_1 = \Psi_1\Psi_1^*$ é sua probabilidade, e está relacionado ao gráfico mostrado na Figura 22.6. Já $P_2 = \Psi_2\Psi_2^*$ corresponde à probabilidade do segundo caso. Agora, quando as duas fendas estão abertas, o estado final é $\Psi_1 + \Psi_2$. Assim, a probabilidade relacionada a ele fica

$$\begin{aligned} P &= \big(\Psi_1 + \Psi_2\big)\big(\Psi_1 + \Psi_2\big)^* \\ &= \Psi_1\Psi_1^* + \Psi_2\Psi_2^* + \Psi_1\Psi_2^* + \Psi_2\Psi_1^* \\ &> P_1 + P_2 \end{aligned}$$

(*iv*) Há um fato interessante que reafirma o que dito acima. Vamos supor que seja colocado certo sensor numa das fendas (não há necessidade de entrar em detalhes como isto pode ser feito), identificando se o elétron passou por ali. Se ele for acionado, significa que o ponto sobre o anteparo corresponde ao elétron que passou pela fenda; se não, passou pela outra. O gráfico obtido neste caso para o estado final é o primeiro da Figura 22.8.

(*v*) Acho oportuno citar outro exemplo (não relacionado à dupla fenda). Sejam dois elétrons num estado inicial, caracterizado pelos pares de energia e momento $(E_1, \vec{p}_1)$ e $(E_2, \vec{p}_2)$. Após interagirem entre si, passam para o estado final $(E_1', \vec{p}_1')$ e $(E_2', \vec{p}_2')$. Como não sabemos a trajetória de cada elétron, também não sabemos a que par de energia e momento final está associado cada par do estado inicial.

Esta é uma interação eletromagnética. Adiantemos que pode ser verificada experimentalmente. A contribuição mais significante se dá pela troca de um fóton (podem trocar inúmeros). A Figura 22.9 mostra os dois casos possíveis referentes ao estado inicial e aos estados finais. São apenas diagramas e não estão relacionados a nenhuma possível trajetória dos elétrons.[3]

Adiantemos, também, que cada processo está relacionado a certa quantidade, digamos S_1 e S_2, em que S_1^2 é a probabilidade para o primeiro caso e S_2^2 para o segundo. A probabilidade para ambos é

[2] Há situações que pode ser menor, como a que será mencionada na última observação.

[3] São chamados *diagramas de Feynman* e são muito utilizados na Teoria de Campos no cálculo dos processos quânticos.

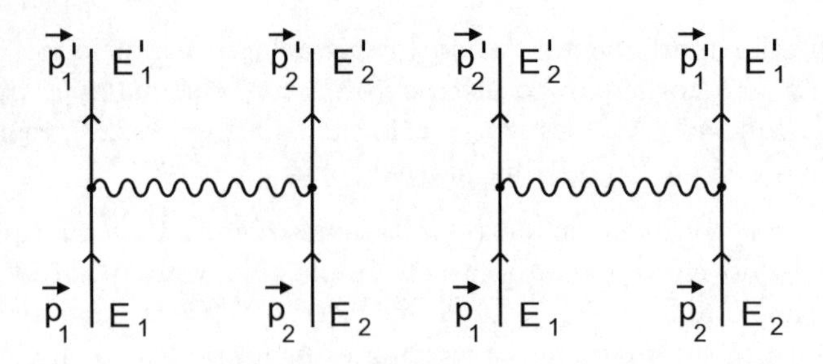

Figura 22.9: Passibilidades de interação entre dois elétrons

$$\left(S_1 + S_2\right)^2 = S_1^2 + S_2^2 + 2\,S_1 S_2$$

Sem incluir o termo cruzado (que aqui não é necessariamente positivo) não há concordância com os resultados experimentais (que, aliás, são muito precisos).

22.4 O mundo quântico

22.4.1 A ideia de Louis de Broglie

De Broglie (como também é conhecido) foi o primeiro a dar um passo no sentido contrário aos seus antecessores. No ano de 1924, em lugar de ficar preso às diversidades de a luz ser partícula ou não, ele pensou se outras partículas, por exemplo o elétron, não produziriam figuras de interferência semelhantes às produzidas pela luz (como vimos na seção anterior, de fato produzem). Sua ideia apoiava-se no seguinte argumento. Sendo o fóton uma partícula de energia $h\nu$, seu momento é

$$p = \frac{h\nu}{c} = \frac{h}{\lambda} \tag{22.25}$$

Considerou, então, que esta relação pudesse ser genérica para qualquer partícula. Por exemplo, para um elétron com $1\,000\,eV$, temos (não é relativística),

$$\begin{aligned} \frac{p^2}{2m} &= 1\,000 \times 1,60 \times 10^{-19}\,J \\ &= 1,60 \times 10^{-16}\,J \end{aligned}$$

Assim,

$$\begin{aligned} p &= \sqrt{1,60 \times 10^{-16} \times 2 \times 9,11 \times 10^{-31}} \\ &= 1,71 \times 10^{-23}\ kg\,ms^{-1} \end{aligned}$$

Consequentemente,

$$\lambda = \frac{6,63 \times 10^{-34}}{1,71 \times 10^{-23}} = 3,88 \times 10^{-11}\,m = 40\,\text{Å}$$

que é um comprimento de onda na região dos raios X. Para energia de $100\,eV$, encontraríamos $\lambda = 1,23\,\text{Å}$ (exercício 6).

Experimentalmente, foi confirmada em 1927 por Davison e Germer e, em 1928, G.P Thomas obteve figuras de interferência similares às dos raios X, partindo de feixes de elétrons (com a mesma natureza do que foi exposto na seção anterior). Uma aplicação tecnológica decorrente foi o microscópio eletrônico que, por estar associado a comprimentos de onda da região dos raios X, possui resolução muito maior que microscópios óticos usuais.

A hipótese de de Broglie vale para qualquer partícula. Só que, dependendo da massa, o comprimento de onda associado poderá ser muito pequeno. Por exemplo, para o caso de partícula com $1\,g$ e velocidade $10\,m/s$, o comprimento de onda é $6,63\times10^{-32}\,m$ (exercício 7). É realmente muito pequeno. Lembremos de que os dos raios cósmicos estão no entorno de $10^{-13}\,m$.

Concluindo, acho oportuno tocar no assunto de alguma (inadequada) visão clássica. Quando dizemos que se associa um comprimento de onda a uma partícula não significa um possível movimento em forma sinuosa. O que se deve concluir é que o elétron possui características semelhantes às do fóton em termos de figura de interferência. Não há nenhuma informação sobre sua trajetória entre a fonte e o anteparo.

22.4.2 Princípio de Heisemberg

Em 1927, Heisemberg apresentou uma relação (uma desigualdade), que é outra maneira de dizer que não existem trajetórias no mundo quântico. Passou a se chamar *princípio da incerteza de Heisemberg*. Já tínhamos falado sobre ele no Volume 2, Subseção 10.6.4. Falemos novamente, agora com mais detalhes. De maneira geral, estabelece que posição e momento de uma partícula não podem ser conhecidos com precisão absoluta (só no mundo clássico isto acontece). Seja a componente x do vetor $\vec{r}(t)$. O princípio de Heisemberg diz que o produto das incertezas Δx e Δp_x possui um limite tal que

$$\Delta x\,\Delta p_x \geq \frac{\hbar}{2} \tag{22.26}$$

(lembrando mais uma vez, $\hbar = h/2\pi$). Embora tenha sido apresentado dois anos depois da equação de Schrödinger, é considerado o princípio fundamental da Teoria Quântica. Em termos de energia e momento, também se expressa por

$$\Delta E\,\Delta t \geq \frac{\hbar}{2} \tag{22.27}$$

Bem como para ângulo e momento angular,

$$\Delta\theta\,\Delta L_\theta \geq \frac{\hbar}{2} \tag{22.28}$$

Vamos fazer algumas observações, incluindo exemplos que, à primeira vista, podem parecer violações do princípio da incerteza.

(i) O estudante provavelmente já deve ter visto alguma foto, com traços bem definidos, relacionada à detecção de partículas nas chamadas *câmaras de bolhas*. Não seriam esses traços exemplos de suas trajetórias? A resposta é não. Nada mais são do que rastros deixados pela ionização dos átomos. São muito largos comparados ao tamanho das partículas. Não podem ser interpretados como trajetórias. Para ficar bem claro, tentemos associar um deles, com cerca de $0,1\,mm$ de largura, ao elétron. Falar em tamanho do elétron é algo que não faz muito sentido. Não existe nada, experimentalmente, que o registre. Mesmo assim, vamos estimar um número. Sabe-se que o tamanho do próton é da ordem de $10^{-15}\,m$ e sua massa duas mil vezes maior que a do elétron. Assim, supondo o elétron uma esfera de diâmetro d, teríamos

$$\frac{4}{3}\pi\left(\frac{10^{-15}}{2}\right)^3 = 2\,000 \times \frac{4}{3}\pi\left(\frac{d}{2}\right)^3 \quad \Rightarrow \quad d \approx 10^{-16}\,m$$

Como mencionei, não há experiências que levem a um tamanho para o elétron. O que se pode dizer, pelas interações com elétrons em altíssimas energias, é que seria menor que isto. Já era de se esperar. Enfatizando, não faz muito sentido estimar o tamanho do elétron a partir do próton, que possui uma estrutura bem complexa. Mesmo assim, tomemos o valor $10^{-16}\,m$. Dizer que uma linha de $0,1\,mm$ possa estar associada a uma partícula de $10^{-16}\,m$ é semelhante a dizer que um caminho com largura de 1 milhão de quilômetros esteja associada à trajetória de uma formiga (considerada com $1\,mm$ de largura)! Aliás, a superfície da Terra não poderia conter caminho tão largo (lembrar que seu raio é $6\,400\,km$).

(ii) Consideremos, agora, um átomo em seu estado excitado. Geralmente, conhece-se bem o nível de energia correspondente e sabe-se que o elétron fica ali por cerca de $10^{-10}\,s$. Ora, de acordo com a relação do princípio da incerteza, envolvendo tempo e energia, ao se conhecer a energia com precisão absoluta, o elétron nunca deveria voltar ao estado inicial.

Acontece que o tempo $10^{-10}\,s$ é muito grande na escala atômica. Vamos fazer uma comparação com a escala de tempo em que vivemos. Comparemos o tamanho do átomo, cujo raio é cerca de 1 Å, com a distância do Sol à Terra, 150 milhões de quilômetros. O fator envolvendo as duas dimensões é da ordem de 10^{21}. Assim, transpondo $10^{-10}\,s$ para o nosso mundo encontraremos,

$$10^{-10}\,s \times 10^{21} = 10^{11}\,s \approx 3\,000\ anos$$

Alguém entre nós que vivesse tanto tempo seria considerado imortal (no amplo sentido da palavra).

(iii) Para concluir, será que não haveria meios de determinar, após algum possível desenvolvimento tecnológico, a trajetória do elétron? Não pode. Não é questão de tecnologia. Deixe-me adiantar mais um dado que ocorre no mundo quântico e que dá melhor compreensão dessa questão. Sabe-se da Teoria Quântica dos Campos que um elétron (ou qualquer partícula com interação eletromagnética) pode emitir e, logo após, absorver um fóton, como mostra a primeira Figura 22.10.[4] Um caso mais geral está na segunda figura. Naturalmente, tal mecanismo faz com que seja realmente impossível associar uma trajetória para o elétron.

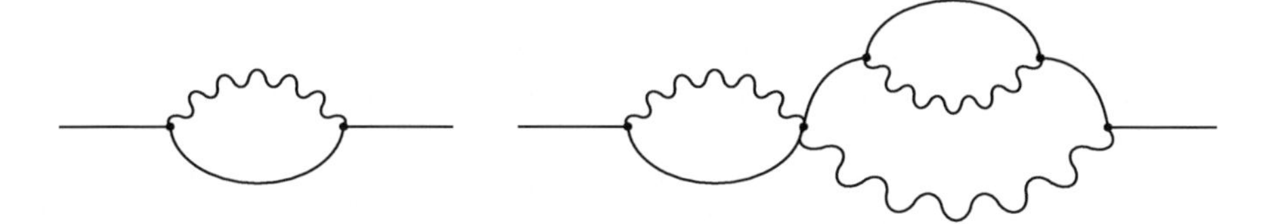

Figura 22.10: Emissão e absorção de fótons pelo elétron

22.4.3 Formulações da Mecânica Quântica

Na Mecânica Newtoniana e na Teoria Eletromagnética de Maxwell, tínhamos equações bem definidas como ponto de partida. Agora não. Como vimos acima, o ponto teórico fundamental é o princípio da incerteza (não estamos seguindo uma ordem histórica). É uma desigualdade. Fica difícil pensar um desenvolvimento matemático partindo diretamente dele. Realmente não acontece. Existem formulações que são compatíveis com ele. Uma é através da equação de Schrödinger, que veremos na seção seguinte. Há mais duas que falarei um pouco no final.

22.5 Formulação de Schrödinger

Sem longos argumentos históricos, pode ser estabelecida por alguns postulados. Evitaremos, também, uma notação matemática mais elaborada. Vamos nos restringir aos conhecimentos que temos.

- O estado da partícula é caracterizado por uma função complexa, que denotaremos por $\Psi(\vec{r},t)$ [na Mecânica Clássica, o estado da partícula é dado pelo vetor posição $\vec{r}(t)$].[5]

- A quantidade $\Psi(\vec{r},t)$, por ser complexa, não possui significado físico direto. Ele vem de $\Psi^*(\vec{r},t)\,\Psi(\vec{r},t)\,dV$, que corresponde à probabilidade de a partícula ser encontrada dentro do elemento de volume dV (interpretação dada por Born em 1926).

- A cada quantidade física mensurável da partícula, digamos A, está associado um operador $A_{\rm op}$. Conhecendo seu estado $\Psi(\vec{r},t)$ e considerando a interpretação dada por Born, temos que os valores possíveis de A são

[4] É um diagrama de Feynman, a que me referi na última nota de rodapé.

[5] Apenas mencionemos que $\Psi(\vec{r},t)$ é um vetor no espaço de Hilbert.

$$A = \frac{\displaystyle\int \Psi^* A_{\rm op}\, \Psi \, dV}{\displaystyle\int \Psi^* \, \Psi \, dV} \tag{22.29}$$

Por exemplo, para a posição x, consideraremos que o operador seja o próprio x. Para a componente p_x do momento, o operador é

$$p_{x,\,\rm op} = -\, i\hbar \, \frac{\partial}{\partial x} \tag{22.30}$$

- A evolução temporal do estado Ψ é dada pela equação

$$i\hbar \, \frac{\partial \Psi}{\partial t} = \big(T + V\big)_{\rm op} \, \Psi \tag{22.31}$$

devida à Schrödinger, em que $T_{\rm op} = p_{\rm op}^2/2m$ é o operador energia cinética; e $V_{\rm op} = V(\vec{r})$, energia potencial (a formulação de Schrödinger trata da evolução da partícula não relativística). O lado esquerdo de (22.31), consequentemente, é o operador energia,

$$E_{\rm op} = i\hbar \, \frac{\partial}{\partial t} \tag{22.32}$$

Quando a energia potencial só depende da posição, pode-se obter a equação de Schrödinger independente do tempo. Observando (22.31) e (22.32), basta fazer

$$\Psi\,(\vec{r}, t) = \psi\,(\vec{r}\,)\, e^{\,-\, iEt/\hbar} \tag{22.33}$$

Fica como exercício mostrar que numa dimensão é dada por (exercício 8)

$$-\,\frac{\hbar^2}{2m}\,\frac{d^{\,2}\psi}{dx^2} + V(x)\,\psi = E\,\psi \tag{22.34}$$

Para nos familiarizarmos com o que foi apresentado acima, acho oportuno passar logo para as aplicações, em que aproveitaremos para verificar a compatibilidade com o princípio da incerteza.

22.5.1 Aplicações da equação de Schrödinger

1° exemplo

Seja uma partícula de massa m e energia E movendo-se ao longo do eixo x. Consideremos que esteja sujeita à seguinte energia potencial (Figura 22.11),

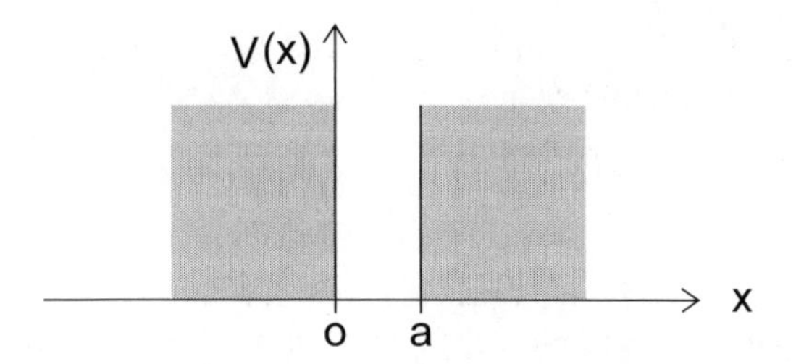

Figura 22.11: Poço de potencial

$$\begin{array}{lll} V(x) = 0 & \text{para} & 0 < x < a \\ V(x) = \infty & \text{para} & 0 \geq x \geq a \end{array}$$

A partícula estará confinada a se mover entre $x = 0$ e $x = a$. Para fins de comparação, vamos começar tratando-a classicamente. O módulo da sua velocidade é facilmente obtido,

$$\frac{1}{2} m v^2 = E \quad \Rightarrow \quad v = \sqrt{\frac{2E}{m}}$$

pois $V(x) = 0$ entre 0 e a. Também, dentro deste intervalo, não há restrições onde possa estar nem da energia que possa ter.

Passemos para o ponto de vista da Mecânica Quântica. Tomemos a equação de Schrödinger, relação (22.34), fazendo $V(x) = 0$,

$$-\frac{\hbar^2}{2m} \frac{d^2\psi}{dx^2} = E\psi \quad \Rightarrow \quad \frac{d^2\psi}{dx^2} + \frac{2mE}{\hbar^2} \psi = 0$$

cuja solução geral pode ser diretamente escrita,

$$\psi(x) = A \operatorname{sen}\left(\frac{\sqrt{2mE}}{\hbar} x\right) + B \cos\left(\frac{\sqrt{2mE}}{\hbar} x\right)$$

em que A e B são constantes. São fixadas mediante condições de contorno. No caso, devido a energia potencial ser infinita em $0 \geq x \geq a$, a partícula não deve ser encontrada nesta região. Assim, deveremos ter $\psi(x)$ satisfazendo

$$\psi(0) = 0 \quad \text{e} \quad \psi(a) = 0$$

pois $\psi(x)^* \psi(x)$ está relacionada à probabilidade de se encontrar a partícula. Temos, então,

$$\begin{array}{lll} \psi(0) = 0 & \Rightarrow & B = 0 \\ \psi(a) = 0 & \Rightarrow & A \operatorname{sen}\left(\dfrac{\sqrt{2mE}}{\hbar} a\right) = 0 \end{array}$$

Como não faz sentido A também ser zero (pois a partícula deve ser encontrada em algum lugar), deveremos ter

$$\frac{\sqrt{2mE}}{\hbar}\,a = n\pi \quad \Rightarrow \quad E = \frac{n^2\pi^2\hbar^2}{2ma^2} \qquad n = 1,\, 2,\, \ldots$$

Observamos que sua energia é quantizada (não levamos em conta o valor $n = 0$ pois significaria não ter partícula em lugar algum). Podemos notar que no caso de massa grande, os níveis de energia são muito próximos (corresponderia ao caso clássico). Só mais um detalhe, a constante A poderia ser fixada fazendo $\int_0^a \psi^*\psi\, dx = 1$. Aí, $\psi^*\psi$ é a densidade de probabilidade.

Calculemos o valor médio da posição e momento. Para a posição,

$$\begin{aligned}\langle\, x\,\rangle &= \frac{\displaystyle\int_0^a \psi^* x\, \psi\, dx}{\displaystyle\int_0^a \psi^*\psi\, dx} \\ &= \frac{\displaystyle\int_0^a x \operatorname{sen}^2\left(\frac{n\pi x}{a}\right) dx}{\displaystyle\int_0^a \operatorname{sen}^2\left(\frac{n\pi x}{a}\right) dx}\end{aligned}$$

Resolvendo as integrais acima, obtém-se (exercício 9)

$$\langle\, x\,\rangle = \frac{a^2/4}{a/2} = \frac{a}{2}$$

que é um resultado esperado, visto que a partícula movimenta-se livremente no intervalo entre $x = 0$ e $x = a$.

Quanto ao valor médio do momento, temos

$$\begin{aligned}\langle\, p\,\rangle &= \frac{\displaystyle\int_0^a \psi^* p_{\,\text{op}}\, \psi\, dx}{\displaystyle\int_0^a \psi^*\psi\, dx} \\ &= \frac{2}{a}\int_0^a \operatorname{sen}\left(\frac{n\pi x}{a}\right)\left(-\,i\hbar\,\frac{d}{dx}\right)\operatorname{sen}\left(\frac{n\pi x}{a}\right) dx \\ &= -\,\frac{2\,i\hbar}{a}\int \operatorname{sen}\left(\frac{n\pi x}{a}\right) d\left[\operatorname{sen}\left(\frac{n\pi x}{a}\right)\right] \\ &= -\,\frac{2\,i\hbar}{a}\,\frac{1}{2}\operatorname{sen}^2\left(\frac{n\pi x}{a}\right)\Bigg|_0^a = 0\end{aligned}$$

Também um resultado esperado pois a partícula movimenta-se igualmente nos dois sentidos. Não existe a possibilidade de estar parada, o que pode ser confirmado calculando $\langle\, p^{\,2}\,\rangle$,

$$\begin{aligned}
\langle p^2 \rangle &= \frac{\displaystyle\int_0^a \psi^* \left(-i\hbar\,\frac{d}{dx}\right)^2 \psi\, dx}{\displaystyle\int_0^a \psi^* \psi\, dx} \\
&= -\frac{2\,\hbar^2}{a} \int_0^a \operatorname{sen}\left(\frac{n\pi x}{a}\right) \frac{d^2}{dx^2} \operatorname{sen}\left(\frac{n\pi x}{a}\right) dx \\
&= \frac{2\,\hbar^2}{a}\,\frac{n^2\pi^2}{a^2} \int_0^a \operatorname{sen}^2\left(\frac{n\pi x}{a}\right) dx \\
&= \frac{2\,\hbar^2}{a}\,\frac{n^2\pi^2}{a^2}\,\frac{a}{2} \\
&= \frac{n^2\pi^2\hbar^2}{a^2}
\end{aligned}$$

Consistentemente, observamos que $\langle p^2 \rangle = 2mE$.

Para concluir, verifiquemos a compatibilidade com o princípio da incerteza. Para obter Δx, partimos de

$$\begin{aligned}
(\Delta x)^2 &= \left\langle \left(x - \langle x \rangle\right)^2 \right\rangle \\
&= \left\langle x^2 - 2x\,\langle x \rangle + \langle x \rangle^2 \right\rangle \\
&= \langle x^2 \rangle - \langle x \rangle^2
\end{aligned}$$

Já sabemos que o valor médio de x é $a/2$. Quanto ao de x^2 fica como exercício mostrar que (exercício 10)

$$\langle x^2 \rangle = \frac{a^2}{3} - \frac{a^2}{2\,n^2\pi^2}$$

Portanto,

$$\begin{aligned}
(\Delta x)^2 &= \frac{a^2}{3} - \frac{a^2}{2\,n^2\pi^2} - \frac{a^2}{4} \\
&= \frac{a^2}{12} - \frac{a^2}{2\,n^2\pi^2}
\end{aligned}$$

No caso de $(\Delta p)^2$, usando o que já foi calculado,

$$\begin{aligned}
(\Delta p)^2 &= \langle p^2 \rangle - \langle p \rangle^2 \\
&= \langle p^2 \rangle \\
&= \frac{n^2\pi^2\hbar^2}{a^2}
\end{aligned}$$

Juntemos os resultados obtidos,

$$\begin{aligned}(\Delta x)^2(\Delta p)^2 &= \left(\frac{a^2}{12} - \frac{a^2}{2n^2\pi^2}\right)\frac{n^2\pi^2\hbar^2}{a^2} \\ &= \hbar^2\left(\frac{n^2\pi^2}{12} - \frac{1}{2}\right)\end{aligned}$$

Portanto

$$\Delta x\,\Delta p = \hbar\sqrt{\frac{n^2\pi^2}{12} - \frac{1}{2}}$$

Seu menor valor é para $n = 1$. Substituamos $n = 1$,

$$\Delta x\,\Delta p = 0,57\,\hbar > \frac{\hbar}{2}$$

Vemos, então, que o princípio da incerteza é verificado em todos os casos.

2° exemplo

Seja, agora, a partícula sujeita à energia potencial,

$$\begin{aligned}V(x) &= 0 \quad \text{para} \quad x < 0 \\ V(x) &= V_0 \quad \text{para} \quad x \geq 0\end{aligned}$$

mostrada na Figura 22.12. Consideremos que esteja inicialmente na região $x < 0$ e tenha emergia E.

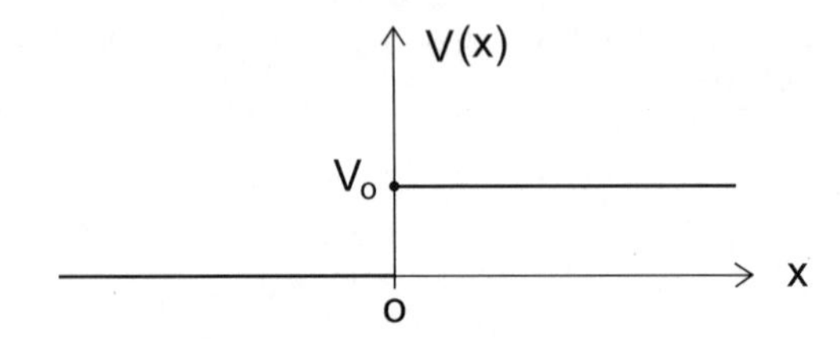

Figura 22.12: Potencial degrau

Classicamente, se $E < V_0$ a partícula só pode estar em $-\infty < x < 0$ e movimenta-se tanto para a direita como para a esquerda. Se $E > V_0$, pode estar em qualquer lugar e movimenta-se sempre para a direita (em $x < 0$ com energia cinética E e em $x \geq 0$ com $E - V_0$).

Passemos para o ponto de vista quântico. Pela equação de Schrödinger (independente do tempo),

$$\begin{aligned}x < 0 \qquad & \frac{d^2\psi}{dx^2} + \frac{2mE}{\hbar^2}\,\psi = 0 \\ x \geq 0 \qquad & \frac{d^2\psi}{dx^2} + \frac{2m}{\hbar^2}\,(E - V_0)\,\psi = 0\end{aligned}$$

No segundo caso, ainda não estamos dizendo se a energia é maior ou menor que V_0. Vamos, primeiramente, escrever as soluções,

$$x < 0 \qquad \psi(x) = A\, e^{i\sqrt{2mE}\, x/\hbar} + B\, e^{-i\sqrt{2mE}\, x/\hbar}$$

$$x \geq 0 \qquad \psi(x) = C\, e^{i\sqrt{2m(E-V_0)}\, x/\hbar} + D\, e^{-i\sqrt{2m(E-V_0)}\, x/\hbar}$$

Naturalmente, também poderiam ter sido escritas em termos de seno e cosseno (como no exemplo anterior). Entretanto, aqui é melhor deixá-las como estão pois cada termo possui significado bem definido. Por exemplo, na primeira solução, o primeiro termo corresponde à partícula vindo da esquerda com momento $p = \sqrt{2mE}$ e incidindo sobre a barreira de potencial (podemos falar que possui momento bem definido porque a incerteza na posição é infinita). Seu segundo termo está relacionado à partícula voltando, isto é, após a reflexão na barreira (observe que o momento agora é $-\sqrt{2mE}$). Na segunda solução, o primeiro termo refere-se à partícula indo para a direita, depois de $x = 0$; e o segundo, voltando. Antes de considerar se E é maior ou menor que V_0, vemos que este segundo termo não deve existir, pois não há à direita de $x = 0$ nenhuma alteração do potencial que justifique sua reflexão. Assim, temos que $D = 0$.

Se $E < V_0$, o primeiro termo da segunda solução decai exponencialmente com x. Consequentemente, a probabilidade de a partícula ser encontrada na região $x > 0$ decairá da mesma maneira. De certa forma, o resultado é compatível com o caso clássico. Entretanto, para $E > V_0$ não há, em princípio, nada que justifique tomar $B = 0$ (coeficiente correspondente ao estado da partícula refletida). Deixemos que a Matemática nos mostre o que acontece. Passemos, então, ao cálculo de B e C relativamente a A (amplitude da partícula incidente).

Para fazer isto, usamos o fato de $\psi(x)$ e sua primeira derivada serem funções contínuas de x (devido à equação de Schrödinger ser expressa em termos da derivada segunda de ψ em relação a x). Assim, pela continuidade de $\psi(x)$ em $x = 0$ temos

$$A + B = C$$

Lembrar que tomamos $D = 0$. E para a continuidade de $d\psi/dx$,

$$\frac{i}{\hbar}\sqrt{2mE}\, A - \frac{i}{\hbar}\sqrt{2mE}\, B = \frac{i}{\hbar}\sqrt{2m(E-V_0)}\, C$$

$$\Rightarrow \quad \sqrt{E}\, A - \sqrt{E}\, B = \sqrt{E - V_0}\, C$$

Essas relações permitem expressar B e C em termos de A. O resultado é obtido diretamente,

$$B = \frac{\sqrt{E} - \sqrt{E - V_0}}{\sqrt{E} + \sqrt{E - V_0}}\, A$$

$$C = \frac{2\sqrt{E}}{\sqrt{E} + \sqrt{E - V_0}}\, A$$

Como podemos observar, mesmo quando $E > V_0$ existe a possibilidade de a partícula voltar, resultado que contrasta com o caso clássico. Notamos que a única possibilidade de B ser zero é quando $V_0 = 0$, isto é, quando não há barreira de potencial alguma. Aliás, foi este o argumento usado para fazer, no início, $D = 0$.

Concluindo, a presença do princípio da incerteza neste exemplo é bem simples, pois as regiões onde a partícula pode estar possuem tamanho infinito. Consequentemente, não há incerteza para os momentos.

3° exemplo

Consideremos uma partícula vindo da esquerda com energia E. Agora existe o seguinte potencial (Figura 22.13),

$$\begin{aligned} V(x) &= 0 \qquad \text{para} \quad 0 > x > a \\ V(x) &= V_0 \qquad \text{para} \quad 0 \leq x \leq a \end{aligned}$$

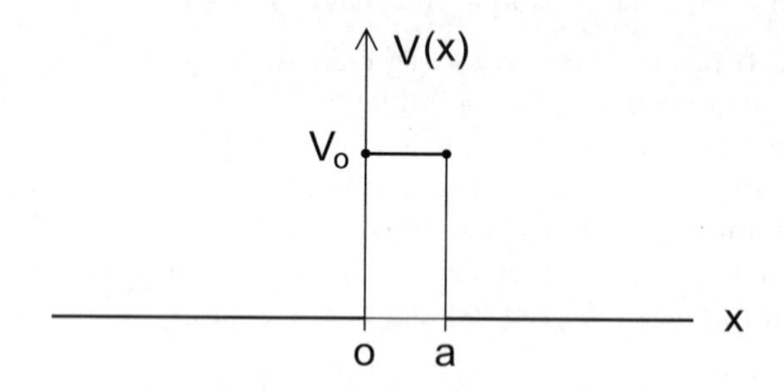

Figura 22.13: Barreira de potencial

Classicamente, se $E < V_0$ a partícula só pode ocupar a região à esquerda de $x = 0$. Se $E > V_0$, irá também para a direita e seu momento entre 0 e a será $\sqrt{2m\,(E - V_0)}$.

Quanticamente, pelo que vimos no exemplo anterior, mesmo que $E > V_0$ existe a possibilidade de a partícula ser refletida em $x = 0$. O desenvolvimento é bem parecido. O que é mais interessante, conforme veremos, é que a partícula pode passar para a região $x > a$ mesmo quando $E < V_0$. Este é um exemplo simples do fenômeno conhecido como *efeito túnel*. Vamos considerar este caso. De maneira análoga ao que foi feito no exemplo anterior, podemos diretamente escrever as soluções da equação de Schrödinger,

$$\begin{aligned} x < 0 \qquad & \psi(x) = A\, e^{i\sqrt{2mE}\, x/\hbar} + B\, e^{-i\sqrt{2mE}\, x/\hbar} \\ 0 \leq x \leq a \qquad & \psi(x) = C\, e^{i\sqrt{2m\,(E-V_0)}\, x/\hbar} + D\, e^{-i\sqrt{2m\,(E-V_0)}\, x/\hbar} \\ & = C\, e^{-\sqrt{2m\,(V_0-E)}\, x/\hbar} + D\, e^{\sqrt{2m\,(V_0-E)}\, x/\hbar} \\ x > a \qquad & \psi(x) = F\, e^{i\sqrt{2mE}\, x/\hbar} \end{aligned}$$

Na solução entre $0 \le x \le a$, a raiz $\sqrt{2m(E - V_0)}$ é imaginária (pois $E < V_0$). A solução na igualdade seguinte foi escrita com raízes reais. Na região $x > a$, não há alteração alguma do potencial que justifique a partícula voltar. Por isso, a solução só possui um termo.

Para simplificar a notação, façamos

$$\frac{\sqrt{2mE}}{\hbar} = \alpha \qquad \text{e} \qquad \frac{\sqrt{2m(V_0 - E)}}{\hbar} = \beta$$

e as soluções acima ficam

$$\begin{array}{rl} x < 0 & \psi(x) = A\,e^{i\alpha x} + B\,e^{-i\alpha x} \\ 0 \le x \le a & \psi(x) = C\,e^{-\beta x} + D\,e^{\beta x} \\ x > a & \psi(x) = F\,e^{i\alpha x} \end{array}$$

A continuidade de ψ e $d\psi/dx$ em $x = 0$ e $x = a$ fornece as seguintes relações entre os coeficientes,

$$\begin{array}{ll} \text{em} \quad x = 0: & A + B = C + D \\ & i\alpha A - i\alpha B = -\beta C + \beta D \\ \text{em} \quad x = a: & C\,e^{-\beta a} + D\,e^{\beta a} = F\,e^{i\alpha a} \\ & \beta C\,e^{-\beta a} - \beta D\,e^{\beta a} = -i\alpha F\,e^{i\alpha a} \end{array}$$

É só questão de um pouco de trabalho algébrico expressar B, C, D e F em termos de A (exercício 11). O resultado é

$$B = \frac{(\alpha^2 + \beta^2)\,\mathrm{sh}\,(\beta a)}{(\alpha^2 - \beta^2)\,\mathrm{sh}\,(\beta a) + 2i\alpha\beta\,\mathrm{ch}\,(\beta a)}\,A$$

$$C = \frac{\alpha(\alpha + i\beta)\,e^{\beta a}}{(\alpha^2 - \beta^2)\,\mathrm{sh}\,(\beta a) + 2i\alpha\beta\,\mathrm{ch}\,(\beta a)}\,A$$

$$D = \frac{-\alpha(\alpha - i\beta)\,e^{-\beta a}}{(\alpha^2 - \beta^2)\,\mathrm{sh}\,(\beta a) + 2i\alpha\beta\,\mathrm{ch}\,(\beta a)}\,A$$

$$F = \frac{2i\alpha\beta\,e^{-i\alpha a}}{(\alpha^2 - \beta^2)\,\mathrm{sh}\,(\beta a) + 2i\alpha\beta\,\mathrm{ch}\,(\beta a)}\,A$$

ou, em termos dos dados iniciais,

$$B = \frac{V_0\,\mathrm{sh}\left[\dfrac{\sqrt{2m(V_0 - E)}}{\hbar}\,a\right] A}{(2E - V_0)\,\mathrm{sh}\left[\dfrac{\sqrt{2m(V_0 - E)}}{\hbar}\,a\right] + 2i\sqrt{E(V_0 - E)}\,\mathrm{ch}\left[\dfrac{\sqrt{2m(V_0 - E)}}{\hbar}\,a\right]}$$

$$C=\frac{V_0\,\mathrm{sh}\left[\dfrac{\sqrt{2m(V_0-E)}}{\hbar}\,a\right]A}{(2E-V_0)\,\mathrm{sh}\left[\dfrac{\sqrt{2m(V_0-E)}}{\hbar}\,a\right]+2i\sqrt{E(V_0-E)}\,\mathrm{ch}\left[\dfrac{\sqrt{2m(V_0-E)}}{\hbar}\,a\right]}$$

$$D=\frac{V_0\,\mathrm{sh}\left[\dfrac{\sqrt{2m(V_0-E)}}{\hbar}\,a\right]A}{(2E-V_0)\,\mathrm{sh}\left[\dfrac{\sqrt{2m(V_0-E)}}{\hbar}\,a\right]+2i\sqrt{E(V_0-E)}\,\mathrm{ch}\left[\dfrac{\sqrt{2m(V_0-E)}}{\hbar}\,a\right]}$$

$$F=\frac{V_0\,\mathrm{sh}\left[\dfrac{\sqrt{2m(V_0-E)}}{\hbar}\,a\right]A}{(2E-V_0)\,\mathrm{sh}\left[\dfrac{\sqrt{2m(V_0-E)}}{\hbar}\,a\right]+2i\sqrt{E(V_0-E)}\,\mathrm{ch}\left[\dfrac{\sqrt{2m(V_0-E)}}{\hbar}\,a\right]}$$

Vemos que existe um F bem definido. É realmente possível a partícula passar para a região $x>a$ mesmo com $E<V_0$! (É o efeito túnel). Só mais um detalhe. Os resultados acima foram expressos em termos das funções seno e cosseno hiperbólicos, cujas definições são

$$\mathrm{sh}\,x=\frac{e^{x}-e^{-x}}{2}\qquad \text{e}\qquad \mathrm{ch}\,x=\frac{e^{x}+e^{-x}}{2} \tag{22.35}$$

Caso o estudante não as tenha visto, ou esteja um pouco esquecido, sugiro fazer o exercício 12. Sugiro também, antes de passar para o exemplo seguinte, fazer os de número 13 - 15.

4° exemplo - Oscilador harmônico quântico

A primeira apresentação do oscilador harmônico foi no Volume 1, Seção 4.4, através do movimento da massa presa à mola. Depois, na mesma seção, vimos que seu alcance é bem mais amplo. De maneira geral, qualquer sistema com energia potencial $V(x)$, que passe por um mínimo, possui as características do oscilador harmônico para pequenas oscilações. Só relembrando, seja a expansão de $V(x)$ em torno de certo ponto ($x=0$ por simplicidade)

$$V(x)=V(0)+V'(0)\,x+\frac{1}{2}\,V''(0)\,x^2+\cdots$$

Se este ponto for um mínimo para $V(x)$, temos $V'(0)=0$. Também podemos fazer $V(0)=0$ (a energia potencial sempre pode ser escrita a menos de certa constante). Assim, a expansão acima fica,

$$V(x) = \frac{1}{2}\, V''(0)\, x^2 + \cdots \tag{22.36}$$

Como $V(x)$ passa por mínimo em $x = 0$, temos que $V''(0) > 0$. A expansão adquire a característica da energia potencial do oscilador harmônico.

Classicamente, sabemos que a solução é do tipo,

$$x(t) = A \operatorname{sen}(\omega t + \alpha) \tag{22.37}$$

em que a frequência angular de oscilação, para o sistema com a massa m presa à mola de constante k, é dada por $\omega = \sqrt{k/m}$ (no caso do pêndulo simples de comprimento l, para pequenas oscilações, $\omega = \sqrt{g/l}$). O movimento ocorre no intervalo $-A \leq x \leq A$.

Passemos para o tratamento quântico. É comum escrever a energia potencial da seguinte forma (com $m\omega^2$ em lugar da constante k para não ficar restrito ao caso da massa presa à mola),

$$V(x) = \frac{1}{2}\, m\omega^2 x^2 \tag{22.38}$$

E a equação de Schrödinger, independente do tempo, fica

$$-\frac{\hbar^2}{2m}\frac{d^2\psi}{dx^2} + \frac{1}{2}\, m\omega^2 x^2 \psi = E\psi \tag{22.39}$$

Observando-a, parece não ser tão simples dizer qual função $\psi(x)$ que a satisfaz. Realmente não é. Dá certo trabalho. Leva, também, a outros conhecimentos matemáticos, que não seria oportuno apresentá-los no momento. Fugiríamos muito do nosso objetivo. O interessante, agora, é a comparação entre as soluções clássica e quântica. Assim, vou simplesmente escrever a solução. Na verdade, são infinitas soluções,[6]

$$\psi_n(x) = C_n\, e^{-m\omega x^2/2\hbar}\, H_n\left(\sqrt{m\omega/\hbar}\; x\right) \qquad n = 0,\, 1,\, 2,\, \ldots \tag{22.40}$$

Cada uma relacionada a certa energia (quantizada),

$$E_n = \left(n + \frac{1}{2}\right)\hbar\omega \tag{22.41}$$

Falemos um pouco sobre os termos da solução. Para simplificar a notação, é comum reescrevê-los usando a variável $\xi = \sqrt{m\omega/\hbar}\; x$,

$$\psi_n(\xi) = C_n\, e^{-\xi^2/2}\, H_n(\xi) \tag{22.42}$$

[6]O estudante terá oportunidade de ver sua solução, com detalhes, nos cursos após o ciclo básico. Caso esteja interessado no momento veja, por exemplo, o meu meu livro **Matemática para Físicos com Aplicações**, Volume 2, Seção 16.4, Editora Livraria da Física.

As quantidades $H_n(\xi)$ são polinômios (chamados *polinômios de Hermite*). Os primeiros são

$$\begin{aligned} H_0(\xi) &= 1 \\ H_1(\xi) &= 2\xi \\ H_2(\xi) &= 4\xi^2 - 2 \\ H_3(\xi) &= 8\xi^3 - 12\xi \\ H_4(\xi) &= 16\xi^4 - 48\xi^2 + 12 \end{aligned} \tag{22.43}$$

Vejamos, então, o que esses resultados nos dizem.

(*i*) No caso clássico, a energia da partícula é dada por (com a constante k escrita em termos da frequência angular ω)

$$E = \frac{1}{2}m\omega^2 A^2$$

E no quântico, por (22.41), onde não faz sentido falar em amplitude (não aparece em lugar algum). O oscilador quântico só pode ter determinados valores de energia, espaçados por um múltiplo inteiro de $\hbar\omega$. O clássico pode ter qualquer valor, relacionado à amplitude do movimento. Inclusive nulo, se A for nulo. A energia do oscilador quântico nunca é zero.

(*ii*) A quantidade

$$\psi_n\psi_n^* = \psi_n^2 = C_n^2\, e^{-\xi^2} H_n^2(\xi)$$

corresponde à probabilidade de a partícula ser encontrada em certa posição $\xi = \sqrt{m\omega/\hbar}\, x$. Como vemos, não há limites onde possa estar, só que a probabilidade diminui exponencialmente à medida que se afasta da origem.

(*iii*) Sabemos que não se pode falar, de forma precisa, sobre a posição da partícula quântica em cada instante. Mas, por outro lado, podemos falar em probabilidades da partícula clássica. Façamos isto, o que permitirá comparar um pouco melhor os casos clássico e quântico. Se pensarmos, por exemplo, numa máquina fotográfica tirando fotos, em intervalos regulares, do movimento da partícula clássica, obteremos mais pontos nas regiões onde sua velocidade é menor. Serão essas as regiões de maior probabilidade. Portanto, os extremos da amplitude são os pontos de probabilidade máxima.

No caso da partícula quântica, para o menor valor da energia, $n = 0$, temos

$$\psi_0^2 = C_0^2\, e^{-\xi^2}$$

A probabilidade máxima é na origem. A única situação clássica de a probabilidade máxima ser na origem é quando não há oscilação, está parada em $x = 0$ (também é caso de menor energia). Quanticamente, existe a probabilidade de a partícula ser encontrada fora da origem, mas diminuindo de forma exponencial.

Para $n = 1$,

$$\psi_1^2 = 4\,C_1^2\, e^{-\xi^2} \xi^2$$

Agora, há dois valores onde ψ_1^2 é máximo (exercício 16), dados por $\xi = \pm 1$ (que correspondem a $x = \pm\sqrt{\hbar/m\omega}$).

Poderíamos achar que este resultado seria o equivalente quântico da amplitude. Não é. A partícula possui probabilidade de ser encontrada depois dele. Há mais um detalhe interessante. Para $n = 1$, a probabilidade de a partícula estar na origem é nula. Assim, não há como visualizar classicamente a oscilação, pois a partícula não teria como se movimentar entre os dois estados anteriores sem passar pela origem!

(iv) Conforme a energia vai aumentando, os pontos de probabilidade máxima também vão se afastando da origem. Para o caso seguinte, $n = 2$, seriam $\xi = \pm\sqrt{5/2}$ (exercício 17) (sempre simétricos em relação à origem). Com esses resultados, é natural esperar que a posição média da partícula seja zero. De fato, podemos ver isto diretamente. Considerando que estados estejam normalizados,

$$\langle x \rangle = \int_{-\infty}^{+\infty} \psi_n^*\, x\, \psi_n\, dx = 0$$

pois $\psi_n^*\, x\, \psi_n$ é função ímpar (ψ_n é real e consequentemente $\psi_n^*\,\psi_n$ é par). E a posição média do momento também é zero,

$$\begin{aligned} \langle p \rangle &= -i\hbar \int_{-\infty}^{+\infty} \psi_n^* \frac{d}{dx} \psi_n\, dx \\ &= -i\hbar \int_{-\infty}^{+\infty} \psi_n^*\, d\psi_n \\ &= -\frac{i\hbar}{2}\, \psi_n^2 \Big|_{-\infty}^{+\infty} = 0 \end{aligned}$$

pois ψ_n decai exponencialmente.

(v) Para concluir, vejamos quanto à presença do princípio da incerteza no oscilador harmônico. Podemos fazer isto para cada solução (22.40), ou seja, para cada energia do oscilador. Tomemos o estado relacionado a $n = 0$,

$$\psi_0 = C_0\, e^{-m\omega x^2/2\hbar} \tag{22.44}$$

pois $H_0 = 1$. Fixemos a constante C_0 a fim de que $\psi_0\,\psi_0^*$ represente a densidade de probabilidade,

$$\begin{aligned} \int_{-\infty}^{+\infty} \psi_0(x)\,\psi_0^*(x)\,dx &= C_0^2 \int_{-\infty}^{+\infty} e^{-m\omega x^2/\hbar}\, dx \\ &= C_0^2 \sqrt{\frac{\pi\hbar}{m\omega}} \\ &= 1 \;\Rightarrow\; C_0 = \left(\frac{m\omega}{\pi\hbar}\right)^{1/4} \end{aligned}$$

Na segunda passagem, usou-se a integral,

$$\int_{-\infty}^{+\infty} e^{-\alpha x^2} dx = \sqrt{\frac{\pi}{\alpha}} \tag{22.45}$$

que foi deduzida na Subseção 13.1.2, Volume 2 (nada complicado).

Pelo que vimos no primeiro exemplo, os cálculo des Δx e Δp vêm de

$$\begin{aligned}(\Delta x)^2 &= \langle x^2 \rangle - \langle x \rangle^2 \\ (\Delta p)^2 &= \langle p^2 \rangle - \langle p \rangle^2\end{aligned}$$

Sabemos que $\langle x \rangle$ e $\langle p \rangle$ são nulos. Passemos ao cálculo de $\langle x^2 \rangle$ e $\langle p^2 \rangle$. Aqui, precisaremos da integral,

$$\int_{-\infty}^{+\infty} x^2 e^{-\alpha x^2} dx = \frac{1}{2\alpha}\sqrt{\frac{\pi}{\alpha}} \tag{22.46}$$

que pode ser diretamente obtida da relação anterior,

$$\begin{aligned}\int_{-\infty}^{+\infty} x^2 e^{-\alpha x^2} dx &= -\int_{-\infty}^{+\infty} \frac{\partial}{\partial \alpha} e^{-\alpha x^2} dx \\ &= -\frac{d}{d\alpha}\int_{-\infty}^{+\infty} e^{-\alpha x^2} dx \\ &= -\frac{d}{d\alpha}\sqrt{\frac{\pi}{\alpha}} = \frac{1}{2\alpha}\sqrt{\frac{\pi}{\alpha}}\end{aligned}$$

Assim,

$$\begin{aligned}\langle x^2 \rangle &= \sqrt{\frac{m\omega}{\pi\hbar}}\int_{-\infty}^{+\infty} x^2 e^{-m\omega x^2/\hbar} dx \\ &= \sqrt{\frac{m\omega}{\pi\hbar}}\,\frac{1}{2}\,\frac{\hbar}{m\omega}\sqrt{\frac{\pi\hbar}{m\omega}} = \frac{\hbar}{2m\omega}\end{aligned}$$

Para $\langle p^2 \rangle$, temos

$$\begin{aligned}\langle p^2 \rangle &= \sqrt{\frac{m\omega}{\pi\hbar}}\int_{-\infty}^{+\infty} e^{-m\omega x^2/2\hbar}\left(-\hbar^2\frac{d^2}{dx^2}\right)e^{-m\omega x^2/2\hbar} dx \\ &= \sqrt{\frac{m\omega}{\pi\hbar}}\left(\hbar m\omega\int_{-\infty}^{+\infty} e^{-m\omega x^2/\hbar} dx - m^2\omega^2\int_{-\infty}^{+\infty} x^2 e^{-m\omega x^2/\hbar} dx\right) \\ &= \sqrt{\frac{m\omega}{\pi\hbar}}\,\frac{3}{2}\sqrt{\pi\hbar m\omega} = \frac{3}{2}\hbar m\omega\end{aligned}$$

Então,

$$\begin{aligned}(\Delta x)^2(\Delta p)^2 &= \frac{\hbar}{2m\omega}\,\frac{3}{2}\,\hbar m\omega = \frac{3}{4}\,\hbar^2\\ \Rightarrow \quad \Delta x\,\Delta p &= \sqrt{3}\;\frac{\hbar}{2} > \frac{\hbar}{2}\end{aligned}$$

Fica como exercício verificar o princípio da incerteza do oscilador harmônico no estado ψ_1, mostrando que (exercício 18)

$$\Delta x\,\Delta p = 3\sqrt{3}\;\frac{\hbar}{2}$$

Aqui, será necessário o uso da integral,

$$\int_{-\infty}^{+\infty} x^4\, e^{-\alpha x^2} dx = \frac{3}{4\alpha^2}\sqrt{\frac{\pi}{\alpha}} \tag{22.47}$$

que também pode ser obtida de (22.45),

$$\begin{aligned}\int_{-\infty}^{+\infty} x^4\, e^{-\alpha x^2} dx &= \int_{-\infty}^{+\infty} \frac{\partial^2}{\partial\alpha^2}\, e^{-\alpha x^2} dx\\ &= \frac{d^2}{d\alpha^2}\int_{-\infty}^{+\infty} e^{-\alpha x^2} dx\\ &= \frac{d^2}{d\alpha^2}\sqrt{\frac{\pi}{\alpha}} = \frac{3}{4\alpha^2}\sqrt{\frac{\pi}{\alpha}}\end{aligned}$$

Sobre o átomo de hidrogênio

No átomo de hidrogênio, usando na equação de Schrödinger a energia potencial correspondente à interação coulombiana entre o núcleo e o elétron,

$$V(r) = -\,k\,\frac{e^2}{r} \tag{22.48}$$

chega-se aos mesmos níveis de energia do átomo de Bohr. Os casos correspondente aos níveis de energia das estruturas fina e hiperfina, também são obtidos exatamente, basta incluir as interações relacionadas ao spin do elétron (só relembrando, é o seu momento angular intrínseco, cujo módulo é $\hbar/2$). O tratamento matemático, em todos os casos, é bem mais amplo. O estudante começará a aprendê-lo nos cursos de Métodos Matemáticos (após o ciclo básico).

Antes de passar para a subseção seguinte, sugiro fazer os exercícios 19 - 21.

22.5.2 Equação de Shrödinger e a equação de continuidade

Para concluir a seção, vamos mostrar que a equação de Schrödinger leva a uma equação de continuidade. Como foi mencionado algumas vezes, toda equação de continuidade está relacionada a um princípio de conservação. No Volume 3,

Seção 19.1, vimos sua presença na conservação da carga (que foi decorrente das equações de Maxwell). Também, no mesmo capítulo, apareceu novamente na conservação do momento e energia do campo eletromagnético. Vejamos qual é a conservação no caso da equação de Schrödinger.

Para simplificar o tratamento matemático, trabalharemos numa dimensão (no final veremos a generalização para o caso tridimensional). Seja a equação de Schrödinger (22.31) com o operador energia cinética escrito através do operador momento, dado por (22.30),

$$i\hbar \frac{\partial \Psi(x,t)}{\partial t} = -\frac{\hbar^2}{2m}\frac{\partial^2 \Psi(x,t)}{\partial x^2} + V(x)\,\Psi(x,t) \tag{22.49}$$

Tomemos seu complexo conjugado,

$$-i\hbar \frac{\partial \Psi^*(x,t)}{\partial t} = -\frac{\hbar^2}{2m}\frac{\partial^2 \Psi^*(x,t)}{\partial x^2} + V(x)\,\Psi^*(x,t) \tag{22.50}$$

Multipliquemos a primeira por Ψ^*, a segunda por Ψ e subtraiamos os resultados,

$$\begin{aligned}
& i\hbar\,\Psi^* \frac{\partial \Psi}{\partial t} + i\hbar \frac{\partial \Psi^*}{\partial t}\,\Psi = -\frac{\hbar^2}{2m}\,\Psi^* \frac{\partial^2 \Psi}{\partial x^2} + \frac{\hbar^2}{2m}\frac{\partial^2 \Psi^*}{\partial x^2}\,\Psi \\
\Rightarrow\quad & i\hbar \frac{\partial}{\partial t}\left(\Psi^*\Psi\right) = -\frac{\hbar^2}{2m}\frac{\partial}{\partial x}\left(\Psi^* \frac{\partial \Psi}{\partial x} - \frac{\partial \Psi^*}{\partial x}\,\Psi\right) \\
\Rightarrow\quad & \frac{\partial}{\partial t}\left(\Psi^*\Psi\right) + \frac{\partial}{\partial x}\left[\frac{\hbar}{2im}\left(\Psi^* \frac{\partial \Psi}{\partial x} - \frac{\partial \Psi^*}{\partial x}\,\Psi\right)\right] = 0
\end{aligned} \tag{22.51}$$

que é uma equação de continuidade. Em três dimensões, seria

$$\frac{\partial}{\partial t}\left(\Psi^*\Psi\right) + \operatorname{div}\left[\frac{\hbar}{2im}\left(\Psi^* \operatorname{grad}\Psi - \Psi\operatorname{grad}\Psi^*\right)\right] = 0 \tag{22.52}$$

Comparemos com a equação de continuidade da conservação da carga,

$$\frac{\partial \rho}{\partial t} + \operatorname{div}\vec{\jmath} = 0$$

em que ρ é a densidade de carga. Então, como $\Psi^*\Psi$ é a densidade de probabilidade, temos que a equação de continuidade decorrente da equação de Schrödinger expressa a conservação da probabilidade.

22.6 Outros processos de quantização

Há mais dois, chamados *quantização canônica* e *quantização por integrais de caminho*. Vou apenas mostrar como funcionam (e porque funcionam). Não entraremos em detalhes. Este final do capítulo tem caráter apenas informativo.

22.6.1 Quantização canônica

Vimos que o processo relacionado à equação de Schrödinger considera a evolução dos estados onde os operadores atuam. A quantização canônica, que data da mesma época, vem diretamente da álgebra dos operadores (os estados também podem ser construídos).

Sejam dois operadores genéricos A e B. O comutador entre eles, cuja representação é $[A, B]$, possui a seguinte definição,

$$[A, B] = AB - BA \tag{22.53}$$

Pode-se mostrar que as incertezas das quantidades referentes às suas medidas, ΔA e ΔB, estão relacionadas por

$$|\Delta A\, \Delta B| \geq \frac{1}{2}\, |[A, B]| \tag{22.54}$$

Agora, vejamos a justificativa da quantização canônica. Seja, por exemplo, o comutador entre os operadores posição e momento,

$$\begin{aligned}
[x, p] &= xp - px \\
&= x\left(-i\hbar\,\frac{\partial}{\partial x}\right) - \left(-i\hbar\,\frac{\partial}{\partial x}\right)x \\
&= -i\hbar x\,\frac{\partial}{\partial x} + i\hbar + i\hbar x\,\frac{\partial}{\partial x} \\
&= i\hbar
\end{aligned}$$

Notamos que está diretamente relacionado ao princípio da incerteza. Esta é a justificativa do seu funcionamento como processo de quantização. Como disse, não entraremos em detalhes. A finalidade é, apenas, justificar teoricamente o porquê do seu funcionamento.

22.6.2 Quantização por integrais de caminho

Este processo foi processo relacionado à equação de Schrödinger considera a evolução dos estados onde os operadores atuam. A quantização introduzido por Feynman cerca de 20 anos depois. Não chega a ser muito popular nos cursos de graduação, principalmente devido ao trabalho algébrico para tratar problemas simples, onde a equação de Schrödinger é bem mais fácil de ser utilizada. Entretanto, na quantização dos campos (que falaremos na seção seguinte) é de extrema importância.

Para ver como funciona, introduzamos o conceito de *propagador*. Seja $\Psi(x, t)$ o estado de uma partícula no instante t. Pode-se escrevê-lo no instante posterior t' como,

$$\Psi(x', t') = \int K(x', t'; x, t)\, \Psi(x, t)\, dx \tag{22.55}$$

em que $K(x',t';x,t)$ é o *propagador*. É obtido através da equação de Schrödinger. A ideia apresentada por Feynman é uma forma alternativa para obtê-lo. Supôs que a partícula evolua entre dois estados seguindo todas as trajetórias possíveis. Postulou que

$$K(x',t';x,t) = \sum_{\substack{\text{todas}\\ \text{trajetórias}}} \exp\left(\frac{i}{\hbar}S\right) \tag{22.56}$$

sendo S uma quantidade, chamada *ação*, que caracteriza o sistema classicamente e está relacionada a cada uma das trajetórias.

Observamos que a contribuição máxima do propagador ocorre para a trajetória onde a ação é mínima. Adiantemos que esta é a ação correspondente à trajetória clássica. No caso de sistemas clássicos usuais, a ação é muito grande perante $\hbar$. Assim, devido ao fator imaginário, suas variações provocam inúmeras oscilações no entorno de zero, fazendo com que não haja contribuições. Isto explica, na ideia de Feynman, porque os sistemas clássicos apresentam trajetórias bem definidas. No caso quântico, a ação clássica é da ordem de $\hbar$, o que leva à possibilidade de contribuição para outras trajetórias. Pode-se assim compreender a separação entre as físicas clássica e quântica.

Outro aspecto interessante, encerrado na idéia de Feynman, é a presença do princípio da incerteza de Heisemberg, pelo menos qualitativamente (pode-se mostrar que quantitativamente também), em virtude de haver várias trajetórias possíveis para a evolução do sistema.

Acho ilustrativo mencionar o diálogo que Freeman Dyson teve com Feynman (quando Feynman trabalhava numa nova formulação da Mecânica Quântica), contado pelo próprio Dyson,

"... Feynman contou-me sobre sua versão da Mecânica Quântica, baseada na *soma sobre todas as trajetórias*,

– O elétron vai para onde ele gosta, disse.

– Vai em qualquer direção com qualquer velocidade, para frente ou para trás, para qualquer lugar, e então você soma as amplitudes e ela dá a função de estado.

– Você está louco, falei.

Não estava."

22.7 O que veio depois

Como vimos, fenômenos quânticos começaram a ser notados no final do Século XIX. A formulação da Mecânica Quântica (sua parte inicial) só ocorreu entre 1924 e 1927, após, principalmente, os trabalhos de Born, de Broglie, Schrödinger e Heisemberg. Nesta época já havia a Teoria da Relatividade. Por que não uni-las? É o começo de uma história muito interessante e de um trabalho que se expandiu por todo o Século XX (e continua no Século XXI).

Falemos sobre isto. Voltemos à equação de Schrödinger. Vimos que sua origem vem do operador energia atuando sobre a função de estado. Consideremos o caso da partícula livre e, por simplicidade, só numa dimensão,

$$E_{\text{op}}\,\Psi(x,t) = \frac{1}{2m}\,p^{2}_{x,\text{op}}\,\Psi(x,t) \tag{22.57}$$

Usando as formas dos operadores energia e momento,

$$E_{\text{op}} = i\hbar\,\frac{\partial}{\partial t}$$
$$p_{x,\text{op}} = -\,i\hbar\,\frac{\partial}{\partial x}$$

obtém-se a equação de Schrödinger para partícula livre não relativística,

$$i\hbar\,\frac{\partial\Psi(x,t)}{\partial t} = -\,\frac{\hbar^2}{2m}\,\frac{\partial^2\Psi(x,t)}{\partial x^2} \tag{22.58}$$

como já sabíamos.

Passemos, agora, para o caso da partícula livre relativística. A Relatividade será estudada no capítulo seguinte, mas só precisamos da expressão da energia, que foi obtida no Volume 1, Seção 6.5. Enfatizando que o movimento é na direção x, temos

$$E^2 = p_x^2\,c^2 + m^2\,c^4 \tag{22.59}$$

Assim, com o uso dos operadores energia e momento, obtém-se a equação de Schrödinger correspondente,

$$\begin{aligned} E_{\text{op}}\,\Psi(x,t) &= \sqrt{c^2\,p^2_{x,\text{op}} + m^2\,c^4}\;\;\Psi(x,t) \\ \Rightarrow\quad i\hbar\,\frac{\partial\Psi(x,t)}{\partial t} &= \sqrt{-\,\hbar^2\,c^2\,\frac{\partial^2}{\partial x^2} + m^2\,c^4}\;\;\Psi(x,t) \end{aligned} \tag{22.60}$$

que apresenta o inconveniente de ter o operador sob raiz quadrada. Uma solução para isto é simples, basta aplicá-lo novamente em ambos os lados,

$$\begin{aligned} i\hbar\,\frac{\partial}{\partial t}\,E_{\text{op}}\,\Psi(x,t) &= \sqrt{c^2\,p^2_{x,\text{op}} + m^2\,c^4}\;\sqrt{c^2\,p^2_{x,\text{op}} + m^2\,c^4}\;\;\Psi(x,t) \\ \Rightarrow\quad -\,\hbar^2\,\frac{\partial^2\Psi(x,t)}{\partial t^2} &= \left(-\,\hbar^2 c^2\,\frac{\partial^2}{\partial x^2} + m^2\,c^4\right)\Psi(x,t) \\ \Rightarrow\quad \left(\frac{\partial^2}{\partial x^2} - \frac{1}{c^2}\,\frac{\partial^2}{\partial t^2} + \frac{m^2\,c^4}{\hbar^2}\right)&\Psi(x,t) = 0 \end{aligned} \tag{22.61}$$

que é chamada *equação de Klein-Gordon* e data de 1926. Para fins de comparação com o que será apresentado mais adiante, vamos escrevê-la em três dimensões,

$$\left(\nabla^2 - \frac{1}{c^2}\frac{\partial^2}{\partial t^2} + \frac{m^2 c^4}{\hbar^2}\right)\Psi(\vec{r}, t) = 0 \qquad (22.62)$$

Esperava-se que descrevesse as propriedades quânticas da partícula relativística. Não descreveu. Houve problemas. Melhor seria escrever "problemas". Como disse acima, é uma história muito interessante. Falei um pouco sobre ela no início do Volume 1, final do 1° exemplo da Seção 1.4.1. Vou contá-la a seguir com mais detalhes.

22.7.1 "Problemas" da união da Relatividade com a MQ

Foram dois. Um relacionado à equação da continuidade e outro à possibilidade de estados da partícula livre com energia negativa.

Equação da continuidade

Como foi feito com a equação de Schrödinger, também pode-se obter a partir de (22.61) uma equação de continuidade (exercicio 22),

$$\frac{\partial}{\partial t}\left(\frac{1}{c^2}\Psi^*\frac{\partial \Psi}{\partial t} - \frac{1}{c^2}\Psi\frac{\partial \Psi^*}{\partial t}\right) + \frac{\partial}{\partial x}\left(\Psi\frac{\partial \Psi^*}{\partial x} - \Psi^*\frac{\partial \Psi}{\partial x}\right) = 0 \qquad (22.63)$$

Em três dimensões, seria

$$\frac{\partial}{\partial t}\left(\frac{1}{c^2}\Psi^*\frac{\partial \Psi}{\partial t} - \frac{1}{c^2}\Psi\frac{\partial \Psi^*}{\partial t}\right) + \mathrm{div}\left(\Psi\,\mathrm{grad}\,\Psi^* - \Psi^*\,\mathrm{grad}\,\Psi\right) = 0 \qquad (22.64)$$

Não se pode dizer que representam conservação da probabilidade, como no caso da equação de Schrödinger, pois é impossível interpretar

$$\frac{1}{c^2}\Psi^*\frac{\partial \Psi}{\partial t} - \frac{1}{c^2}\Psi\frac{\partial \Psi^*}{\partial t}$$

sendo uma densidade de probabilidade (não é positivamente definida). Ela representa a conservação de algo, mas não é da probabilidade. Mais adiante, veremos o que está sendo conservado.

Estados com energia negativa

Havia, ainda, algo que incomodava. Ao se eliminar a raiz quadrada do operador em (22.60), fez-se com que a equação resultante admitisse, também, soluções de energia negativa pois, partindo do operador

$$E_{\mathrm{op}} = -\sqrt{c^2 p_{x,\,\mathrm{op}}^2 + m^2 c^4}$$

chega-se igualmente à equação de Klein-Gordon. É claro que não faz nenhum sentido associar energia negativa à partícula livre. Mencionemos, também, que dentro da teoria não havia nada que excluísse tais estados.

Tentativa de "solução"

Após esses problemas ou, como disse, "problemas", o interesse pela equação de Klein-Gordon decaiu sobremaneira. De certa forma foi bom porque levou Dirac, em 1928, a propor uma nova equação para a partícula livre relativística. Não vamos entrar em detalhes. Só dizer que Dirac partiu de um operador (matricial) sem raiz quadrada mas, por consistência, quando elevado ao quadrado gerava o operador da equação de Klein-Gordon.

O resultado obtido por Dirac levava a uma equação de continuidade semelhante à de Schrödinger. Este "problema" foi considerado resolvido. Entretanto, o operador energia, que era uma matriz 4×4, atuava em estados que são, consequentemente, matrizes colunas 4×1. No caso do elétron, duas componentes tinham significado conhecido, eram os dois estados de spin do elétron.[7] Entretanto, as outras duas correspondiam a estados com energia negativa. O "problema" de energia negativa persistia.

22.7.2 Havia realmente um problema

Este é o aspecto mais interessante. Existia realmente um problema (agora sem aspas). Para vê-lo com clareza, voltemos à Teoria Eletromagnética. Sabemos, por exemplo, que o conhecimento dos campos $\vec{E}$ e $\vec{B}$ de uma partícula carregada leva à determinação de sua posição e velocidade (o que viola o princípio da incerteza). Assim, deve haver incerteza para os campos $\vec{E}$ e $\vec{B}$ também. O campo eletromagnético deve ser quantizado!

Apenas mencionemos que esta quantização se processa através dos potenciais escalar e vetor, que são componentes de um quadrivetor na formulação relativística (este quadrivetor, após quantizado, é o campo do fóton). Partindo das equações de Maxwell, pode-se mostrar, com a escolha de certo gauge, que satisfazem à equação da onda.

$$\begin{aligned} \left(\nabla^2 - \frac{1}{c^2}\frac{\partial^2}{\partial t^2}\right)\phi(\vec{r},t) &= 0 \\ \left(\nabla^2 - \frac{1}{c^2}\frac{\partial^2}{\partial t^2}\right)\vec{A}(\vec{r},t) &= 0 \end{aligned} \tag{22.65}$$

Chamando de A_μ este quadrivetor, teríamos

$$\left(\nabla^2 - \frac{1}{c^2}\frac{\partial^2}{\partial t^2}\right)A_\mu(\vec{r},t) = 0 \tag{22.66}$$

Vamos nos deter um pouco neste resultado. Pensemos sobre ele, mas relacionado com o que aprendemos no estudo da Teoria Eletromagnética. Vimos que as funções ϕ e $\vec{A}$ não são medidas diretamente. Não têm presença experimental. São usadas, apenas, para gerar os vetores $\vec{E}$ e $\vec{B}$. Então, o que as

[7] Correspondentes às duas orientações possíveis de spin num campo magnético.

equações de onda acima estão nos dizendo? Classicamente, não dizem nada. Não há como detectá-las. Não é ali que está o fóton. Ele só aparece após a quantização.

Aí está a solução do problema. Está na quantização dos campos. Expliquemos melhor. Primeiro, mencionemos que existem formulações clássicas que geram as equações de Klein-Gordon e Dirac (assim como foi gerada classicamente a equação para o potencial A_μ). As funções Ψ que lá aparecem não são estados da partícula quântica. São campos clássicos que também devem ser quantizados. Só a partir daí teremos, realmente, a partícula quântica. Observe que a equação de Klein-Gordon com massa zero é semelhante à equação acima, satisfeita por A_μ (o fóton possui spin $\hbar$). Após a quantização dos campos, os "problemas" da densidade de probabilidade e da energia negativa realmente não aparecem. Não existem. Falemos um pouco mais tudo isto através de algumas observações.

(*i*) Comecemos com a transição entre o clássico e o quântico após introdução da relatividade. A equação obtida de (22.57), operador energia não relativístico, é realmente quântica. A função Ψ é o estado da partícula. Entretanto, como mencionei acima, as obtidas do operador energia relativístico (tanto de Klein-Gordon como de Dirac) não são. O Ψ que lá aparece é um campo clássico. Naturalmente, a separação entre relativístico e não relativístico não ocorre de forma súbita. As equações de Klein-Gordon e Dirac, embora clássicas, podem ser usadas como se fossem aproximações da de Schrödinger para pequenas correções relativísticas.

(*ii*) E como se faz a quantização dos campos? Não entraremos em detalhes. Fugiria muito dos nossos objetivos. Apenas mencionemos que é feita através dos formalismos canônico e por integrais de caminho. Não ocorre nos cursos de graduação, só na pós-graduação.[8]

(*iii*) Após a quantização dos campos, não há estados com energia negativa para o elétron. Para se chegar a esta conclusão, foi um longo processo. Vou resumir dizendo que as duas componentes, correspondentes da matriz coluna Ψ da equação de Dirac, eram estados de energia positiva para partículas de mesma massa do elétron mas com carga positiva. Foi a previsão do que se denominou *antipartícula*. Realmente, uma partícula com a mesma massa do elétron, spin $\hbar/2$ e carga $+e$, que tomou o nome de *pósitron*, foi descoberta por Anderson em 1932. Mencionemos que isto não ocorre só com o elétron. Para toda partícula existe uma antipartícula nessas condições (o conceito de carga é mais amplo). Em alguns poucos casos, a partícula é igual à antipartícula (caso do fóton). O aspecto interessante, que acho oportuno enfatizar, é que a existência de antipartículas decorre da harmonia entre Relatividade Especial e Teoria Quântica. Ou, se preferir, a harmonia entre a Relatividade Especial e Teoria Quântica só é possível porque existem antipartículas.

[8]Depende, também, da área de pesquisa. Quando dei esses cursos havia estudantes do último ano da graduação. Precisava levar os cursos com cuidado. Está tudo no meu livro **Teoria de Campo e a Natureza - Parte Quântica**, Editora Livraria da Física.

(*iv*) Verificou-se que a equação de continuidade, relacionada às equações de Klein-Gordon e Dirac, representa a conservação do número de partículas menos o de antipartículas. Observe que no caso de campos reais, não existe equação de continuidade (caso em que partícula é igual à antipartícula). Observe, também, que as equações (22.62) e (22.66) não levam a nenhuma equação de continuidade.

(*v*) Não faz sentido tratar as partículas elementares sem ser quanticamente. Um tratamento clássico é completamente inadequado. Haja vista o fóton, cuja equação clássica é uma onda que nem pode ser detectada. Não faz sentido, por exemplo, usar as leis de Newton para estudar o movimento do elétron. Em resumo, as partículas elementares são vistas através da Teoria Quântica de Campos. É neste sentido que tenho me referido ao elétron e, ultimamente, ao fóton. São partículas. Deixam a marca de um ponto quando incidem numa chapa fotográfica. Entretanto, temos de reconhecer, que este ponto está longe do ponto deixado, por exemplo, no furo sobre uma folha de papel feito por uma pequena partícula de chumbo (que descrevemos pelas leis de Newton). O furo é aproximadamente do tamanho da partícula. Por outro lado, a marca deixada pela incidência do elétron sobre a chapa fotográfica está longe (muito longe) de ser associada ao seu tamanho. Pela explicação (*i*), Subseção 22.4.2, seria o mesmo que associar um círculo com 1 milhão de quilômetros de diâmetro (mais do que o diâmetro da trajetória lunar) a uma partícula de chumbo com dimensões de $1\,mm$. Existe na literatura grande discussão sobre este tema, da questão associada à onda ou partícula.[9]

(*vi*) Vamos concluir falando sobre o relacionamento entre a Teoria Quântica e a Relatividade Geral. O que se pode dizer é que, até agora, é conflituoso. Não existe a mesma harmonia da Relatividade Especial. Pode-se argumentar que isto ocorre porque a gravitação envolve grandes massas. Entretanto, há possibilidade de efeitos quânticos relacionados à emissão de radiação pelos buracos negros (conhecida como *radiação Hawking*). Também, deve haver na evolução inicial (bem inicial) do Universo. A quantização do campo gravitacional é a quantização do próprio espaço-tempo. Muito se tem trabalhado neste sentido, mas, até agora, as duas mais importantes teorias do Século XX, do jeito que estão, não têm mostrado harmonia entre si.

Exercícios

1* - Partindo de (22.4), mostrar que a energia média dos osciladores do corpo negro é dada pela relação (22.5).

2 - Partindo de (22.6), obter $N(\nu)\,d\nu$, dado por (22.8).

3 - Obter (22.13).

[9] Para o estudante que estiver interessando, sugiro um trabalho recente, a Tese de Mestrado Profissional em Ensino da Física, **Ondas, Partículas e Luz: Uma Abordagem Fenomenológica**, Raphael Guimarães Pontes, Instituto de Física UFRJ. O link para a tese em pdf é https://www.if.ufrj.br/~pef/producao_academica/dissertacoes/2019_Raphael_Pontes /dissertacao_Raphael_Pontes.pdf

4 - Combinando as relações (22.20) para eliminar p'_2 e ϕ, obter (22.21).

5* - Mostrar que a relação (22.24), obtida das hipóteses de Bohr sobre o átomo de hidrogênio, é compatível com (22.22).

6 - Mostrar que o comprimento de onda associado ao elétron com energia de $100\,eV$ é $\lambda = 1,23\,\text{Å}$.

7 - Mostrar que o comprimento de onda associado à partícula de $1,00\,g$ com velocidade de $10,0\,m/s$ é $6,63 \times 10^{-32}\,m$.

8* - Mostrar que a equação de Schrödinger independente do tempo, e numa dimensão, é dada por (22.34).

9 - Mostrar que o valor médio de x no 1° exemplo da Subseção 22.5.1 vale $a/2$.

10 - Idem para o de x^2, que é dado por

$$\langle x^2 \rangle = \frac{a^2}{3} - \frac{a^2}{2\,n^2\pi^2}$$

11 - Obter os coeficientes B, C, D e F em termos de A, referentes ao 3° exemplo.

12* - As funções

$$\operatorname{sh}\alpha = \frac{e^{\alpha} - e^{-\alpha}}{2} \qquad \text{e} \qquad \operatorname{ch}\alpha = \frac{e^{\alpha} + e^{-\alpha}}{2}$$

são chamadas seno e cosseno hiperbólicos. Recebem esses nomes porque $x = \operatorname{ch}\alpha$ e $y = \operatorname{sh}\alpha$ satisfazem a equação da hipérbole unitária $x^2 - y^2 = 1$, assim como $x = \cos\alpha$ e $y = \operatorname{sen}\alpha$ satisfazem a do círculo $x^2 + y^2 = 1$. A variável α, em ambos os casos, é adimensional (embora o significado usual de ângulo não seja o mesmo no caso hiperbólico). Possuem relações matemáticas parecidas, a começar pelas relações de $\operatorname{sen}\alpha$ e $\cos\alpha$,

$$\operatorname{sen}\alpha = \frac{e^{i\alpha} - e^{-i\alpha}}{2i} \qquad \text{e} \qquad \cos\alpha = \frac{e^{i\alpha} + e^{-i\alpha}}{2}$$

mas os limites de seus valores são bem diferentes. O valor mínimo de $\operatorname{ch}\alpha$ é 1 (o máximo é infinito). E $\operatorname{sh}\alpha$ varia de $-\infty$ a $+\infty$.

a) Mostrar que

$$\begin{aligned}
&\operatorname{ch}^2\alpha - \operatorname{sh}^2\alpha = 1 \\
&\operatorname{sh}(\alpha + \beta) = \operatorname{sh}\alpha\,\operatorname{ch}\beta + \operatorname{sh}\beta\,\operatorname{ch}\alpha \\
&\operatorname{ch}(\alpha + \beta) = \operatorname{ch}\alpha\,\operatorname{ch}\beta + \operatorname{sh}\alpha\,\operatorname{sh}\beta
\end{aligned}$$

b) Idem para as derivadas,

$$\frac{d}{d\alpha}\operatorname{sh}\alpha = \operatorname{ch}\alpha \qquad \text{e} \qquad \frac{d}{d\alpha}\operatorname{ch}\alpha = \operatorname{sh}\alpha$$

c) Pode-se também definir,

$$\begin{aligned} \operatorname{th}\alpha &= \frac{\operatorname{sh}\alpha}{\operatorname{ch}\alpha} \\ \coth\alpha &= \frac{1}{\operatorname{th}\alpha} \\ \operatorname{sech}\alpha &= \frac{1}{\operatorname{ch}\alpha} \\ \operatorname{csch}\alpha &= \frac{1}{\operatorname{sh}\alpha} \end{aligned}$$

Usando os resultados do item (b), mostrar que

$$\begin{aligned} &\frac{d}{d\alpha}\operatorname{th}\alpha = \operatorname{sech}^2\alpha \\ &\frac{d}{d\alpha}\coth\alpha = -\operatorname{csch}^2\alpha \\ &\frac{d}{d\alpha}\operatorname{sech}\alpha = -\operatorname{sech}\alpha\operatorname{th}\alpha \\ &\frac{d}{d\alpha}\operatorname{csch}\alpha = -\operatorname{csch}\alpha\coth\alpha \end{aligned}$$

d) Resolver a integral

$$I = \int \sqrt{1+x^2}\,dx$$

primeiro por substituição trigonométrica e, depois, por hiperbólica.

13 - Uma partícula de massa m e energia $E > V_0$ movimenta-se no sentido positivo do eixo x, sob ação da energia potencial $V(x) = V_0$ para $x \leq 0$ e $V(x) = 0$ para $x > 0$, mostrada na Figura 22.14.

a) Como seria o movimento de acordo com a Mecânica Clássica?

b) Resolver a equação de Schrödinger para as regiões $x < 0$ e $x > 0$.

c) Usando as condições de contorno, obter as amplitudes em relação à do estado inicial. É possível a partícula ser refletida em $x = 0$?

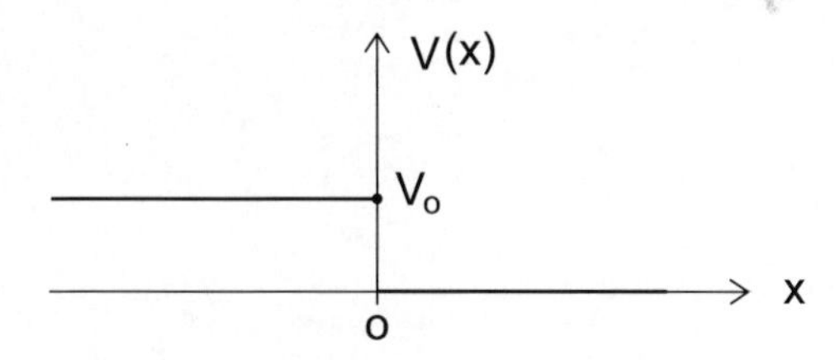

Figura 22.14: Exercício 13

14 - Idem para a energia potencial mostrada na Figura 22.15 e com a partícula movimentando-se com energia $E > 0$.

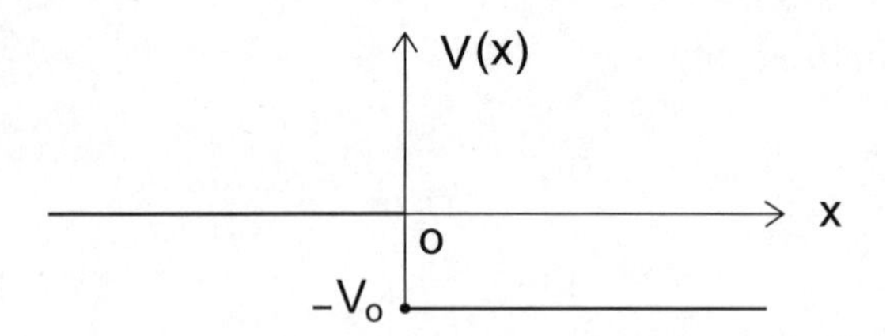

Figura 22.15: Exercício 14

15 - Uma partícula de massa m e energia E movimenta-se no sentido positivo do eixo x dirigindo-se para a origem. Está sujeita à ação da energia potencial $V(x) = 0$ para $x \neq 0$ e $V(x) = \infty$ para $x = 0$.

a) Resolver a equação de Schrödinger para as regiões $x < 0$ e $x > 0$.

b) Usando as condições de contorno, obter as amplitudes em relação à do estado inicial.

c) É possível haver o efeito túnel e a partícula passar para a região $x > 0$?

16 - Mostre que a probabilidade máxima do oscilador harmônico no estado ψ_1 ocorre em $x = \pm\sqrt{\hbar/m\omega}$.

17 - Idem para o estado ψ_2, que ocorre em $x = \pm\sqrt{5\hbar/2m\omega}$.

18 - Verifique o princípio da incerteza do oscilador harmônico no estado ψ_1.

19* - O estado de uma partícula movimentando-se na região $0 < x < 1$ é dado por $\psi(x) = A\,x\big(x - 1\big)$.

a) Verificar se satisfaz a equação de Schrödinger.

b) Determinar o valor de A para que ψ fique normalizado.

c) Calcular $\langle x \rangle$, $\langle p \rangle$, $\langle x^2 \rangle$ e $\langle p^2 \rangle$.

d) Verificar o princípio da incerteza.

20 - Idem para $\psi(x) = A\,x^2\big(x - 1\big)$, considerando a mesma região.

21 - Idem para $\psi(x) = A\,x\,e^{-x}$, em que $0 < x < \infty$.

22 - Partindo de (22.61), obter a equação de continuidade (22.63).

Capítulo 23

Relatividade

Já vimos, nos volumes anteriores, desdobramentos da Relatividade, apresentados como extensões de alguns tópicos. Neste capítulo, faremos uma revisão geral, incluindo complementos e exercícios. Primeiro, consideremos uma breve introdução, relacionada a observadores inerciais.

23.1 Introdução

Sejam dois sistemas inerciais S e S', em que S' possui velocidade constante $\vec{V}$ em relação a S, como mostra a Figura 23.1. Não foi dito que S está parado e S' em movimento mas, sim, que S' está em movimento relativamente a S. Da mesma forma, S move-se com velocidade $-\vec{V}$ em relação a S'. Não há experiência alguma, que possa ser feita nos referenciais, mostrando possíveis movimentos absolutos.

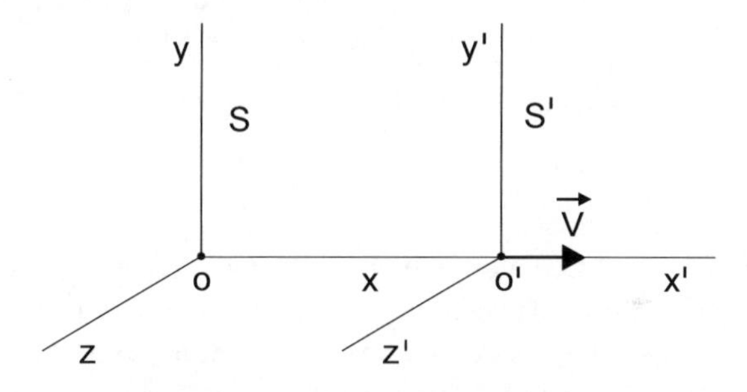

Figura 23.1: Sistemas inerciais S e S'

É comum, nesta apresentação de sistemas inerciais em movimento relativo, tomar os eixos x e x' coincidentes, como foi feito na figura acima. É apenas para facilitar a apresentação dos resultados. Devido à isotropia do espaço, não significa perda de generalidade. Se quisermos, podemos colocar os sistemas em outras posições e com outras orientações (depois falaremos sobre isto).

Seja um evento qualquer (algo que ocorre em determinado ponto do espaço e em certo instante). Para observadores em S e S' ele é registrado por

$$\begin{aligned} &\text{Observador em } S: && (x,\, y,\, z,\, t) \\ &\text{Observador em } S': && (x',y',z',t') \end{aligned}$$

Toda a Física, antes da formulação da Teoria Eletromagnética, era invariante para os sistemas inerciais se as medidas do evento, feitas por observadores em S e S', tivessem o relacionamento,

$$\begin{aligned} x' &= x - Vt \\ y' &= y \\ z' &= z \\ t' &= t \end{aligned} \tag{23.1}$$

São diretamente obtida pelos dados da figura (considerando as origens coincidentes no instante $t = 0$). Na última linha, apenas foi acrescentado que os tempos são os mesmos para os observadores nos dois sistemas. Pelo que se sabia na época, não havia nada indicando que pudessem ser diferentes. As relações (23.1) são conhecidas como *transformadas de Galileu.* Representam a passagem de um referencial inercial a outro (para o caso dos eixos coordenados mostrados na figura e com as origens coincidentes em $t = 0$).

Só mais um (pequeno) detalhe. As relações (23.1) foram escritas para as coordenadas do observador em S'. Para o observador em S, a passagem é algebricamente simples ou, se preferir, basta trocar V por $-V$ bem como as coordenadas correspondentes,

$$\begin{aligned} x &= x' + Vt \\ y &= y' \\ z &= z' \\ t &= t' \end{aligned} \tag{23.2}$$

A Teoria Eletromagnética não é invariante para essas transformações. Na época, era justificado. Acreditava-se no éter (meio material preenchendo todo o espaço para justificar a propagação da onda luminosa). Assim, acabava a ideia de não haver experiência comprovando se o referencial estaria em movimento ou não. Seria possível determinar a velocidade absoluta de cada um. Bastaria medir a velocidade da luz, que deveria variar de acordo com a velocidade do observador em relação ao éter (como variava a do som em relação ao ar). Já contamos essa história algumas vezes. O éter não existe. O segundo postulado da Relatividade Especial não cogita sua existência, bem como já vinha mostrando os resultados da experiência de Michelson e Morley. Mesmo assim, sabia-se qual deveria ser o conjunto de transformações, entre os referenciais inerciais, que manteria invariante a Teoria Eletromagnética. Como vimos, são as *transformadas de Lorentz,*

$$x' = \frac{x - Vt}{\sqrt{1 - \dfrac{V^2}{c^2}}}$$
$$y' = y$$
$$z' = z$$
$$t' = \frac{t - \dfrac{Vx}{c^2}}{\sqrt{1 - \dfrac{V^2}{c^2}}} \tag{23.3}$$

Mais adiante, veremos o porquê desta invariância. O fato de o tempo ser diferente nos dois sistemas era explicado devido à presença do éter. Não se cogitava que pudessem ser diferentes mesmo.

Como foi argumentado no caso das transformadas de Galileu, para as coordenadas do observador em S, basta trocar V por $-V$ e mudar as coordenadas correspondentes,

$$x = \frac{x' + Vt'}{\sqrt{1 - \dfrac{V^2}{c^2}}}$$
$$y = y'$$
$$z = z'$$
$$t = \frac{t' + \dfrac{Vx'}{c^2}}{\sqrt{1 - \dfrac{V^2}{c^2}}} \tag{23.4}$$

Poderiam, também, ser obtidas resolvendo o sistema anterior em termos das novas variáveis. Isto foi pedido como exercício no Volume 1, Capítulo 2. Caso o estudante não o tenha feito, ou queira explicitamente comprovar a simetria entre os dois observadores inerciais para as transformadas de Lorentz, pode fazê-lo agora (exercício 1).

23.2 Fundamentos da Relatividade Especial

A Relatividade Especial, apresentada por Einstein em 1905, apoia-se em dois postulados, relacionados a observadores inerciais,

- *As leis físicas são as mesmas.*
- *A velocidade da luz é invariante.*

O primeiro reafirma o Princípio de Galileu. Já o segundo foge ao senso comum, uma velocidade não variar ao passar de um referencial a outro. Está de acordo com a experiência de Michelson e Morley (descrita no Volume 2, Seção 10.6). Historicamente, sabe-se que as razões de Einstein eram puramente teóricas, apoiava-se no Eletromagnetismo. Basta mencionar o título do artigo referente ao seu trabalho, "*Sobre a Eletrodinâmica dos corpos em movimento*".

As transformadas de Lorentz podem, agora, ser obtidas a partir dos postulados. Já foi feito no Volume 1. Se o estudante não se lembrar da dedução, sugiro fazer o exercício 2 (em que a dedução é pedida de forma ligeiramente diferente).

A fim de enfatizar as mudanças sobre conceitos até então aceitos na Física, vamos começar falando sobre duas consequências desta teoria. A primeira relaciona-se à *simultaneidade* e a outra ao *intervalo de tempo próprio* (medido por um observador no mesmo ponto do espaço).

23.2.1 Simultaneidade

Refere-se a eventos que ocorrem no mesmo instante. No caso da relatividade de Galileu, é um conceito absoluto, ou seja, eventos simultâneos num referencial são simultâneos em todos os outros. Na relatividade de Einstein isto não acontece. Podemos fazer a verificação diretamente através de um exemplo simples. Tomemos, no sistema S', os pontos A, B e C sobre o eixo x', com B localizado no centro do intervalo entre A e C. Veja, por favor, a Figura 23.2.

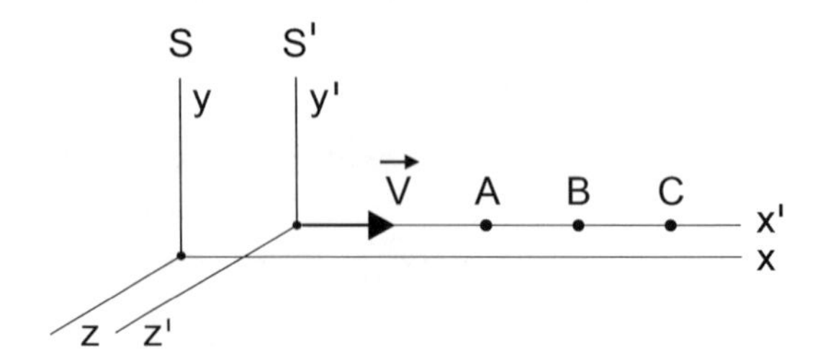

Figura 23.2: Exemplo de simultaneidade

Consideremos que sejam emitidos sinais luminosos de B. No sistema S', eles atingem A e C simultaneamente. Entretanto, em S, como a luz se propaga com a mesma velocidade independentemente do sistema de referência (segundo postulado), os sinais atingirão A antes de C.

De maneira geral, quaisquer que sejam os tipos de eventos simultâneos, o conceito relativo da simultaneidade pode ser verificado com o uso das transformadas de Lorentz. Suponhamos que os eventos 1 e 2 sejam simultâneos em S, isto é, ocorrem em x_1 e x_2 no mesmo instante $t_1 = t_2$. Usando a última relação (23.3), vemos que não são simultâneos em S',

$$t'_2 - t'_1 = \frac{V}{c^2} \frac{1}{\sqrt{1 - \dfrac{V^2}{c^2}}} \left(x_1 - x_2 \right) \tag{23.5}$$

23.2.2 Intervalo de tempo próprio

Como foi mencionado, é o intervalo de tempo entre dois eventos que ocorrem no mesmo ponto do espaço de certo referencial. Noutro referencial, ocorrerão em pontos diferentes, e o intervalo de tempo será maior. Vejamos. Vamos supor que $\Delta t = t_2 - t_1$ seja um intervalo de tempo próprio no sistema S (ocorrendo em $x_1 = x_2$). Para um observador em S', teríamos, usando a última relação (23.3),

$$\Delta t' = t'_2 - t'_1 = \frac{t_2 - t_1}{\sqrt{1 - \dfrac{V^2}{c^2}}} = \frac{\Delta t}{\sqrt{1 - \dfrac{V^2}{c^2}}} > \Delta t \tag{23.6}$$

Também poderíamos ter partido do conjunto (23.4) (exercício 3).

Tomamos, acima, o intervalo de tempo próprio no sistema S. As conclusões não mudariam se o tivéssemos considerado em S'. Sejam, então, dois eventos em S' ocorrendo no mesmo ponto $x'_1 = x'_2$. Usando a última relação (23.4), diretamente obtemos

$$\Delta t = t_2 - t_1 = \frac{t'_2 - t'_1}{\sqrt{1 - \dfrac{V^2}{c^2}}} = \frac{\Delta t'}{\sqrt{1 - \dfrac{V^2}{c^2}}} > \Delta t' \tag{23.7}$$

Este resultado não é conflitante com o anterior. Corresponde a eventos que ocorreram no mesmo ponto do sistema S' (e em pontos diferentes em S). No anterior, ocorreram no mesmo ponto de S (mas em pontos diferentes em S').

Os intervalos de tempo medidos por nossos relógios pessoais são intervalos de tempo próprio. Serão sempre maiores quando medidos por outros observadores. Independem em que referencial estejam (ou aqui na Terra ou numa nave movendo-se próxima à velocidade da luz). Podemos também citar o exemplo dos múons, provenientes das colisões de raios cósmicos com átomos da parte superior da nossa atmosfera e que são encontrados ao nível do mar. Sabe-se que os múons possuem um vida média de $2,2 \times 10^{-6}\,s$ (tempo próprio). É um tempo muito pequeno para percorrer dezenas de quilômetros (mesmo com velocidade próxima a da luz, percorreriam apenas $2,2 \times 10^{-6}\,c \simeq 660\,m$). Entretanto, para nós aqui na Terra, seu tempo de vida é muito maior. Só mais um detalhe, o tempo de vida média do múon, $2,2 \times 10^{-6}\,s$, medido no referencial dele, é sempre o mesmo, independe em que referencial esteja. No final do capítulo, veremos mais detalhes sobre isto.

No Volume 1, Capítulo 2, há exemplos sobre o que foi apresentado acima. Como revisão, eles aparecem em alguns dos exercícios propostos. Sugiro que sejam feitos os exercícios 4 - 7 antes de passar para a subseção seguinte.

23.2.3 Sobre a invariância da Teoria Eletromagnética

Significa que as equações de Maxwell não mudam de um referencial a outro. Não podemos verificar isto com todos os detalhes, pois não sabemos como os campos e as correntes se transformam. Falaremos um pouco mais no final do capítulo. Por enquanto, podemos ter uma ideia geral. Sabemos que os campos $\vec{E}$ e $\vec{B}$ satisfazem a equação da onda propagando-se com a velocidade da luz (Volume 3, Seção 19.3). Vamos mostrar que a forma da equação não varia ao passar de um referencial a outro. Basta ver como os operadores se transformam. No caso da Figura 23.1, só os relacionados às variáveis x, x', t e t'. Usando, por exemplo, o conjunto (23.3), temos

$$\begin{aligned} \frac{\partial}{\partial x} &= \frac{\partial x'}{\partial x}\frac{\partial}{\partial x'} + \frac{\partial t'}{\partial x}\frac{\partial}{\partial t'} \\ &= \frac{1}{\sqrt{1-\dfrac{V^2}{c^2}}}\left(\frac{\partial}{\partial x'} - \frac{V}{c^2}\frac{\partial}{\partial t'}\right) \end{aligned} \tag{23.8}$$

Assim,

$$\begin{aligned} \frac{\partial^2}{\partial x^2} &= \frac{1}{1-\dfrac{V^2}{c^2}}\left(\frac{\partial}{\partial x'} - \frac{V}{c^2}\frac{\partial}{\partial t'}\right)\left(\frac{\partial}{\partial x'} - \frac{V}{c^2}\frac{\partial}{\partial t'}\right) \\ &= \frac{1}{1-\dfrac{V^2}{c^2}}\left(\frac{\partial^2}{\partial x'^2} + \frac{V^2}{c^4}\frac{\partial^2}{\partial t'^2} - \frac{2V}{c^2}\frac{\partial^2}{\partial x'\partial t'}\right) \end{aligned} \tag{23.9}$$

De forma semelhante, obtemos (exercício 8)

$$\frac{\partial^2}{\partial t^2} = \frac{1}{1-\dfrac{V^2}{c^2}}\left(V^2\frac{\partial^2}{\partial x'^2} + \frac{\partial^2}{\partial t'^2} - 2V\frac{\partial^2}{\partial x'\partial t'}\right) \tag{23.10}$$

E com esses dois resultados mostramos diretamente que (exercício 9)

$$\frac{\partial^2}{\partial x^2} - \frac{1}{c^2}\frac{\partial^2}{\partial t^2} = \frac{\partial^2}{\partial x'^2} - \frac{1}{c^2}\frac{\partial^2}{\partial t'^2} \tag{23.11}$$

23.2.4 Transformações para as componentes da velocidade

Chamemos de v'_x, v'_y e v'_z as componentes da velocidade para o observador em S'. Assim, $v'_x = dx'/dt'$, $v'_y = dy'/dt'$ e $v'_z = dz'/dt'$. As transformações para essas componentes são obtidas diretamente a partir das de Lonrentz (e do que sabemos de Cálculo). Comecemos com v'_x,

$$v'_x = \frac{dx'}{dt'} = \frac{dx'}{dt}\frac{dt}{dt'} = \frac{dx'}{dt}\left(\frac{dt'}{dt}\right)^{-1}$$

Usando as transformações (23.3), temos

$$\frac{dx'}{dt} = \frac{v_x - V}{\sqrt{1-\dfrac{V^2}{c^2}}} \quad \text{e} \quad \frac{dt'}{dt} = \frac{1-\dfrac{V}{c^2}v_x}{\sqrt{1-\dfrac{V^2}{c^2}}}$$

Substituindo-os na relação anterior, obtemos a transformação de v'_x,

$$v'_x = \frac{v_x - V}{1 - \dfrac{V}{c^2}\,v_x} \tag{23.12}$$

De forma semelhante, obteríamos para v'_y e v'_z (exercício 10),

$$v'_y = \frac{v_y\sqrt{1 - \dfrac{V^2}{c^2}}}{1 - \dfrac{V}{c^2}\,v_x}$$

$$v'_z = \frac{v_z\sqrt{1 - \dfrac{V^2}{c^2}}}{1 - \dfrac{V}{c^2}\,v_x} \tag{23.13}$$

A expressão (23.12) dá-nos, também, a visão relativística da adição de velocidades. Poderíamos vê-la do jeito que está, mas vamos escrevê-la em termos do observador em S. Devido à simetria, como já foi mencionado, basta trocar V por $-V$ e substituir v_x por v'_x (ou, se preferir, expressá-la diretamente em termos de v'_x - exercício 11)

$$v_x = \frac{v'_x + V}{1 + \dfrac{V}{c^2}\,v'_x} \tag{23.14}$$

Corresponde à adição relativística de duas velocidades paralelas e no mesmo sentido, v'_x (velocidade em relação ao observador em S') mais a velocidade de S' com respeito a S. Naturalmente, se ambas forem iguais à velocidade da luz, teremos que v_x também será igual a c (em coerência com o segundo postulado da Relatividade Especial). O que é diretamente verificado. Sugiro ao estudante fazer os exercícios 12 e 13.

23.2.5 Concluindo a Seção

Vamos concluir este estudo inicial sobre fundamentos da Relatividade Especial mostrando as transformações para as componentes da aceleração e, depois, a transformação de Lorentz num caso mais geral (onde os eixos x e x' não estejam coincidentes).

Transformações para as componentes da aceleração

São obtidas a partir das transformações das componentes da velocidade, de forma semelhante ao que foi feito na subseção anterior. Por exemplo,

$$a'_x = \frac{dv'_x}{dt'} = \frac{dv'_x}{dt}\,\frac{dt}{dt'} = \frac{dv'_x}{dt}\left(\frac{dt'}{dt}\right)^{-1}$$

O primeiro termo é obtido derivando (23.12) em relação ao tempo, e o segundo já foi calculado. Não há dificuldade, só algum trabalho algébrico. O resultado é (exercício 14),

$$a'_x = \frac{a_x \left(1 - \dfrac{V^2}{c^2}\right)^{3/2}}{\left(1 - \dfrac{V}{c^2} v_x\right)^3} \tag{23.15}$$

Idem para a'_y e a'_z (com trabalho algébrico um pouco maior) (exercício 15),

$$a'_y = \left(a_y + \frac{\dfrac{V}{c^2} v_y}{1 - \dfrac{V}{c^2} v_x} a_x\right) \frac{1 - \dfrac{V^2}{c^2}}{\left(1 - \dfrac{V}{c^2} v_x\right)^2}$$

$$a'_z = \left(a_z + \frac{\dfrac{V}{c^2} v_z}{1 - \dfrac{V}{c^2} v_x} a_x\right) \frac{1 - \dfrac{V^2}{c^2}}{\left(1 - \dfrac{V}{c^2} v_x\right)^2} \tag{23.16}$$

Expressá-las relativamente ao observador em S não dá trabalho algum (caso o estudante ainda não tenha feito o exercício 11 peço que veja sua solução no Apêndice G),

$$a_x = \frac{a'_x \left(1 - \dfrac{V^2}{c^2}\right)^{3/2}}{\left(1 + \dfrac{V}{c^2} v'_x\right)^3} \tag{23.17}$$

$$a_y = \left(a'_y - \frac{\dfrac{V}{c^2} v'_y}{1 + \dfrac{V}{c^2} v'_x} a'_x\right) \frac{1 - \dfrac{V^2}{c^2}}{\left(1 + \dfrac{V}{c^2} v'_x\right)^2}$$

$$a_z = \left(a'_z - \frac{\dfrac{V}{c^2} v'_z}{1 + \dfrac{V}{c^2} v'_x} a'_x\right) \frac{1 - \dfrac{V^2}{c^2}}{\left(1 + \dfrac{V}{c^2} v'_x\right)^2} \tag{23.18}$$

Transformação geral de Lorentz

É o caso mostrado na Figura 23.3. Seja certo vetor $\vec{r}$ relativamente ao sistema S. Queremos obter sua transformação $\vec{r}\,'$ para um observador em S'.

Poderíamos obtê-la através das componentes, partindo de uma transformação linear mais geral do que a sugerida no exercício 2 (e seguindo passos

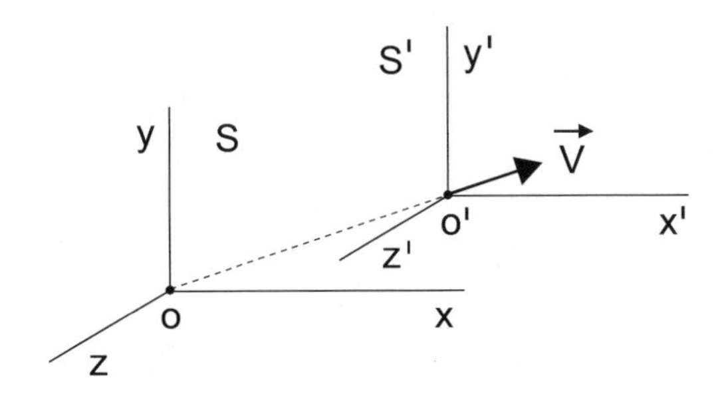

Figura 23.3: Sistemas inerciais S e S' num caso mais geral

semelhantes mostrados na sua resolução). Entretanto, há um caminho bem menos trabalhoso, usando o que foi feito no caso particular da Figura 23.1. Pelo que foi obtido, podemos concluir que a componente de $\vec{r}$ perpendicular a $\vec{V}$ não varia na transformação. E, também, que a componente paralela transforma-se como x. Então,

$$\begin{aligned} r'_{\perp} &= r_{\perp} \\ r'_{\parallel} &= \gamma\left(r_{\parallel} - Vt\right) \end{aligned}$$

em que $r_{\perp} = |\vec{r}_{\perp}|$ e $r_{\parallel} = |\vec{r}_{\parallel}|$. E para simplificar a notação escrevi γ no lugar de $\sqrt{1 - V^2/c^2}$. Como $r'_{\parallel}$ e $r_{\parallel}$ possuem o mesmo sentido de $\vec{V}$, temos

$$\vec{r}\,'_{\parallel} = \gamma\left(r_{\parallel}\,\frac{\vec{V}}{V} - \vec{V}t\right)$$

Assim,

$$\begin{aligned} \vec{r}\,' &= \vec{r}\,'_{\perp} + \vec{r}\,'_{\parallel} = \vec{r}_{\perp} + \gamma\, r_{\parallel}\,\frac{\vec{V}}{V} - \gamma\vec{V}t \\ &= \vec{r} + \left(\gamma - 1\right) r_{\parallel}\,\frac{\vec{V}}{V} - \gamma\vec{V}t \qquad \leftarrow \qquad \vec{r}_{\perp} = \vec{r} - \vec{r}_{\parallel} \end{aligned}$$

Substituindo $\vec{r}_{\parallel} = \vec{r}\cdot\vec{V}/V$, obtemos a expressão final da transformação,

$$\vec{r}\,' = \vec{r} + \frac{\gamma - 1}{V^2}\left(\vec{r}\cdot\vec{V}\right)\vec{V} - \gamma\vec{V}t \tag{23.19}$$

E para a transformação do tempo,

$$t' = \gamma\left(t - \frac{V r_{\parallel}}{c^2}\right) = \gamma\left(t - \frac{\vec{r}\cdot\vec{V}}{c^2}\right) \tag{23.20}$$

Poderíamos, derivando convenientemente a expressão acima, obter as transformações da velocidade e aceleração. Seria apenas trabalho algébrico. Não significaria muito fazer todo o desenvolvimento agora. Deixo como exercício apenas obter a da velocidade (exercício 16), que é dada por

$$\vec{v}\,' = \frac{\dfrac{1}{\gamma}\,\vec{v} - \left(1 - \dfrac{\gamma - 1}{\gamma}\,\dfrac{\vec{V}\cdot\vec{v}}{V^{2}}\right)\vec{V}}{1 - \dfrac{\vec{V}\cdot\vec{v}}{c^{2}}} \tag{23.21}$$

23.3 Efeito Doppler e aberração

Já fomos apresentados ao efeito Doppler no Volume 2, Seção 10.5. A frequência recebida pelo observador é diferente da emitida pela fonte quando estão em movimento relativo. Naquela oportunidade, vimos, também, o effeito Doppler relativístico. Voltemos agora com mais detalhes, incluindo a *aberração* (refere-se à imagem não formada precisamente). No caso que iremos estudar, relaciona-se ao sentido do sinal emitido pela fonte ser diferente do recebido pelo observador.

Seja, então, um sinal luminoso (onda eletromagnética de maneira geral) propagando-se no plano xy do sistema S, a partir de uma fonte localizada na origem, como mostra a Figura 23.4. O vetor $\vec{k}$ é o vetor de onda. O sistema S' afasta-se da fonte (eixos x e x' coincidentes) com V (ou, o que é o mesmo, a fonte afasta-se dele também com V). Caso estivessem se aproximando, bastaria substituir V por $-V$. Não foi colocado o eixo z por simplificação. Todos os resultados serão obtidos independentemente dele.

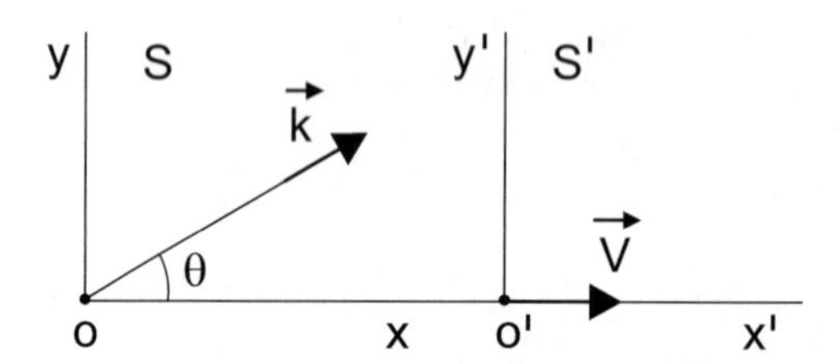

Figura 23.4: Sinal luminoso em relação ao sistema S

Conforme vimos no Volume 3, os campos elétrico e magnético são perpendiculares a $\vec{k}$ e entre si. Suas expressões são

$$\vec{E} = \vec{E}_{\text{o}}\ \text{sen}\left(\vec{k}\cdot\vec{r} - \omega t\right)$$
$$\vec{B} = \vec{B}_{\text{o}}\ \text{sen}\left(\vec{k}\cdot\vec{r} - \omega t\right) \tag{23.22}$$

em que $\vec{r}$ é o vetor posição de um ponto do plano perpendicular a $\vec{k}$. Escrevamos $\vec{k}$ em termos das componentes nos eixos x e y,

$$\vec{k} = k\cos\theta\ \hat{\imath} + k\,\text{sen}\,\theta\,\hat{\jmath} = \frac{2\pi}{\lambda}\left(\cos\theta\ \hat{\imath} + \text{sen}\,\theta\,\hat{\jmath}\right)$$

Chamando genericamente $\vec{E}$ e $\vec{B}$ de $\vec{Y}$, temos

$$\vec{Y} = \vec{Y}_{\text{o}} \,\text{sen}\, 2\pi \left(\frac{x\cos\theta + y\,\text{sen}\,\theta}{\lambda} - \nu\, t \right) \tag{23.23}$$

Não sabemos como os campos $\vec{E}$ e $\vec{B}$ se transformam ao passar de um referencial a outro. No momento, para o que estamos estudando, não é tão relevante. O observador em S' verá, também, uma onda eletromagnética com campos $\vec{E}\,'$ e $\vec{B}\,'$. Pelo que estudamos na Subseção 23.2.3, o operador da onda é invariante. Assim, a dependência funcional de $\vec{E}\,'$ e $\vec{B}\,'$ deve ser a mesma (em termos das variáveis em S'), e a relação (23.23) deve passar a

$$\vec{Y}\,' = \vec{Y}_{\text{o}}\!' \,\text{sen}\, 2\pi \left(\frac{x'\cos\theta' + y'\,\text{sen}\,\theta'}{\lambda'} - \nu'\, t' \right) \tag{23.24}$$

Os vetores $\vec{Y}_{\text{o}}$ e $\vec{Y}_{\text{o}}\!'$ são constantes. Consequentemente, o operador da onda vai atuar apenas sobre a função escalar (por isso é que não precisamos saber as transformações de $\vec{E}$ e $\vec{B}$).

Usando as transformadas de Lorentz, devemos passar de uma expressão à outra. Seja, então, o conjunto (23.3) sobre as coordenadas de (23.24) (como disse, para o que queremos obter, não há necessidade da transformação de $\vec{Y}$),

$$\begin{aligned} & \frac{x'\cos\theta' + y'\,\text{sen}\,\theta'}{\lambda'} - \nu' t' \\ = \; & \frac{x - Vt}{\sqrt{1 - \dfrac{V^2}{c^2}}} \, \frac{\cos\theta'}{\lambda'} + y\, \frac{\text{sen}\,\theta'}{\lambda'} - \nu' \, \frac{t - \dfrac{Vx}{c^2}}{\sqrt{1 - \dfrac{V^2}{c^2}}} \\ = \; & x \left(\frac{\dfrac{\cos\theta'}{\lambda'} + \dfrac{V}{c^2}\nu'}{\sqrt{1 - \dfrac{V^2}{c^2}}} \right) + y\, \frac{\text{sen}\,\theta'}{\lambda'} - t \left(\frac{V\, \dfrac{\cos\theta'}{\lambda'} + \nu'}{\sqrt{1 - \dfrac{V^2}{c^2}}} \right) \end{aligned}$$

que deve ser igual ao termo correspondente de (23.23). Isto ocorre se

$$\nu\, \cos\theta = \frac{\cos\theta' + \dfrac{V}{c}}{\sqrt{1 - \dfrac{V^2}{c^2}}} \, \nu' \tag{23.25}$$

$$\nu\, \text{sen}\,\theta = \nu'\, \text{sen}\,\theta' \tag{23.26}$$

$$\nu = \frac{1 + \dfrac{V}{c}\cos\theta'}{\sqrt{1 - \dfrac{V^2}{c^2}}} \, \nu' \tag{23.27}$$

em que escrevi todas em termos das frequências (usando $c = \lambda\nu = \lambda'\nu'$). A última é, diretamente, a expressão do efeito Doppler. As duas primeiras, como relacionam os ângulos do sinal emitido pela fonte e do recebido pelo observador (notamos que não são os mesmos), referem-se à aberração. Entretanto, não apresentam esses fenômenos de forma isolada (veremos detalhes nos desenvolvimentos a seguir). Por exemplo, fica como exercício mostrar que combinando as duas primeiras a última é obtida (exercício 17).

23.3.1 Efeito Doppler relativístico

Tomemos, então, a relação (23.27) e a escrevamos em termos dos dados do referencial S (basta trocar V por $-V$ e mudar as variáveis correspondentes),

$$\nu' = \frac{1 - \dfrac{V}{c}\cos\theta}{\sqrt{1 - \dfrac{V^2}{c^2}}}\,\nu \tag{23.28}$$

Fazendo $\theta = 0$, que por (23.26) também corresponde a $\theta' = 0$ (não há aberração), temos a situação particular da onda eletromagnética propagando-se no sentido x e x' positivos (fonte parada e observador afastando-se com V ou, equivalentemente, o observador parado e a fonte se afastando também com V),

$$\nu' = \frac{1 - \dfrac{V}{c}}{\sqrt{1 - \dfrac{V^2}{c^2}}}\,\nu \quad \Rightarrow \quad \nu' = \sqrt{\frac{c - V}{c + V}}\,\nu \tag{23.29}$$

Para o caso de a fonte estar se aproximando do observador (ou observador da fonte), substitui-se V por $-V$ no resultado acima.

Como mencionei, as relações (23.25) - (23.27) não apresentam, de forma isolada, os fenômenos do efeito Doppler e aberração. Poderíamos obter (23.29) fazendo $\theta = 0 = \theta'$ em (23.25) (exercício 18). Também, para $V \ll c$ obtém-se a situação não relativística correspondente, estudada no Volume 2, Seção 10.5 (exercício 19). Sugiro ao estudante fazer os exercícios 20 - 23.

Concluindo, vamos tomar $\theta' = \pi/2$ em (23.27), que corresponde ao observador recebendo o sinal luminoso perpendicularmente da fonte em movimento,

$$\nu' = \sqrt{1 - \frac{V^2}{c^2}}\,\nu \tag{23.30}$$

que é o *efeito Doppler transversal.* Só existe relativisticamente. Notamos, por (23.26), que não corresponde a $\theta = \pi/2$ (há aberração).

Efeito Doppler e o conhecimento do Universo

Tudo começou, como já foi mencionado, com a descoberta de Hubble de que o Universo está em expansão (trabalhos realizados entre 1929 e 1931). Foi o efeito Doppler que o permitiu chegar a esta conclusão, quando analisava luzes provenientes de algumas estrelas. Seu intuito era identificar os elementos químicos (através dos espectros). Notou que as raias características das substâncias estavam deslocadas para comprimentos de onda maiores. Aquelas fontes afastavam-se de nós! Acontecia com todo o Universo através do afastamento das galáxias.

O Universo estar em expansão foi uma das duas maiores descobertas cosmológicas do Século XX. A outra, uma consequência, foi a radiação de fundo. Com os dados obtidos, Hubble pode observar que a velocidade de afastamento das galáxias obedecia a uma lei, que ficou conhecida como *lei de Hubble*, vista no Volume 2, relação (10.42). Vou apenas repeti-la,

$$v = Hd \tag{23.31}$$

em que d é a distância entre as galáxias e H é uma constante (que também ficou conhecida como *constante de Hubble*). A título de informação, mencionemos que, embora fosse reconhecida a grande importância da descoberta, os dados obtidos por Hubble tinham um problema. Eles levavam à conclusão de que o Universo não era mais velho que 2 bilhões de anos, ou seja, cerca da metade da idade da nossa Terra! Entretanto, depois dos trabalhos de W. Baade, em 1952, chegou-se à conclusão de que o Universo pode ter entre 10 e 20 bilhões de anos. Hoje sabemos que são 13,8 bilhões de anos.

Assim, não havia mais lugar para a ideia de um Universo estacionário (e possivelmente eterno). Aliás, Einstein tinha visto, na resolução de suas equações da Relatividade Geral, que o Universo não era estacionário. Na sua concepção inicial, achava que deveria ser. Foi aí que introduziu a *constante cosmológica*, a fim de torná-lo estático. Falamos sobre isto no Volume 1, Subseção 2.4.3. Falaremos um pouco sobre a Relatividade Geral no final do capítulo. Mas voltemos a essa história (agora com mais detalhes).

O Universo em expansão significa que deve ter sido menor no passado. Daí a ideia de Gamow (1946) de que teria surgido num ponto, ou melhor, numa singularidade, numa grande explosão (o conhecido *Big Bang*). Não foi dado muito crédito a Gamow. Havia alternativas compatíveis com a expansão sem necessidade da origem numa grande explosão. Na verdade, nem precisaria ter sido uma explosão, nem mesmo uma singularidade. Poderia ser, de acordo com a ideia de Lemaître, o Universo surgindo do que ele chamou de *átomo primordial*.

Acho interessante relembrar que Lemaître era padre. Mas o que ele disse não tinha conotação religiosa. Também era engenheiro e doutor em física. O mais interessante é que chegou a essas conclusões através da mesma equação de Einstein, mas sem o termo cosmológico. Suas publicações datam de 1927, antes, portanto, da descoberta de Hubble. Embora não tenha falado em grande explosão, há concordância com Gamow no fato de o Universo surgir de algo muito pequeno. Lemaître não encontrou apoio e seus trabalhos ficaram praticamente desconhecidos.

O ponto importante é que sem a grande explosão, sugerida por Gamow, ou sem o átomo primordial de Lemaître, a única possibilidade de nucleossíntese (formação de núcleos pela união prótons e nêutrons) seria no interior das estrelas, onde há temperaturas suficientemente altas (da ordem de um bilhão de graus Kelvin). Atualmente, sabe-se que a quantidade de hélio no Universo é bem maior do que a gerada apenas nas estrelas. Este fato tinha sido sugerido por Gamow como evidência experimental em favor de sua ideia.

Outra evidência mais interessante é justamente a radiação de fundo. Numa linha de pesquisa, envolvendo Alpher, Gamow e Herman, o Universo deveria ter esta radiação, relacionada a um grande corpo negro (o próprio Universo). No início, as partículas tinham tanta energia que prótons e nêutrons não eram capazes de se unir para formar núcleos. Muito menos elétrons de serem capturados para formar átomos (a formação de átomos foi numa fase posterior à dos núcleos). Assim, no início, havia equilíbrio térmico de fótons, elétrons, prótons, nêutrons etc. Conforme o Universo foi se expandindo, surgiram os núcleos (hidrogênio e hélio), depois átomos e, assim, aqueles fótons ficaram preenchendo todo o Universo, formando um imenso corpo negro (um corpo negro perfeito). Tornaram-se testemunhas da sua fase inicial. As previsões iniciais, embora grosseiras, associavam os fótons a um corpo negro de temperatura da ordem de $5K$.

Sem dúvida, a detecção de radiação relacionada a tão baixa temperatura não era algo simples. Mesmo assim, uma experiência começou a ser montada na década de 60, mas a radiação foi descoberta por acaso, em 1965, por Penzias e Wilson (Prêmio Nobel 1978). A temperatura da radiação foi de $3,5 \pm 1\,K$. Dados mais precisos foram conseguidos a partir de 1989 através do COBE - *Cosmic Bakground Explorer*, da NASA e, depois, por outros satélites. A temperatura correspondente é $2,725 \pm 0,002\,K$. Ficou provado que o Universo é realmente um gigantesco corpo negro. Com esses dados, pode-se dizer que sua idade não está vagamente entre 10 e 20 bilhões de anos. Como disse, temos 13,8 bilhões de anos!

O telescópio James Webb

Foi lançado no Natal de 2021. Sua principal função é observar estrelas e galáxias distantes 13,5 bilhões de anos-luz. Foram as primeiras a serem formadas. Nos trezentos milhões de anos, desde sua origem, só havia partículas interagindo entre si. Como vimos acima, uma história contada pela radiação de fundo. Assim como nós, que já existíamos há 9 meses antes de nascer, podemos dizer que o Universo nasceu há 13,5 bilhões de anos. Esses 300 milhões de anos seriam o tempo da sua gestação. Comparando com os nossos 9 meses, 13,5 bilhões de anos corresponderiam a uma pessoa perto de completar 34 anos (um jovem Universo). O James Webb está vendo este nascimento!

Naturalmente, não é uma missão simples. Pelo efeito Doppler, relacionado à expansão do Universo, a luz visível emitida por essas estrelas chegam até nós na região do infravermelho. Vejamos. A velocidade de afastamento das galáxias distante 13,5 bilhões de anos é diretamente calculada pela lei de Hubble, relação (23.31). Como vimos no Volume 2, final da Subseção 10.5.1, a idade do Universo é o inverso da constante de Hubble. Assim, diretamente temos

$$\begin{aligned} v &= \frac{1}{13,8 \times 10^{9}\, anos} \times 13,5 \times 10^{9}\, anos - luz \\ &= \frac{13,5}{13,8}\, c = 0,978\, c \end{aligned} \tag{23.32}$$

Consequentemente, os comprimentos de onda chegarão até nós aumentados de

$$\lambda' = \sqrt{\frac{c+v}{c-v}}\, \lambda = 9,48\, \lambda \tag{23.33}$$

É preciso cuidado para que outras radiações não atrapalhem nas observações. Tem de ficar bem afastado da Terra e da Lua (devido à radiação infravermelha), bem como protegido da luz solar. Por isso foi colocado no espaço num ponto tão distante, quase quatro vezes a distância da Terra à Lua. Aliás, é o único ponto onde poderia estar. Vai girar em torno do Sol, sempre protegido pela Terra, como mostra a Figura 23.5, em que M, m e m' são as massas do Sol, da Terra e do telescópio, respectivamente. As forças $\vec{F}$ e $\vec{f}$ são as atrações gravitacionais do Sol e da Terra. Pelo que aprendemos no Volume 1, é fácil entender como isto se processa. Pela segunda lei de Newton, diretamente temos

$$\frac{GMm'}{(D+d)^{2}} + \frac{G\,mm'}{d^{2}} = m'\omega^{2}\,(D+d)$$

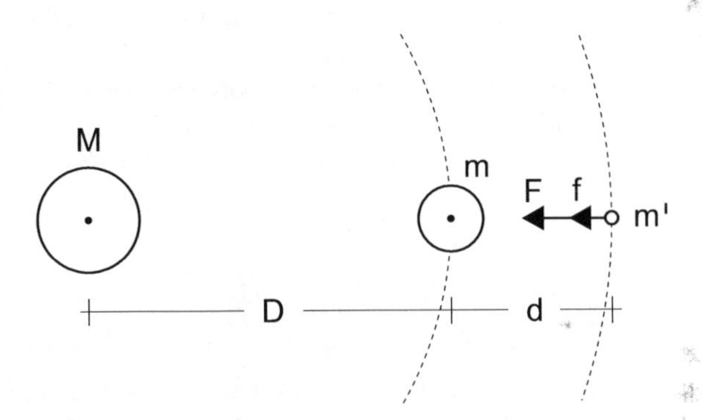

Figura 23.5: Posição do Telescópio James Webb

Não vai depender da massa do satélite. Para que fique sempre na mesma posição em relação à Terra, a frequência angular ω deve ser a mesma do movimento da Terra em torno do Sol,

$$\frac{GMm}{D^{2}} = m\omega^{2} D$$

Combinando esses dois resultados e fazendo algumas simplificações, obtemos

$$\frac{M}{(D+d)^2} + \frac{m}{d^2} = \frac{M}{D^3}(D+d) \tag{23.34}$$

Vou deixar como exercício, usando os valores conhecidos,

$$\begin{aligned} m &= 5,97 \times 10^{24}\,kg \\ M &= 1,99 \times 10^{30}\,kg \\ D &= 1,50 \times 10^{11}\,m \end{aligned} \tag{23.35}$$

mostrar que a posição do James Webb é (exercício 24)

$$d = 1,5 \times 10^{9}\,m = 1,5 \times 10^{6}\,km \tag{23.36}$$

23.3.2 Aberração

Primeiramente, vamos descrever este fenômeno sob o aspecto não relativístico. Depois o compararemos com o que as equações (23.25) e (23.26) fornecem.

Seu conhecimento data de muito tempo. O primeiro a reportá-lo foi Bradley, em 1727, quando observou que estrelas pareciam mover-se em elipses com período de um ano, onde o eixo maior subentendia um pequeno arco de aproximadamente 41 segundos. O porquê das trajetórias elípticas é fácil perceber. Deve-se ao movimento da Terra em torno do Sol. A razão do ângulo de $41''$ também pode ser diretamente verificado. Para facilitar, consideremos a estrela situada no eixo perpendicular ao plano da órbita terrestre, como mostra a Figura 23.6. Se a estrela fosse observada do Sol, bastaria apontar diretamente o telescópio para ela. Entretanto, vista da Terra, é necessário incliná-lo ligeiramente a fim de que a luz, que atinge sua parte superior, chegue até nossos olhos. A Figura 23.7 ilustra o que foi dito, em que Δt é o intervalo de tempo para a luz ir da parte superior do telescópio até nossos olhos. Pelos dados mostrados na figura, podemos escrever

$$\tan\frac{\alpha}{2} = \frac{V\Delta t}{c\,\Delta t} = \frac{V}{c} \tag{23.37}$$

A Terra gira em torno do Sol com velocidade de $30\,km/s = 10^{-4}\,c$ (numa primeira aproximação, considerando órbita circular, o erro ficará entre 1 e 2 %). Assim,

$$\tan\frac{\alpha}{2} = 10^{-4} \quad \Rightarrow \quad \alpha \simeq 41'' \tag{23.38}$$

Na verdade, o valor de c não era conhecido com muita precisão. Foram com os dados de α e V que se obteve o melhor valor de c naquela época.

Há ainda um detalhe interessante. Quando não se detectou variação da velocidade da luz em relação ao éter, na experiência de Michelson e Morley (descrita no Volume 2, Subseção 10.6.2), um dos argumentos era de que a Terra,

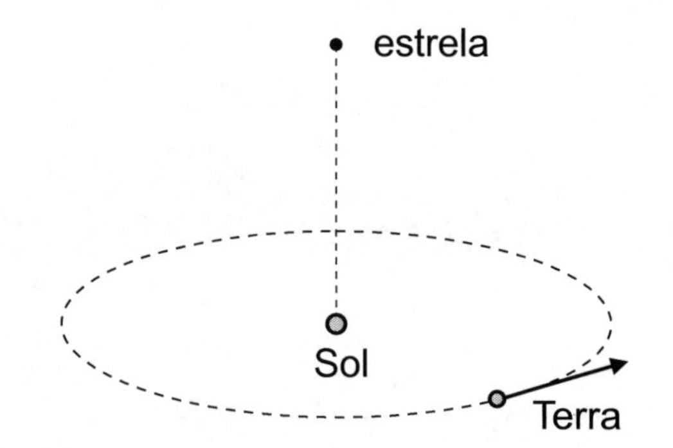

Figura 23.6: Movimento da Terra relativamente à estrela

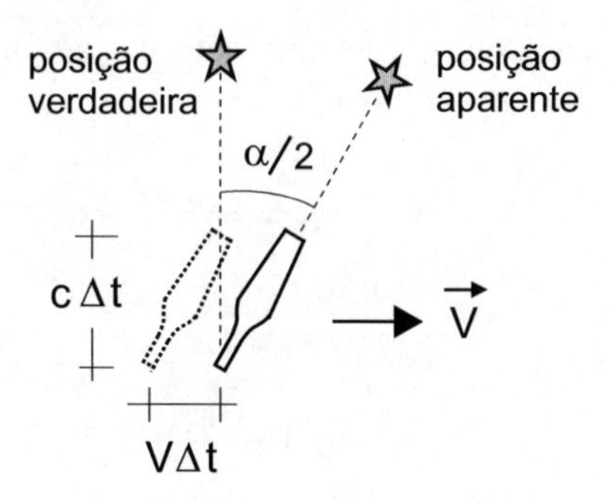

Figura 23.7: Observação da estrela

no seu movimento, fazia o arrastamento do éter. Logo se viu que este argumento não era procedente. Se houvesse realmente o arrastamento não haveria o fenômeno da aberração (bem conhecido há mais de 150 anos).

Relativisticamente, a relação correspondente à aberração é obtida dividindo-se as relações (23.25) e (23.26),

$$\tan\theta = \frac{\operatorname{sen}\theta' \sqrt{1 - \dfrac{V^2}{c^2}}}{\cos\theta' + \dfrac{V}{c}} \tag{23.39}$$

ou, sob o ponto de vista do observador em S',

$$\tan\theta' = \frac{\operatorname{sen}\theta \sqrt{1 - \dfrac{V^2}{c^2}}}{\cos\theta - \dfrac{V}{c}} \tag{23.40}$$

Estão em concordância com o caso não relativístico. Isto é visto lembrando que a fonte está na origem do sistema S (veja, por favor, a Figura 23.4). Fazendo, então, $\theta = 3\pi/2$ e $V \ll c$ em (23.40), obtemos

$$\tan\theta' = \frac{c}{V} \tag{23.41}$$

que está de acordo com (23.37) (o ângulo $\alpha/2$ é medido com a vertical e θ', com a horizontal).

23.4 Momento e energia

Vimos no Volume 1, Seção 6.5, que momento e energia de uma partícula de massa m e velocidade $\vec{v}$ são dados por

$$\vec{p} = \frac{m\vec{v}}{\sqrt{1 - \dfrac{v^2}{c^2}}} \tag{23.42}$$

$$E = \frac{mc^2}{\sqrt{1 - \dfrac{v^2}{c^2}}} \tag{23.43}$$

Acredito que não haja necessidade de demonstrá-las novamente. Já nos são familiares. Entretanto, caso o estudante ache necessário, veja, por favor, a seção do Volume 1 acima mencionada.

Só relembrando, na segunda observa-se que, relativisticamente, a partícula em repouso possui energia igual a mc^2. Combinando-as, obtém-se a relação envolvendo energia e momento,

$$E^2 = p^2c^2 + m^2c^4 \tag{23.44}$$

Vemos, então, que se pode associar à partícula de massa zero o momento

$$p = \frac{E}{c} \tag{23.45}$$

Partículas de massa zero só podem existir com a velocidade da luz (caso dos fótons). Já as massivas não podem atingir esta velocidade.

No capítulo anterior, Subseção 22.2.3, vimos o uso das relações acima para explicar o efeito Compton. É um exemplo interessante de suas aplicações. Sugiro ao estudante que o reveja. Vejamos mais dois exemplos.

1° exemplo

Seja um fóton de frequência ν absorvido por um sistema de massa M (um átomo por exemplo), inicialmente em repouso. Após, o sistema sai com velocidade de módulo v e sua massa passa a M', como mostra a Figura 23.8. Vamos obter v e M' em termos dos dados iniciais. É interessante enfatizar que, relativisticamente, M' não é igual a M (no caso será maior).

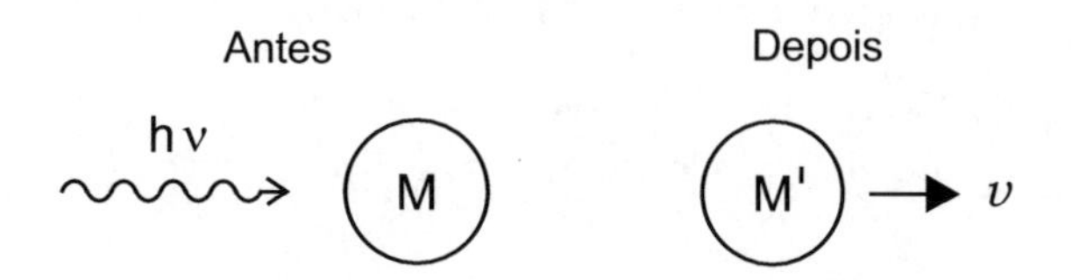

Figura 23.8: Fóton absorvido por um sistema de massa M

A energia do fóton é $h\nu$ e, consequentemente, seu momento, de acordo com (23.45), é $h\nu/c$. Assim, pela conservação de momento e energia, temos

$$\frac{h\nu}{c} = \frac{M'v}{\sqrt{1 - \dfrac{v^2}{c^2}}}$$

$$h\nu + Mc^2 = \frac{M'c^2}{\sqrt{1 - \dfrac{v^2}{c^2}}}$$

A combinação entre elas fornece v e M'. Por exemplo, dividindo-as, diretamente obtém-se v,

$$v = \frac{c}{1 + \dfrac{Mc^2}{h\nu}}$$

Com este valor, temos

$$\sqrt{1-\frac{v^2}{c^2}}=\frac{\sqrt{M^2c^4+2h\nu Mc^2}}{h\nu+Mc^2}$$

Usando-o na relação da conservação da energia, obtém-se M',

$$M'=\sqrt{1+\frac{2h\nu}{Mc^2}}\,M$$

Como podemos observar, realmente M' não é igual a M. É por isso que no efeito Compton, descrito no capítulo anterior (veja, por favor, a Figura 22.5), o elétron nunca pode absorver o fóton inicial (pois sua massa final não poderia ser diferente).

2° exemplo

Sabemos que o elétron, ao passar para um nível de energia menor no interior do átomo, emite um fóton. É parecido com o exemplo anterior e está ilustrado na Figura 23.9. Inicialmente, o sistema possui massa M. Depois da emissão do fóton, a massa passa a M' e sai com velocidade de módulo v. Também vamos obter v e M'.

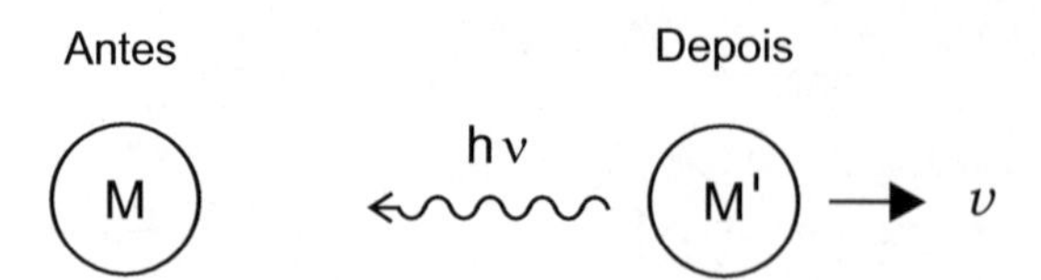

Figura 23.9: Àtomo após emitir um fóton

Agora, as relações referentes à conservação de momento e energia são

$$0=\frac{M'v}{\sqrt{1-\frac{v^2}{c^2}}}-\frac{h\nu}{c}$$

$$Mc^2=\frac{M'c^2}{\sqrt{1-\frac{v^2}{c^2}}}+h\nu$$

Notar que se as massas fossem iguais, a relação da conservação de energia seria inconsistente (o lado esquerdo seria menor que o direito). A solução fornece

$$v=\frac{c}{\frac{Mc^2}{h\nu}-1}\qquad \text{e}\qquad M'=\sqrt{1+\frac{2h\nu}{Mc^2}}\,M$$

Assim, se M fosse apenas o elétron, nunca poderia emitir um fóton. Isto ocorreria mesmo se tivesse qualquer energia cinética (exercício 25). Da mesma forma, um fóton nunca decai num par de partícula e antipartícula (por exemplo, elétron e pósitron), mesmo que tenha energia suficiente (exercício 26). Antes da seção seguinte, sugiro ao estudante fazer, também, os exercícios 27 - 30.

23.5 Dinâmica relativística

Trataremos nesta seção dos exemplos mais simples, só envolvendo partícula movendo-se sob ação de força constante. Primeiramente, falemos um pouco da sua viabilidade, ou seja, força constante suficientemente grande para tornar o problema relativístico. Adiantemos que é possível se for de natureza elétrica. A Teoria Eletromagnética, como já foi mencionado, é de natureza relativística (será visto na seção seguinte). Entretanto, para a força gravitacional que estudamos, haveria problemas. A Gravitação Newtoniana não é relativística. Foi justamente na formulação relativística da gravitação que Einstein trabalhou depois da Relatividade Especial (durante dez anos). Recebeu o nome de Relatividade Geral. Falaremos um pouco sobre ela no final do capítulo.

O ponto de partida é a segunda lei de Newton,

$$\vec{F} = \frac{d\vec{p}}{dt} \tag{23.46}$$

mas atentando que a dependência do momento com a velocidade é dada pela relação (23.42). Passemos, então, aos exemplos.

1° exemplo

Seja uma partícula de massa m, movendo-se ao longo do eixo x, sob ação da força constante de módulo F, atuando no sentido x positivo. Vamos obter $v\,(t)$ e $x\,(t)$ com as condições de contorno $t = 0$, $x = 0$ e $v = 0$. Primeiramente, só para fins de comparação, consideremos o caso não relativístico. É bem simples,

$$\frac{dp}{dt} = F \quad \Rightarrow \quad v\,(t) = \frac{F}{m}\,t \quad \Rightarrow \quad x\,(t) = \frac{F}{2m}\,t^{\,2}$$

Para o caso relativístico, temos

$$\frac{d}{dt}\,\frac{mv}{\sqrt{1 - \dfrac{v^2}{c^2}}} = F$$

A solução, para as condições de contorno $t = 0$, $v = 0$ é diretamente obtida,

$$\frac{mv}{\sqrt{1 - \dfrac{v^2}{c^2}}} = Ft \quad \Rightarrow \quad v\,(t) = \frac{Ft/m}{\sqrt{1 + \left(\dfrac{Ft}{mc}\right)^2}} \tag{23.47}$$

Observamos que o resultado tende ao caso anterior para $Ft \ll mc$ e, também, consistentemente, que $v \to c$ para $t \to \infty$. Se calculássemos a aceleração, veríamos que para t muito pequeno, $a \simeq F/m$ (caso não relativístico), e que $a \to 0$ quando $t \to \infty$ (exercício 31).

A equação de movimento $x(t)$ vem de (23.47) através da integração,

$$\begin{aligned} x(t) &= \frac{F}{m}\int_0^t \left[1+\left(\frac{Ft}{mc}\right)^2\right]^{-1/2} t\,dt \\ &= \frac{mc^2}{F}\left[\sqrt{1+\left(\frac{Ft}{mc}\right)^2}-1\right] \end{aligned} \tag{23.48}$$

que deve coincidir com o caso não relativístico para $Ft \ll mc$ (exercício 32).

2° exemplo

Seja, agora, o movimento em duas dimensões (plano xy), com a mesma força de módulo F (atuando no sentido x positivo). Vamos obter $v_x(t)$, $v_y(t)$, $x(t)$ e $y(t)$ para as condições de contorno $t=0$, $x=0$, $y=0$, $v_x=0$ e $v_y=v_o$.

Como no exemplo anterior, comecemos com o caso não relativístico. Vou diretamente escrever as soluções, que são bem conhecidas,

$$\begin{aligned} v_x(t) &= \frac{F}{m}t \quad \text{e} \quad x(t) = \frac{F}{2m}t^2 \\ v_y &= v_o \quad \text{e} \quad y(t) = v_o t \end{aligned}$$

e a equação da trajetória (em termos de x e y) é uma parábola,

$$x = \frac{F}{2mv_o^2}y^2$$

Vejamos, relativisticamente. As expressões dos momentos são

$$p_x = \frac{mv_x}{\sqrt{1-\dfrac{v_x^2+v_y^2}{c^2}}} \quad \text{e} \quad p_y = \frac{mv_y}{\sqrt{1-\dfrac{v_x^2+v_y^2}{c^2}}}$$

Como não há força atuando no eixo y, temos que p_y é constante. Entretanto, v_x aumenta devido à atuação da força $\vec{F}$. Assim, v_y deve variar também a fim de manter p_y constante. Vamos calcular as velocidades. Usando a relação (23.46) e as condições de contorno $t=0$, $v_x=0$ e $v_y=v_o$, obtemos

$$\frac{v_x}{\sqrt{1-\dfrac{v_x^2+v_y^2}{c^2}}} = \frac{F}{m}t \quad \text{e} \quad \frac{v_y}{\sqrt{1-\dfrac{v_x^2+v_y^2}{c^2}}} = \frac{p_o}{m}$$

em que p_o é o momento vertical inicial associado a v_o. Combinando-as, temos que v_x e v_y são dadas por

$$v_x = \frac{c\,F\,t}{\sqrt{m^2\,c^2 + p_o^2 + F^2\,t^2}}$$
$$v_y = \frac{c\,p_o}{\sqrt{m^2\,c^2 + p_o^2 + F^2\,t^2}} \tag{23.49}$$

Agora, da primeira obtém-se $x\,(t)$; e da segunda, $y\,(t)$. Vou deixar como exercício mostrar que, para as condições de contorno iniciais (exercício 33),

$$x\,(t) = \frac{c}{F}\left(\sqrt{m^2\,c^2 + p_o^2 + F^2\,t^2} - \sqrt{m^2\,c^2 + p_o^2}\right)$$
$$y\,(t) = \frac{c\,p_o}{F}\,\text{arg sh}\,\frac{F\,t}{\sqrt{m^2\,c^2 + p_o^2}} \tag{23.50}$$

em que sh é a função seno hiperbólico, que também usamos no capítulo anterior, na solução do terceiro exemplo da Subseção 22.5.1. Finalmente, a equação da trajetória, em termos de x e y, é dada por

$$x = \frac{c}{F}\,\sqrt{m^2\,c^2 + p_o^2}\,\left(\text{ch}\,\frac{F\,y}{c\,p_o} - 1\right) \tag{23.51}$$

que deve tender à equação da parábola no caso não relativístico (exercício 34).

23.6 A Matemática da Relatividade

Esta é a última seção do capítulo. É um assunto muito bonito, mas um pouco abrangente para o nosso curso de Física Básica. O estudante terá oportunidade de apreciá-lo em cursos do ciclo profissional. Não veremos muitos detalhes, mas serão apresentadas referências para quem tiver interesse no momento.

23.6.1 Conceito de quadrivetor

As transformadas de Lorentz caracterizam um vetor em quatro dimensões.[1] As quantidades $c\,t$, x, y e z formam um vetor, é o *quadrivetor coordenada*, A constante c da primeira componente é para que todas tenham a mesma dimensão. Podemos representá-lo por x_μ, em que $\mu = 0$ corresponde à componente temporal e $\mu = 1$, 2 e 3 às espaciais.[2] Escrevamos suas transformações (relacionadas aos referenciais da Figura 23.1),

[1] Da mesma forma que as rotações dos sistemas de coordenadas (e inversão de eixos) caracterizam os vetores a que fomos apresentados até agora. Geralmente, a primeira informação que recebemos é que são quantidades possuindo módulo direção e sentido. É verdade. Entretanto, isto não os caracteriza. Existem quantidades que possuem essas propriedades e não são vetores. Caso o estudante esteja interessado em mais detalhes, ver, por exemplo, a Seção 9.4 do meu livro **Mecânica - Newtoniana, Lagrangiana e Hamiltoniana**, Editora Livraria da Física.

[2] Acho oportuno mencionar que, nesse espaço, existem duas representações para os vetores (chamadas *covariante* e *contravariante*), que são denotadas com os índices embaixo e em cima, x_μ e x^μ. Adiante falarei mais um pouco sobre elas.

$$
\begin{aligned}
x'_0 &= \frac{x_0 - \dfrac{V}{c}x_1}{\sqrt{1-\dfrac{V^2}{c^2}}}\\
x'_1 &= \frac{x_1 - \dfrac{V}{c}x_0}{\sqrt{1-\dfrac{V^2}{c^2}}}\\
x'_2 &= x_2\\
x'_3 &= x_3
\end{aligned}
\tag{23.52}
$$

Vimos no Volume 1, Subseção 6.5.2, que energia (dividida por c) e momento relativísticos, também possuem transformações semelhantes, ou seja, as quantidades $p_0 = E/c$, p_1, p_2 e p_3 constituem o quadrivetor momento p_μ,

$$
\begin{aligned}
p'_0 &= \frac{p_0 - \dfrac{V}{c}p_1}{\sqrt{1-\dfrac{V^2}{c^2}}}\\
p'_1 &= \frac{p_1 - \dfrac{V}{c}p_0}{\sqrt{1-\dfrac{V^2}{c^2}}}\\
p'_2 &= p_2\\
p'_3 &= p_3
\end{aligned}
\tag{23.53}
$$

De maneira geral, um quadrivetor qualquer q_μ (correspondente aos referenciais da Figura 23.1) é caracterizado pelas transformações,

$$
\begin{aligned}
q'_0 &= \frac{q_0 - \dfrac{V}{c}q_1}{\sqrt{1-\dfrac{V^2}{c^2}}}\\
q'_1 &= \frac{q_1 - \dfrac{V}{c}q_0}{\sqrt{1-\dfrac{V^2}{c^2}}}\\
q'_2 &= q_2\\
q'_3 &= q_3
\end{aligned}
\tag{23.54}
$$

Invariante em quatro dimensões

No caso dos vetores em três dimensões, que temos estudado, o módulo é invariante (é o mesmo para qualquer sistema de coordenadas). No espaço quadridimensional, caracterizado pelas transformadas de Lorentz, a quantidade invariante correspondente ao quadrivetor q_μ é $q_0^2 - \vec{q}^{\,2}$ (significa que é a mesma para todos os observadores inerciais). Usando as transformações (23.54), fica como exercício fazer a verificação (exercício 35). É algo similar ao que aconteceu para o operador da equação da onda, relação (23.11), que também é invariante.

Sejam algumas observações.

(*i*) Isto justifica o tempo próprio ser o mesmo para todos os observadores inerciais. Por exemplo, tomemos o quadrivetor Δx_μ. Pelo conceito de invariância,

$$c^2(\Delta t)^2 - (\Delta\vec{r}\,)^2 = c^2(\Delta t\,')^2 - (\Delta\vec{r}\,')^2$$

Considerando que o tempo próprio seja no referencial S ($\Delta\vec{r} = 0$), temos que Δt será um invariante. Significa, por exemplo, que a vida média de uma pessoa não muda, quer esteja aqui na Terra ou numa nave espacial movendo-se próxima à velocidade da luz. Para os outros observadores este tempo será maior (também diretamente verificado na relação acima ao fazer $\Delta\vec{r} = 0$).

(*ii*) No caso do quadrivetor momento, a quantidade invariante está relacionada à massa da partícula, pois, de acordo com (23.44),

$$\frac{E^2}{c^2} - \vec{p}^{\,2} = m^2c^2$$

(*iii*) Através da analogia com a invariância do módulo do vetor em três dimensões, podemos ver a presença as representações covariante e contravariante (mencionadas na última nota de rodapé). Por exemplo, seja o vetor $\vec{q}$ em três dimensões, temos que a quantidade

$$\sum_i q_i\, q_i = q_1^2 + q_2^2 + q_3^2 \tag{23.55}$$

é invariante. Não podemos escrever relação semelhante para o quadrivetor q_μ porque, como vimos, a quantidade invariante $q_0^2 - \vec{q}^{\,2}$ contém termos positivos e negativos. É aí que aparecem as duas representações. A quantidade invariante em quatro dimensões seria escrita como

$$\sum_\mu q_\mu\, q^\mu = q_0\, q^0 + q_1\, q^1 + q_2\, q^2 + q_3\, q^3 + \tag{23.56}$$

As representações covariante e contravariante possuem sinais diferentes entre o termo temporal e os espaciais. Por exemplo, se as componentes de q_μ e q^μ forem, respectivamente, $q_0,\ q_1,\ q_2,\ q_3$ e $q_0,\ -q_1,\ -q_2,\ -q_3$, a quantidade invariante $q_0^2 - \vec{q}^{\,2}$ será gerada.[3]

[3] Este é um assunto mais abrangente. Para o estudante que estiver interessando, ver, por exemplo, o Capítulo 6 do meu livro **Matemática para Físicos - Com Aplicações**, Volume 1, Editora Livraria da Física.

23.6.2 Tensores

Os tensores $T_{\mu\nu}$ são facilmente identificados (no caso, é um tensor de segunda ordem, $T_{\mu\nu\lambda}$ seria de terceira, e assim por diante). Cada um de seus índices transforma-se como o índice do vetor (também chamado tensor de primeira ordem). Para dar mais detalhes sobre o processo, voltemos às transformações (23.54) e as escrevamos compactamente como

$$q'_\mu = \sum_\nu a_{\mu\nu}\, q_\nu \tag{23.57}$$

em que os coeficientes $a_{\mu\nu}$ são [4]

$$\begin{aligned} a_{00} &= a_{11} = \frac{1}{\sqrt{1 - V^2/c^2}} \\ a_{01} &= a_{10} = -\frac{V/c}{\sqrt{1 - V^2/c^2}} \\ a_{22} &= a_{33} = 1 \end{aligned} \tag{23.58}$$

sendo nulos os demais coeficientes. Assim, os tensores $T_{\mu\nu}$ são identificados pela transformação,[5]

$$T'_{\mu\nu} = \sum_{\rho,\,\lambda} a_{\mu\rho}\, a_{\nu\lambda}\, T_{\rho\lambda} \tag{23.59}$$

Vejamos a transformação de T_{00}. Pela relação acima, e considerando os coeficientes não nulos, temos

$$\begin{aligned} T'_{00} &= a_{00}\, a_{00}\, T_{00} + a_{00}\, a_{01}\, T_{01} + a_{01}\, a_{00}\, T_{10} + a_{01}\, a_{01}\, T_{11} \\ &= \frac{1}{1 - V^2/c^2}\left[T_{00} - \frac{V}{c}\Big(T_{01} + T_{10}\Big) + \frac{V^2}{c^2}\, T_{11}\right] \end{aligned} \tag{23.60}$$

Fica como exercício, mostrar as demais transformações (exercício 36)

[4] Relativamente ao que vimos na expressão (23.56), os índices de soma em (23.57) deveriam ser escritos levando em conta as notações covariante e contravariante,

$$q'_\mu = \sum_\nu a_{\mu\nu}\, q^\nu \qquad \text{ou} \qquad q'_\mu = \sum_\nu a_\mu{}^\nu\, q_\nu$$

Entretanto, não há erro no desenvolvimento que estamos fazendo (é apenas um caso particular). A expressão (23.57) está compatível com os coeficientes (23.58) e com as transformações (23.54). Para o estudante que estiver interessado no tratamento geral, ver, por exemplo, a referência citada na nota de rodapé anterior (incluindo o Capítulo 5).

[5] Um exemplo de tensor no espaço tridimensional é o *tensor de inércia* (em que os conhecidos momentos de inércia correspondem às componentes T_{11}, T_{22} e T_{33}). Caso haja interesse por mais detalhes, ver, por exemplo, a Seção 9.5 do meu livro **Mecânica - Newtoniana, Lagrangiana e Hamiltoniana**, Editora Livraria da Física.

$$
\begin{aligned}
T'_{01} &= \frac{1}{1 - V^2/c^2}\left[T_{01} - \frac{V}{c}\left(T_{00} + T_{11}\right) + \frac{V^2}{c^2}T_{10}\right] \\
T'_{02} &= \frac{1}{\sqrt{1 - V^2/c^2}}\left(T_{02} - \frac{V}{c}T_{12}\right) \\
T'_{03} &= \frac{1}{\sqrt{1 - V^2/c^2}}\left(T_{03} - \frac{V}{c}T_{13}\right) \\
T'_{10} &= \frac{1}{1 - V^2/c^2}\left[T_{10} - \frac{V}{c}\left(T_{00} + T_{11}\right) + \frac{V^2}{c^2}T_{01}\right] \\
T'_{11} &= \frac{1}{1 - V^2/c^2}\left[T_{11} - \frac{V}{c}\left(T_{01} + T_{10}\right) + \frac{V^2}{c^2}T_{00}\right] \\
T'_{12} &= \frac{1}{\sqrt{1 - V^2/c^2}}\left(T_{12} - \frac{V}{c}T_{02}\right) \\
T'_{13} &= \frac{1}{\sqrt{1 - V^2/c^2}}\left(T_{13} - \frac{V}{c}T_{03}\right) \\
T'_{20} &= \frac{1}{\sqrt{1 - V^2/c^2}}\left(T_{20} - \frac{V}{c}T_{21}\right) \\
T'_{21} &= \frac{1}{\sqrt{1 - V^2/c^2}}\left(T_{21} - \frac{V}{c}T_{20}\right)
\end{aligned}
$$

$$
\begin{aligned}
T'_{22} &= T_{22} \\
T'_{23} &= T_{23} \\
T'_{30} &= \frac{1}{\sqrt{1 - V^2/c^2}}\left(T_{30} - \frac{V}{c}T_{31}\right) \\
T'_{31} &= \frac{1}{\sqrt{1 - V^2/c^2}}\left(T_{31} - \frac{V}{c}T_{30}\right) \\
T'_{32} &= T_{32} \\
T'_{33} &= T_{33}
\end{aligned}
\tag{23.61}
$$

Se o tensor for simétrico ($T_{\mu\nu} = T_{\nu\mu}$), há dez quantidades independentes e suas transformações são dadas por (exercício 37),

$$
\begin{aligned}
T'_{00} &= \frac{1}{1 - V^{\,2}/c^{2}} \left(T_{00} - 2\,\frac{V}{c}\,T_{01} + \frac{V^{\,2}}{c^{2}}\,T_{11} \right) \\
T'_{01} &= \frac{1}{1 - V^{\,2}/c^{2}} \left[\left(1 + \frac{V^{\,2}}{c^{2}} \right) T_{01} - \frac{V}{c} \left(T_{00} + T_{11} \right) \right] \\
T'_{02} &= \frac{1}{\sqrt{1 - V^{\,2}/c^{2}}} \left(T_{02} - \frac{V}{c}\,T_{12} \right) \\
T'_{03} &= \frac{1}{\sqrt{1 - V^{\,2}/c^{2}}} \left(T_{03} - \frac{V}{c}\,T_{13} \right) \\
T'_{11} &== \frac{1}{1 - V^{\,2}/c^{2}} \left(T_{11} - 2\,\frac{V}{c}\,T_{01} + \frac{V^{\,2}}{c^{2}}\,T_{00} \right) \\
T'_{12} &= \frac{1}{\sqrt{1 - V^{\,2}/c^{2}}} \left(T_{12} - \frac{V}{c}\,T_{02} \right) \\
T'_{13} &= \frac{1}{\sqrt{1 - V^{\,2}/c^{2}}} \left(T_{13} - \frac{V}{c}\,T_{03} \right) \\
T'_{22} &= T_{22} \\
T'_{23} &= T_{23} \\
T'_{33} &= T_{33}
\end{aligned}
\tag{23.62}
$$

E se for antissimétrico ($T_{\mu\nu} = -\,T_{\nu\mu}$), há apenas seis (exercício 38),

$$
\begin{aligned}
T'_{01} &= T_{01} \\
T'_{02} &= \frac{1}{\sqrt{1 - V^{\,2}/c^{2}}} \left(T_{02} - \frac{V}{c}\,T_{12} \right) \\
T'_{03} &= \frac{1}{\sqrt{1 - V^{\,2}/c^{2}}} \left(T_{03} - \frac{V}{c}\,T_{13} \right) \\
T'_{12} &= \frac{1}{\sqrt{1 - V^{\,2}/c^{2}}} \left(T_{12} - \frac{V}{c}\,T_{02} \right) \\
T'_{13} &= \frac{1}{\sqrt{1 - V^{\,2}/c^{2}}} \left(T_{13} - \frac{V}{c}\,T_{03} \right) \\
T'_{23} &= T_{23}
\end{aligned}
\tag{23.63}
$$

Um exemplo de tensor no espaço quadridimensional é o campo eletromagnético. As três componentes de $\vec{E}$ e as três de $\vec{B}$ formam um tensor antissimétrico. Apenas citemos que $T_{01} = E_x$, $T_{02} = E_y$, $T_{03} = E_z$, $T_{23} = B_x$, $T_{31} = B_y$ e $T_{12} = B_z$. Usando, então, (23.63), obteremos as transformações dos campos $\vec{E}$ e $\vec{B}$ (que foram mencionadas no Capítulo 19 do Volume 3) (exercício 39)

$$
\begin{aligned}
E'_x &= E_x \\
E'_y &= \frac{E_y - \frac{V}{c} B_z}{\sqrt{1 - \frac{V^2}{c^2}}} \\
E'_z &= \frac{E_z + \frac{V}{c} B_y}{\sqrt{1 - \frac{V^2}{c^2}}}
\end{aligned} \tag{23.64}
$$

$$
\begin{aligned}
B'_x &= B_x \\
B'_y &= \frac{B_y + \frac{V}{c} E_z}{\sqrt{1 - \frac{V^2}{c^2}}} \\
B'_z &= \frac{B_z - \frac{V}{c} E_y}{\sqrt{1 - \frac{V^2}{c^2}}}
\end{aligned} \tag{23.65}
$$

Como podemos observar, só para $V \ll c$ é que o campo eletromagnético não varia de um referencial inercial a outro. O Eletromagnetismo é uma teoria relativística. Não se sabia disto na época dos trabalhos de Maxwell. Só ocorreu após o trabalho de Einstein.

Acho interessante mencionar que as equações de Maxwell na formulação quadridimensional da Relatividade fica[6]

$$\partial_\mu F^{\mu\nu} = \frac{4\pi}{c} j^\nu \tag{23.66}$$

que está expressa no sistema gaussiano de unidades (muito usado cientificamente). Tudo apenas numa equação. As quatro equações de Maxwell estão contidas na relação acima. Em outras palavras, todo o fundamento da Teoria Eletromagnética está aí.

Falemos um pouco mais sobre ela. Os índices repetidos μ (covariante e contravariante) subentendem soma. O operador ∂_μ é a forma abreviada da derivada em relação a x^μ (isso mesmo, com o índice em cima). Os campos $\vec{E}$ e $\vec{B}$ são componentes do tensor antissimétrico $F^{\mu\nu}$ que também pode ser escrito como

[6] Mais detalhes sobre o relacionamento entre a Teoria Eletromagnética e a Relatividade podem ser encontrados no meu livro **Teoria Eletromagnética - Parte Clássica**, Capítulo 8, Editora Livraria da Física.

$$F^{\mu\nu} = \partial^{\mu} A^{\nu} - \partial^{\nu} A^{\mu} \tag{23.67}$$

em que A^{μ} é o quadrivetor potencial. Sua componente temporal é o potencial escalar (o potencial elétrico visto no Volume 2, Capítulo 14) e as demais correspondem ao potencial vetor $\vec{A}$ (visto no Capítulo 17). Agora, ambos podem depender também do tempo. O quadrivetor j^{ν} é a corrente (as componentes espaciais correspondem ao $\vec{j}$; e a temporal, à densidade de carga ρ). Nesta notação, a equação de continuidade simplesmente fica,

$$\partial_{\mu} j^{\mu} = 0 \tag{23.68}$$

Vamos concluir o capítulo com duas breves subseções, em que falaremos resumidamente sobre spinores e Relatividade Geral.

23.6.3 Spinores

Vimos que para entender o conceito de tensor (pelo menos de forma consistente) não se poderia olhar para o vetor como objeto apenas com módulo, direção e sentido. Da mesma forma, não é possível pensar em spinor apenas através das relações de transformações que caracterizam vetores e tensores. É preciso ir além na Matemática, é preciso conhecer um pouco sobre grupos e suas representações. Não é nosso objetivo dar esses passos aqui. Como mencionei, o estudante entrará em contato com tudo isto nos cursos do ciclo profissional.[7]

23.6.4 Relatividade Geral

Como vimos no primeiro volume, a Teoria da Gravitação de Newton pode ser resumida na expressão

$$\vec{F} = m\vec{g}$$

em que $\vec{g}$ é o campo gravitacional, criado por uma outra massa, no ponto onde m está. Parece com a lei de Coulomb, que não contém, como sabemos, toda a Teoria Eletromagnética. Para Einstein, $\vec{F} = m\vec{g}$ também não poderia conter toda a Teoria da Gravitação. O que seria, então, a Teoria Gravitacional na qual $\vec{F} = m\vec{g}$ estaria incluída?

É uma história interessante. Primeiro, ao contrário de $\vec{E}$, Einstein viu que $\vec{g}$ não poderia ser parte do campo gravitacional. Ele chegou a uma conclusão nada convencional. O campo gravitacional deveria ser o próprio espaço-tempo. A presença da matéria produziria uma curvatura no espaço (e no tempo também).

Para desenvolver essa ideia, ele precisaria de uma matemática que já existia (geometria em espaço curvo - não euclidiana), mas era do conhecimento só dos

[7] Uma referência geral sobre tudo isto que vimos nesta seção, está no meu livro **Matemática para Físicos**, Volume 1. Seu título completo é **Matemática para Físicos - Com Aplicações - Vetores, Tensores e Spinores**.

matemáticos. Este é um assunto muito específico para ser tratado num curso de Física Básica.[8] Vamos terminar nosso curso por aqui. Desejo muito sucesso ao estudante nos caminhos que seguir daqui em diante.

Exercícios

1 - Obter as relações (23.4), resolvendo o sistema formado por (23.3).

2* - A ideia de não haver prioridade entre os sistemas inerciais indica que as transformações, que levam de um a outro, são lineares. Também, devido à simetria, as coordenadas referentes aos eixos perpendiculares a x e x' não devem variar nem interferir em suas medidas. Assim, deveremos ter

$$x' = A\,x + B\,t$$
$$t' = C\,x + D\,t$$

Para determinar os coeficientes A, B, C e D, consideremos que no instante $t = 0$, quando as origens de S e S' estão coincidentes, ocorra um flash luminoso em ambas. As superfícies de propagação serão esferas de raio $c\,t$ para S e $c't'$ para S'. Logo,

$$\text{Sistema } S: \quad x^2 + y^2 + z^2 = c^2\,t^2$$
$$\text{Sistema } S': \quad x'^2 + y'^2 + z'^2 = c^2\,t'^2$$

Obter as transformadas de Lorentz.

3 - Para obtenção do tempo próprio no sistema S, relação (23.5), partimos do conjunto de transformadas de Lorentz (23.3). Obtê-la novamente partindo do conjunto (23.4).

4 - Dois eventos a e b ocorrem sobre o eixo x do sistema S com os seguintes dados: $x_a = 1,0 \times 10^8\,m$, $t_a = 1,0\,s$, $x_b = 7,0 \times 10^8\,m$ e $t_b = 2,0\,s$.

a) Obter a velocidade do referencial S', relativamente a S, onde esses eventos são simultâneos.

b) Quais são os dados dos eventos em S'?

5 - Vimos que a vida média dos múons (tempo próprio) é $2,2 \times 10^{-6}\,s$. Qual a distância percorrida, antes de decair, quando medida por um sistema de referência onde sua velocidade é $0,9\,c$? E se for $0,99\,c$? Ou $0,999\,c$? Ou, ainda, $0,9999\,c$? (Este último caso é aproximadamente a velocidade que têm quando produzidos na parte superior da nossa atmosfera.)

6 - Num futuro com avançada tecnologia, planeja-se uma viagem de $10\,anos$ ao planeta de uma estrela distante $10^3\,anos - luz$. Qual a velocidade da nave? Quanto tempo decorre para quem ficou na Terra?[9]

---

[8] No último capítulo do meu livro, citado na nota de rodapé anterior, faço uma breve introdução dessa matemática.

[9] Este é o 1° exemplo do Volume 1, Subseção 2.4.2.

7 - Sejam quatro observadores O, O', A' e B. Os observadores O e B estão no sistema S; e O' e A', em S', como mostra a Figura 23.10, onde O e O' estão na origem dos seus sistemas, que coincidem quando $t = t' = 0$. As posições de A' e B são $x'_{A'} = -6,0 \times 10^8\,m$ e $x_B = 6,0 \times 10^8\,m$. Como podemos notar, é um problema totalmente simétrico em relação aos dois sistemas. Consideremos como primeiro evento a passagem de O' por B. Quais os instantes registrados pelos relógios de O' e B? Idem quanto à passagem de O por A', e de A' por B. Comentar os resultados encontrados.[10]

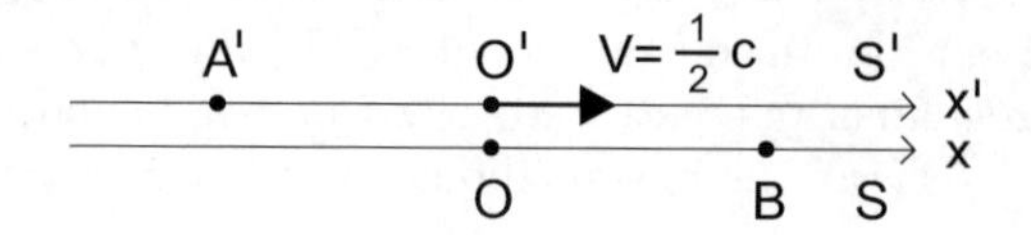

Figura 23.10: Exercício 7

8* - Obter a relação (23.10).

9 - Mostrar, combinando (23.9) e (23.10), que o operador da onda eletromagnética é invariante para observadores inerciais, relação (23.11).

10 - Obter as transformações para v'_y e v'_z, relações (23.13).

11* - Obter (23.14) a partir do desenvolvimento algébrico de (23.12).

12 - Na Figura 23.11, A, B e C são três observadores, onde A e C possuem velocidades $-0,50\,c$ e $0,50\,c$ em relação a B, respectivamente.

a) Qual a velocidade de B em relação a A? E em relação a C?

b) Qual a velocidade de C em relação a A? E a de A em relação a C?

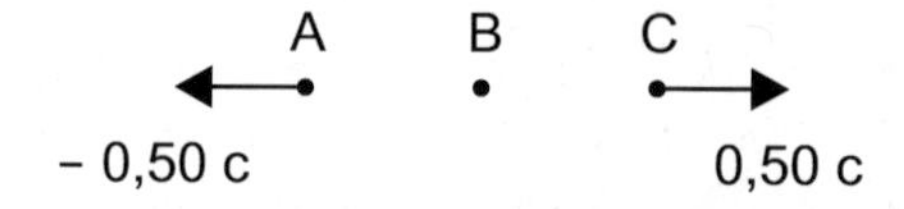

Figura 23.11: Exercício 12

13 - Considere, agora, os observadores B e C deslocando-se em relação a A, com velocidades $0,40\,c$ e $0,90\,c$, respectivamente, como mostra a Figura 23.12.

a) Qual a velocidade de A em relação a B? E em relação a C?

b) Qual a velocidade de C em relação a B? E a de B em relação a C?

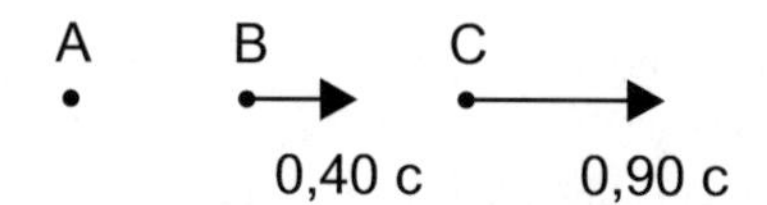

Figura 23.12: Exercício 13

[10] Este é o 3° exemplo do Volume 1, Subseção 2.4.2.

14 - Obter a transformação para a'_x, relação (23.15).

15 - Idem para a'_y e a'_z, relações (23.16).

16* - Partindo das transformações de $\vec{r}\,'$ e t', dadas por (23.19) e (23.20), respectivamente, obter a da velocidade, relação (23.21).

17* - Combinando (23.25) e (23.26), mostrar que (23.27) é obtida.

18 - Mostrar que (23.29) pode ser obtida tomando $\theta = 0 = \theta'$ em (23.25).

19* - Fazendo $V \ll c$ em (23.29), verificar se o caso não relativístico, estudado na Seção 10.5 do Volume 2, é obtido.

20 - Seja uma nave violeta ($\lambda = 4,0 \times 10^{-7}\,m$) afastando-se de um observador. Qual deve ser sua velocidade para que ele a veja azul ($\lambda = 4,5 \times 10^{-7}\,m$)? E verde ($\lambda = 5,5 \times 10^{-7}\,m$)? E amarela ($\lambda = 5,7 \times 10^{-7}\,m$)? E vermelha ($\lambda = 7,0 \times 10^{-7}\,m$)? Dados de acordo com a Tabela 20.1.

21 - Um sistema S' afasta-se de S com $V = 0,2\,c$ (num dispositivo semelhante ao da Figura 23.1) e uma nave vermelha ($\lambda = 7,0 \times 10^{-7}\,m$), distante, aproxima-se de S com $0,30\,c$. Qual a cor da nave para um observador em S? E para um em S'? Veja, por favor, a Tabela 20.1.

22 - Considere, na Figura 23.11, que A e C sejam duas naves verdes ($\lambda = 5,5 \times 10^{-7}\,m$). Qual a cor das naves para B? E Para os tripulantes de uma nave, qual a cor da outra? Veja, por favor, a Tabela 20.1.

23 - Também, na Figura 23.12, que B e C sejam duas naves violetas ($\lambda = 4,0 \times 10^{-7}\,m$). Qual a cor de cada nave para A? Qual a cor de cada nave para os tripulantes da outra? Veja, por favor, a Tabela 20.1.

24* - Mostrar, de acordo com os desenvolvimentos referentes à Figura 23.5, que a posição do satélite James Webb é cerca de 1,5 milhões de quilômetros.

25* - Mostrar que um elétron livre nunca pode emitir um fóton.

26* - Idem para um fóton decaindo num par de partícula e antipartícula (têm exatamente a mesma massa), elétron e pósitron por exemplo.

27 - Um corpo de massa M divide-se espontaneamente em dois de massas m_1 e m_2 (com velocidades $\vec{v}_1$ e $\vec{v}_2$). Mostrar que M é sempre maior que a soma $m_1 + m_2$.

28 - Um sistema de massa M emite um fóton altamente energético com frequência ν. A parte restante do sistema, de massa M', recua com velocidade igual a $c/2$. Obter M' e ν.

29 - Uma partícula de massa m e velocidade $c/2$ colide com outra, também de massa m, em repouso. Após a colisão, saem juntas formando uma só partícula. Qual a sua massa e velocidade?

30 - Uma partícula de massa m e velocidade $c/\sqrt{2}$ colide com outra, também de massa m, deslocando-se com $c/\sqrt{5}$. Após a colisão, formam uma só partícula. Qual a sua massa e velocidade?

31 - A partir da expressão de $v\,(t)$, dada por (23.47), obter a aceleração. Verificar que $a \simeq F/m$ (caso não relativístico) para t muito pequeno, e que tende a zero quando $t \to \infty$.

32 - Mostrar que a expressão de $x\,(t)$, dada por (23.48), tende ao caso não relativístico, $x\,(t) = Ft^2/2m$, para $Ft \ll mc$.

33* - Das expressões das velocidades v_x e v_y, dadas por (23.49), obter $x\,(t)$ e $y(t)$, dados por (23.50).

34* - Eliminado o tempo de $x\,(t)$ e $y\,(t)$, relações (23.50), obter a equação da trajetória (23.51), e que é compatível com a equação da parábola do caso não relativístico.

35 - Sendo q_μ um quadrivetor, mostrar que $q_0'^2 - \vec{q}\,'^2 = q_0^2 - \vec{q}^{\,2}$.

36 - Obter as transformações dadas por (23.61).

37 - Idem para (23.62).

38 - Idem para (23.63).

39 - Idem para (23.64) e (23.65).

Apêndice G

Resolução de alguns exercícios

Exercício 20.1

Para facilitar as conclusões, escrevamos os módulos dos vetores de onda em termos das respectivas velocidades. De maneira geral,

$$k = \frac{2\pi}{\lambda} = \frac{2\pi f}{\lambda f} = \frac{\omega}{v}$$

Como as velocidades nos dois meios são $1/\sqrt{\epsilon_1 \mu_1}$ e $1/\sqrt{\epsilon_2 \mu_2}$, temos que $k_1 = k'_1$. Assim, da primeira relação (20.6), obtemos

$$k_1 \operatorname{sen}\theta_1 = k'_1 \operatorname{sen}\theta'_1 \quad \Rightarrow \quad \operatorname{sen}\theta_1 = \operatorname{sen}\theta'_1 \quad \Rightarrow \quad \theta_1 = \theta'_1$$

que é a segunda lei. Da outra relação (20.6), obtém-se a terceira lei,

$$\begin{aligned} k_1 \operatorname{sen}\theta_1 = k_2 \operatorname{sen}\theta_2 \ &\Rightarrow \ \frac{\omega}{v_1} \operatorname{sen}\theta_1 = \frac{\omega}{v_2} \operatorname{sen}\theta_2 \\ &\Rightarrow \ \frac{c}{v_1} \operatorname{sen}\theta_1 = \frac{c}{v_2} \operatorname{sen}\theta_2 \\ &\Rightarrow \ n_1 \operatorname{sen}\theta_1 = n_2 \operatorname{sen}\theta_2 \end{aligned}$$

Exercício 20.2

Veja, por favor, os dados na Figura G.1. O ângulo θ máximo corresponde ao caso de $90^\circ - \phi$ ser o ângulo crítico. Usando a relação (20.2) nas duas refrações, temos

$$\begin{aligned} &\frac{\operatorname{sen}\theta}{\operatorname{sen}\phi} = n_1 \\ &\frac{\operatorname{sen} 90^\circ}{\operatorname{sen}(90^\circ - \phi)} = \frac{n_1}{n_2} \quad \Rightarrow \quad \frac{1}{\cos\phi} = \frac{n_1}{n_2} \end{aligned}$$

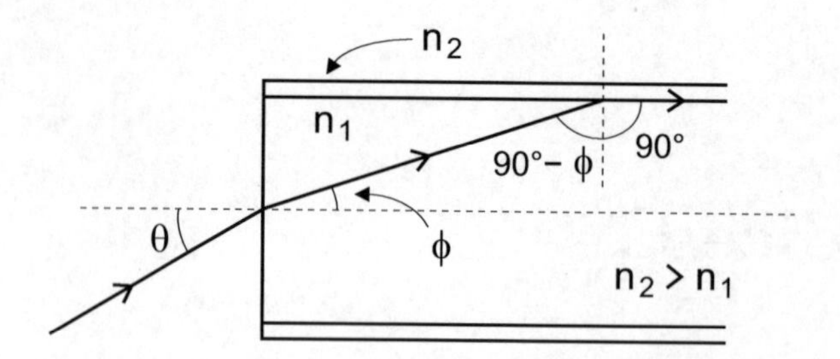

Figura G.1: Exercício 20.2

Combinando-as, obtemos θ,

$$\begin{aligned} \operatorname{sen}\theta &= n_1\sqrt{1-\cos^2\phi} = n_1\sqrt{1-\frac{n_2^2}{n_1^2}} = \sqrt{n_1^2-n_2^2} \\ &= \sqrt{\frac{9}{4}-\frac{16}{9}} = \frac{\sqrt{17}}{6} = 0,687 \quad \Rightarrow \quad \theta = 43^\circ\,24' \end{aligned}$$

A incidência sendo num ângulo menor do que este, o sinal luminoso se propaga ao longo da fibra refletindo nas paredes laterais do condutor cilíndrico, como mostra a Figura G.2. A função da camada com índice de refração n_2 é para que o ângulo critico independa do meio onde a fibra está imersa.

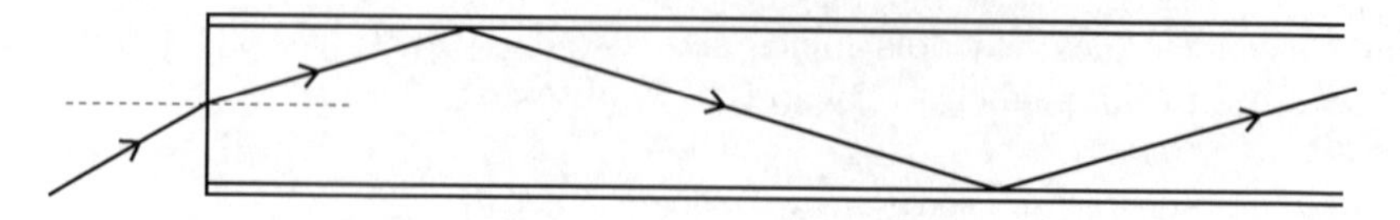

Figura G.2: Exercício 20.2

Exercício 20.6

a) Pelos ângulos marcados na Figura G.3, diretamente temos

$$\delta = \alpha + \gamma \quad \text{e} \quad A = \beta + \theta$$

Somando-as vem,

$$\begin{aligned} &\delta + A = \alpha + \beta + \gamma + \theta \\ \Rightarrow \quad &\delta = \phi_1 + \phi_2 - A \quad \leftarrow \quad \alpha + \beta = \phi_1 \;\; \text{e} \;\; \gamma + \theta = \phi_2 \end{aligned}$$

b) Na relação acima, o desvio δ está expresso em termos de duas variáveis, ϕ_1 e ϕ_2, que não são independentes. Vamos, então, escrever δ em termos de uma só (não necessariamente ϕ_1 ou ϕ_2). A passagem do raio luminoso do ar para o prisma e do prisma para o ar, fornece, de acordo com (20.2),

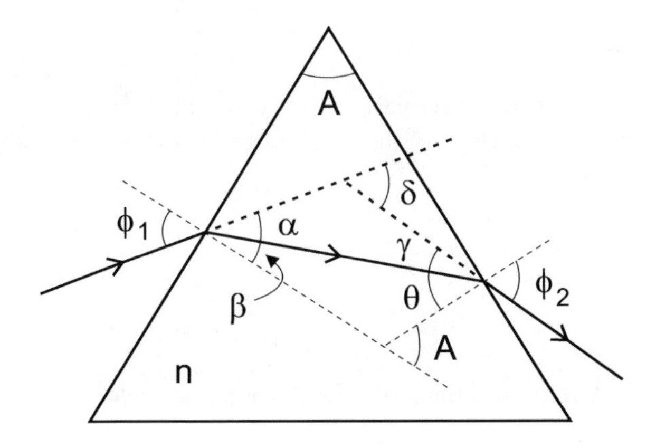

Figura G.3: Exercício 20.6

$$\frac{\operatorname{sen}\phi_1}{\operatorname{sen}\beta} = n \quad \Rightarrow \quad \operatorname{sen}\phi_1 = n\,\operatorname{sen}\beta$$
$$\frac{\operatorname{sen}\phi_2}{\operatorname{sen}\theta} = n \quad \Rightarrow \quad \operatorname{sen}\phi_2 = n\,\operatorname{sen}\big(A-\beta\big)$$

Observamos, então, que $\delta = \delta\,(\beta)$. A condição inicial para o desvio mínimo é

$$\frac{d\delta}{d\beta} = 0 \quad \Rightarrow \quad \frac{d\phi_1}{d\beta} + \frac{d\phi_2}{d\beta} = 0$$

Pelas duas relações anteriores, temos

$$\cos\phi_1\,\frac{d\phi_1}{d\beta} = n\,\cos\beta \quad \Rightarrow \quad \frac{d\phi_1}{d\beta} = \frac{n\,\cos\beta}{\cos\phi_1}$$
$$\cos\phi_2\,\frac{d\phi_2}{d\beta} = -\,n\,\cos\big(A-\beta\big) = -\,n\,\cos\theta \quad \Rightarrow \quad \frac{d\phi_2}{d\beta} = -\,\frac{n\,\cos\theta}{\cos\phi_2}$$

Assim,

$$\frac{d\phi_1}{d\beta} + \frac{d\phi_2}{d\beta} = 0$$
$$\Rightarrow \quad \frac{\cos\beta}{\cos\phi_1} = \frac{\cos\theta}{\cos\phi_2}$$
$$\Rightarrow \quad \frac{\sqrt{1-\dfrac{1}{n^2}\operatorname{sen}^2\phi_1}}{\cos\phi_1} = \frac{\sqrt{1-\dfrac{1}{n^2}\operatorname{sen}^2\phi_2}}{\cos\phi_2}$$
$$\Rightarrow \quad \phi_1 = \phi_2$$
$$\Rightarrow \quad \delta_{\text{mín}} = 2\,\phi_1 - A$$

c) O índice de refração do prisma em função do desvio mínimo é obtido diretamente pela combinação dos resultados acima.

Exercício 20.7

Pelos mesmos argumentos apresentados no caso da reflexão, a obtenção do tempo mínimo já deve partir de que $\overline{AP}$, $\overline{AQ}$ e a normal estejam no mesmo plano (primeira lei). Agora,

$$\begin{aligned} t &= \frac{\overline{AP}}{v_1} + \frac{\overline{AQ}}{v_2} \\ &= \frac{1}{v_1}\sqrt{h_P^2 + x^2} + \frac{1}{v_2}\sqrt{h_Q^2 + (l-x)^2} \end{aligned}$$

E a condição de tempo mínimo, que levará à terceira lei, também é obtida diretamente,

$$\begin{aligned} \frac{dt}{dx} = 0 \quad &\Rightarrow \quad \frac{x}{v_1\sqrt{h_P^2 + x^2}} - \frac{l-x}{v_2\sqrt{h_Q^2 + (l-x)^2}} = 0 \\ &\Rightarrow \quad n_1 \operatorname{sen}\theta_1 = n_2 \operatorname{sen}\theta_2 \end{aligned}$$

Exercício 20.11

A Figura G.4 mostra o ponto P posicionado simetricamente entre os dois espelhos. Notamos que as imagens P' e P'' não servirão de objetos para novas imagens porque estão exatamente sobre os prolongamentos dos espelhos (a figura deve ser feita com cuidado).

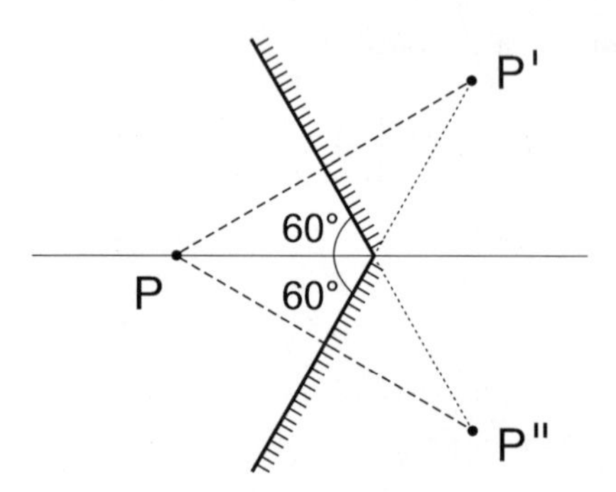

Figura G.4: Exercício 20.11

Coloquemos, agora, o ponto P fora da posição de simetria como mostra, por exemplo, a Figura G.5. Vemos que há três imagens, onde P''' é a imagem de P'' em relação ao espelho superior (P' não possui imagem em relação ao espelho inferior porque está posicionado atrás dele).

No caso geral, para $360\,^\circ/\alpha$ igual a um número ímpar, a relação

$$N = \frac{360\,^\circ}{\alpha} - 1$$

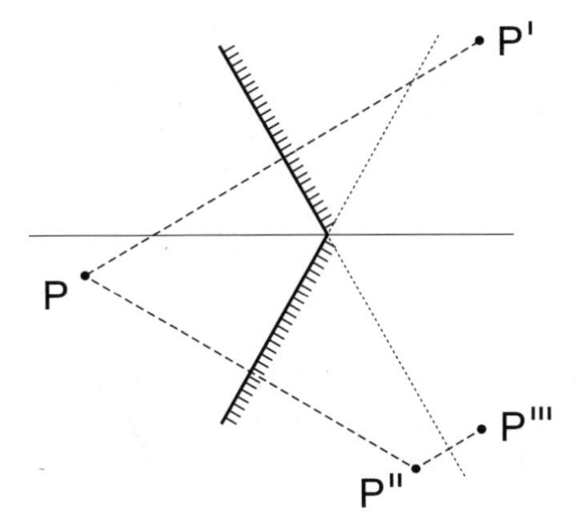

Figura G.5: Exercício 20.11

continua válida, mas apenas se o ponto P não estiver simetricamente posicionado em relação aos espelhos. Se estiver, teremos $N = 360\,^{\circ}/\alpha$.

Exercício 20.12

Voltemos ao conjunto de equações (20.7). Fazendo $R \to \infty$, vemos que a segunda fornece $\tan\theta \to 0$. Assim, podemos tomar $\theta = 0$. Logo, por (20.8), temos $u = -\,u'$ e, consequentemente,

$$\tan u = -\tan u'$$

Usando a primeira e última relações (20.7), em que, devido a $R \to \infty$, podemos desprezar a quantidade δ,

$$\frac{h}{p} = -\,\frac{h}{p'} \quad \Rightarrow \quad \frac{1}{p} + \frac{1}{p'} = 0$$

sem necessidade de nenhuma aproximação para pequenos ângulos.

Exercício 20.17

Fazendo uma análise com os gráficos das Figuras 20.13 e 20.17, a solução torna-se simples (e os resultados previsíveis). Vemos pelo segundo gráfico de 20.13 que o objeto deve estar entre o foco e a origem de um espelho côncavo; e pelo primeiro, que a imagem será virtual. Vemos, também, pelo segundo gráfico da Figura 20.17 que, para espelho convexo, só seria possível se o objeto fosse virtual (o que não é o caso).

Através das relações (20.11) e (20.12), obteremos os valores numéricos (e confirmaremos tudo que foi antecipado pelos gráficos). Usando-as para espelhos côncavo (que sabemos ser o correto), temos

$$\frac{1}{3} = \frac{1}{p} + \frac{1}{p'} \qquad \text{e} \qquad 2 = -\,\frac{p'}{p}$$

que fornecem

$$\begin{aligned} p &= 1,5\,cm \qquad &\text{(entre o foco e a origem)} \\ p' &= -\,3\,cm \qquad &\text{(virtual)} \end{aligned}$$

Naturalmente, nem precisamos da hipótese de usar (20.11) e (20.12) para espelho convexo. Caso as usássemos, obteríamos $p = -\,1,5\,cm$, que corresponde a um objeto virtual (o que já sabíamos).

Exercício 20.20

Pelos gráficos, vemos que, para haver ampliação, o espelho deve ser côncavo. Também, essa posição de $30\,cm$ significa uma distância entre a origem e o foco (depois do foco a imagem fica invertida). Diretamente, temos

$$\frac{1}{30} + \frac{1}{p'} = \frac{2}{R} \qquad \text{e} \qquad 2 = -\,\frac{p'}{30}$$

que fornecem $R = 120\,cm$.

Exercício 20.21

Da equação dos espelhos esféricos, diretamente obtemos

$$\begin{aligned} \frac{1}{p} + \frac{1}{p'} = \frac{2}{R} \quad &\Rightarrow \quad -\,\frac{1}{p^2}\,\frac{dp}{dt} - \frac{1}{p'^2}\,\frac{dp'}{dt} = 0 \\ &\Rightarrow \quad v' = -\,\frac{p'^2}{p^2}\,v \end{aligned}$$

E usando a mesma equação, eliminamos p',

$$v' = -\left(\frac{R}{2p - R}\right)^2 v$$

De maneira geral, este resultado nos diz que imagem real se aproxima quando o objeto se afasta (e vice-versa). Para imagem virtual, ambos se afastam ou se aproximam. Isto será visto detalhadamente na segunda parte do exercício e os gráficos das figuras 20.13 e 20.17 (o primeiro de cada) ajudam na visualização de todo o processo.

Iniciemos com espelho convexo. Como o raio é negativo, o denominador da expressão acima nunca se anula (pois estamos considerando objeto real, $p > 0$). Podemos escrever, substituindo R por $-R$, que a velocidade da imagem fica

$$v' = -\left(\frac{R}{2p+R}\right)^2 V$$

Pela observação do gráfico posição do objeto versus posição da imagem (primeira Figura 20.17), temos que a imagem é sempre virtual. Assim, o objeto movimentando-se com velocidade V a partir da origem, a imagem também se afasta da origem, inicialmente com a mesma velocidade (visto na expressão acima fazendo $p = 0$). A imagem desloca-se só até a metade do raio (foco), e sua velocidade neste ponto é nula ($p \to \infty$). O sinal negativo, embora se afaste como a imagem, é porque seu movimento ocorre na região virtual.

Para o caso de espelho côncavo, também temos que a imagem começa com velocidade V. Observando o primeiro gráfico da Figura 20.13, vemos que, agora, vai aumentando até infinito, quando o objeto chega no foco. Depois, enquanto o objeto vai do foco ao infinito, a imagem, que passa a ser real, aproxima-se do foco (quando $v' = 0$). Seu sinal é negativo porque ela está no setor real e sentido contrário ao de v.

Exercício 20.24

Vamos fazer $R \to \infty$ nas relações iniciais (antes de considerar pequenos ângulos). Assim, da segunda relação (20.14), diretamente temos

$$\tan\theta = 0 \quad \Rightarrow \quad \theta = 0$$

Significando que, agora, a superfície é plana. Levando este resultado em (20.15), temos, também,

$$\phi = u \quad \text{e} \quad \phi' = -u'$$

Ficamos, então, com três equações,

$$\tan u = \frac{h}{p}, \qquad \tan u' = \frac{h}{p'} \qquad \text{e} \qquad \frac{\operatorname{sen} u}{\operatorname{sen} u'} = -\frac{n'}{n}$$

em que desprezamos a variável δ ao fazer $R \to \infty$.

Queremos uma equação envolvendo apenas p, p', n e n'. Precisamos, então, eliminar u, u' e h. Não será possível, pois necessitaríamos de quatro equações (três para eliminar u, u' e h e deixar a última só com p, p', n e n'). Isto indica que a aberração continua mesmo depois de fazer $R \to \infty$. O problema só desaparece, como sabemos, quando tomamos pequenos ângulos. As relações acima, então, ficam

$$u = \frac{h}{p}, \qquad u' = \frac{h}{p'} \qquad \text{e} \qquad \frac{u}{u'} = -\frac{n'}{n}$$

Dividindo as duas primeiras e combinando com a última, obtemos (20.18),

$$\frac{p'}{p} = -\frac{n'}{n} \quad \Rightarrow \quad \frac{n}{p} + \frac{n'}{p'} = 0$$

Exercício 20.25

A Figura G.6 mostra a formação da imagem do ponto P. Temos as relações

$$\tan u = \frac{h}{p}, \qquad \tan u' = \frac{h}{-p'}, \qquad \frac{\operatorname{sen}\phi}{\operatorname{sen}\phi'} = \frac{n'}{n}, \qquad \phi = u \quad \text{e} \quad \phi' = u'$$

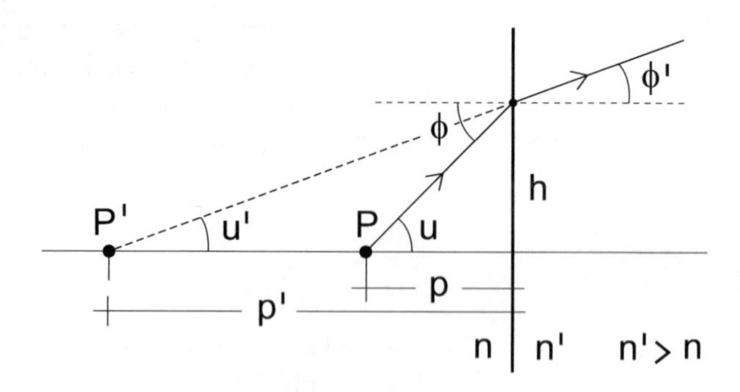

Figura G.6: Exercício 20.25

Na segunda, o sinal negativo é porque P' é uma imagem virtual. Observamos que são semelhantes às do exercício anterior. Fazendo, então, a aproximação para pequenos ângulos, obteremos

$$\frac{n}{p} + \frac{n'}{p'} = 0$$

Exercício 20.26

É feito diretamente, partindo da ampliação,

$$m = \frac{y'}{y}$$

Pelos triângulos retângulos PQV e $P'Q'V$ da Figura 20.20, temos

$$y = p \tan\phi$$
$$y' = -p' \tan\phi'$$

O sinal menos da segunda relação é por consistência com os dados da figura, pois a imagem é invertida (y' negativo) e real (p' positivo) (o ângulo ϕ' é menor que 90°). Substituindo-as na expressão inicial, vem

$$m = -\frac{p' \tan\phi'}{p\, \tan\phi} \simeq -\frac{p'\,\phi'}{p\,\phi} \simeq -\frac{n\,p'}{n'p}$$

Na última passagem foi usada a lei de Snell (para pequenos ângulos).

Exercício 20.28

a) Pelo que vimos no segundo exemplo da Subseção 20.6.2, diretamente temos que a profundidade aparente da piscina para A é dada por

$$d = \frac{4}{4/3} = 3,0\,m$$

b) Para obter a profundidade em relação a B, consideremos os dados da Figura G.7 (exagerei um pouco a posição de B apenas por clareza). Temos as relações

$$\frac{\operatorname{sen}\phi}{\operatorname{sen}\phi'} = \frac{4}{3}$$

$$\tan\phi' = 2 - x\,, \qquad \tan\phi' = \frac{x}{d}\,, \qquad \tan\phi = \frac{x}{4}$$

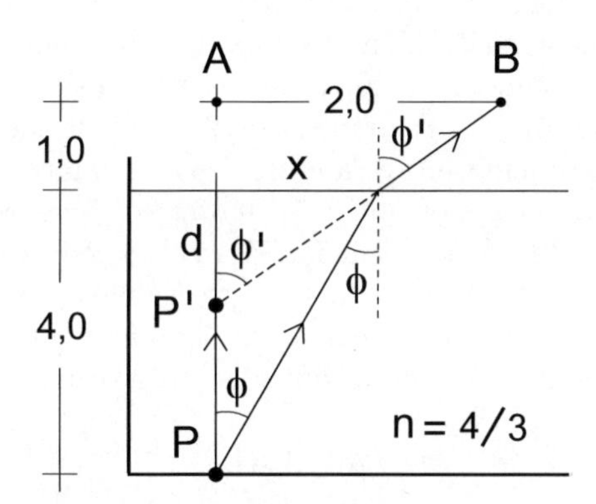

Figura G.7: Exercício 20.28

A primeira é a lei de Snell e as outras três estão relacionadas aos triângulos que aparecem na figura. São quatro equações e quatro incógnitas (ϕ, ϕ', x e d). Para obter d, eliminemos as outras três. Vou começar por x (nada impede que o estudante possa seguir um outro caminho). Da segunda e terceira, temos

$$x = \frac{2d}{d+1}$$

Com a Substituição nas terceira e quarta, vem

$$\tan\phi' = \frac{2}{d+1} \quad \Rightarrow \quad \text{sen}^2\,\phi' = \frac{4}{d^2+2d+5}$$
$$\tan\phi = \frac{d}{2(d+1)} \quad \Rightarrow \quad \text{sen}^2\,\phi = \frac{d^2}{5d^2+8d+4}$$

Substituindo esses resultados na lei de Snell (depois de elevá-la ao quadrado), podemos eliminar ϕ e ϕ'. Obtemos, então, uma equação só com d,

$$4\,d^4 + 8\,d^3 - 25\,d^2 - 72\,d - 36 = 0$$

Uma equação do quarto grau. Quando acontecia algo desse tipo, notava uma certa aversão. Parece indicar dificuldades para se obter a solução, aliás, quatro soluções. À primeira vista, aparenta algo estranho, pois, pela formulação mostrada na figura, só deve existir uma. Realmente, só há uma. As demais surgiram quando elevamos a primeira relação (lei de Snell) ao quadrado. Pelos dados, tanto $\text{sen}\,\phi$ como $\text{sen}\,\phi'$ são quantidades positivas. Ao elevá-la ao quadrado, o resultado contém outras possibilidades que não estavam na relação inicial. Por isso é que chegamos a uma equação do quarto grau.

O fato importante é que não queremos, nem precisamos, resolvê-la por completo. Nosso objetivo é apenas saber a solução do problema inicial, e que temos ideia onde está. É algo menor que os $3,0\,m$ encontrados no item anterior. Por consistência, e para testar se não houve algum erro no nosso desenvolvimento, substituamos $d=3$ na equação acima. Obteremos 63, maior que zero, como já era esperado pois as potências maiores são termos positivos. Sabemos, então, que a solução é menor que 3. Tentemos $d=2$. O resultado é negativo, -130. Então, a solução que procuramos está entre 2 e 3. Tomando $d=2,5$, obtermos -91. Vemos que deve ser maior que $2,5$. Tentemos $d=2,8$, o resultado passa a aproximadamente -12. Ainda é maior. Para $d=2,9$, encontraremos $\simeq 23$. A solução está, então, entre $2,8$ e $2,9$. Não precisamos procurar mais. Como o problema foi formulado com dois algarismos significativos, e como o resultado ficou mais próximo de $2,8$, este é o resultado que procuramos,

$$d = 2,8$$

c) Não. Consideremos, em lugar dos $2,0\,m$ de separação, uma distância muito grande (infinita). Assim, pela segunda relação, temos

$$\tan\phi' \to \infty \quad \Rightarrow \quad \phi' \to 90^{\circ}$$

que corresponde ao caso limite de refração. Pela terceira relação, obtemos que para B muito (infinitamente) afastado $d=0$. Podemos, inclusive, obter o ponto onde o raio luminoso atinge a superfície da piscina. Da lei de Snell, temos que $\text{sen}\,\phi = 3/4$. Consequentemente, pela quarta relação,

$$x = 4\tan\phi = 4\sqrt{\sec^2\phi - 1} \simeq 4,5\,m$$

Exercício 20.30

Usando (20.18) (formação de imagem por refração em superfície plana), diretamente temos para a refração com respeito à primeira superfície,

$$\frac{1}{2} + \frac{1,5}{p'} = 0 \quad \Rightarrow \quad p' = -3,0\,cm$$

A imagem está a $3,0\,cm$ antes da primeira face e, consequentemente, a $8,0\,cm$ da segunda. Usando novamente a mesma relação (20.8), vem

$$\frac{1,5}{8} + \frac{1}{p''} = 0 \quad \Rightarrow \quad p'' = \frac{16}{3} \simeq 5,3\,cm$$

Exercício 20.33

A Figura G.8 mostra a primeira situação. Usando a relação (20.17), obtemos a posição da imagem para a refração na primeira superfície,

$$\frac{1}{4} + \frac{3/2}{p'} = \frac{3/2 - 1}{5} \qquad \Rightarrow \quad p' = -10\,cm$$

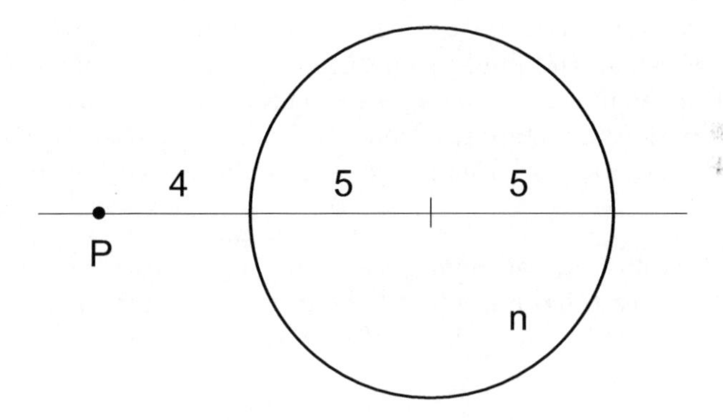

Figura G.8: Exercício 20.33

que está localizada a $10\,cm$ antes da esfera. Ela servirá de objeto para a segunda superfície (côncava). Seguindo o mesmo procedimento anterior, vem

$$\frac{3/2}{10+10} + \frac{1}{p''} = \frac{1 - 3/2}{-5} \qquad \Rightarrow \quad p'' = 40\,cm$$

localizada a $40\,cm$ depois da esfera.

Passemos para o segundo caso, o objeto situado $40\,cm$ antes da esfera. Para a primeira imagem, temos

$$\frac{1}{40} + \frac{3/2}{p'} = \frac{3/2 - 1}{5} \qquad \Rightarrow \quad p' = 20\,cm$$

Como vemos, a imagem é formada 10 cm depois da esfera. Será, portanto, objeto virtual para a segunda superfície.

$$\frac{3/2}{-10} + \frac{1}{p''} = \frac{1-3/2}{-5} \quad \Rightarrow \quad p'' = 4,0\,cm$$

Está a $4,0\,cm$ depois da esfera.

Exercício 20.35

Os passos são semelhantes. Sendo, agora, $d = p'$, temos

$$\frac{1}{d} + \frac{1}{p} = \frac{1}{f} \quad \Rightarrow \quad p = \frac{df}{d-f}$$

Como o objeto é real, $d > f$ (a imagem deve estar depois da distância focal). E a ampliação fica,

$$m = -\frac{d}{p} = -\frac{d-f}{f}$$

É a imagem que está perto da lente e $p \gg d$. Assim, d é próximo de f e a ampliação é pequena. Há, também, inversão da imagem. Quanto às câmeras, não há problema algum. No caso da retina, o nervo ótico manda a imagem para o cérebro e a posição correta é feita automaticamente. Aliás, o cérebro produz o sincronismo das imagens formadas pelos dois olhos (é realmente tudo muito sofisticado).

Os exercícios 36 e 37 são numéricos e ajudam a mostrar os dois tipos de ampliação para o caso de um objeto fixo em relação a um anteparo. A lente pode ter duas posições entre ambos (mais próxima do objeto ou do anteparo).

Exercício 20.38

Para a primeira lente, temos

$$\frac{1}{p_1} + \frac{1}{p_1'} = \frac{1}{5}$$

Consideremos que a expressão geral da segunda seja (o desenvolvimento mostrará se é divergente ou convergente)

$$\frac{1}{p_2} + \frac{1}{p_2'} = \frac{1}{f_2}$$

em que p_2' servirá de objeto virtual para a primeira.

Expliquemos porque tem de ser virtual. Sabemos que a imagem final deve ser real (deslocamento da posição do foco). Observando os gráficos das Figuras 20.26 e 20.27, e como sua posição começa a ser contada da origem (pois as lentes estão próximas), o objeto só pode ser virtual.

Continuemos, então. Da relação acima, obtemos que

$$p_2' = \frac{p_2 f_2}{p_2 - f_2}$$

Como servirá de objeto virtual para a primeira lente, devemos substituí-lo no lugar de p_1 com o sinal trocado. O resultado fica

$$\frac{f_2 - p_2}{p_2 f_2} + \frac{1}{p_1'} = \frac{1}{5}$$

Queremos que $p_1' = 6$ quando $p_2 \to \infty$. Obtém-se, então,

$$f_2 = -30\,cm$$

O sinal negativo confirma que é realmente uma lente divergente.

Exercício 20.42

Seguindo os mesmos passos do cálculo da ampliação do microscópio, a do telescópio seria

$$M = m_1 m_2 = -\frac{p_1'}{p_1}\left(-\frac{p_2'}{p_2}\right) = \frac{p_1'}{p_1}\frac{p_2'}{p_2}$$

Como o objeto e a imagem final estão muito distantes, podemos escrever,

$$M \simeq \frac{f_1}{f_2} \lim_{\substack{p_2' \to \infty \\ p_1 \to \infty}} \frac{p_2'}{p_1}$$

que leva a uma indeterminação. Vamos resolvê-la. As variáveis são p_2' e p_1. Precisamos de uma função entre elas. No caso, é melhor passar para p_1' e p_2, pois há a relação,

$$D = p_1' + p_2$$

Temos, então,

$$\frac{1}{p_1} + \frac{1}{p_1'} = \frac{1}{f_1} \quad \Rightarrow \quad p_1 = \frac{p_1' f_1}{p_1' - f_1}$$

$$\frac{1}{p_2} + \frac{1}{p_2'} = \frac{1}{f_2} \quad \Rightarrow \quad p_2' = \frac{p_2 f_2}{p_2 - f_2}$$

Assim,

$$
\begin{aligned}
\frac{p_2'}{p_1} &= \frac{p_2 f_2}{p_2 - f_2} \, \frac{p_1' - f_1}{p_1' f_1} \\
&= \frac{p_2 f_2}{p_2 - f_2} \, \frac{D - p_2 - f_1}{(D - p_2) f_1}
\end{aligned}
$$

Queremos, agora, o limite quando $p_2 \to f_2$ (o que implica $D \to f_1 + f_2$). Vemos que a indeterminação passa a $0/0$. Fazendo $p - f_2 = x$, e substituindo na expressão inicial de M, vem

$$
\begin{aligned}
M &\simeq \frac{f_1}{f_2} \lim_{x\to 0} \frac{(f_2 + x) f_2}{x} \, \frac{D - x - f_1 - f_2}{(D - f_2 - x) f_1} \\
&\simeq \frac{f_1}{f_2} \lim_{x\to 0} \frac{(f_2 + x) f_2}{x} \, \frac{-x}{(f_1 - x) f_1} \qquad \leftarrow \qquad D \to f_1 + f_2 \\
&\simeq -\frac{f_1}{f_2} \frac{f_2^2}{f_1^2} \\
&\simeq -\frac{f_2}{f_1}
\end{aligned}
$$

A Matemática está nos dizendo que a imagem é muito menor que o objeto (pois $f_2 \ll f_1$) e invertida. Como foi mencionado no texto, o microscópio (e a lupa em particular) funciona de maneira diferente. No microscópio, a objetiva dá um aumento no objeto (este é muito pequeno); e no telescópio, traz o objeto (muito distante) para perto de nós. É a ocular que fará o aumento desta imagem [relação (20.30)]. Aliás, nos grandes telescópios, nem existe a cena do observador atrás da ocular (o *Hubble* por exemplo). O sinal é levado para o interior de laboratório onde a ampliação é feita. Só completando, a visualização de astros distantes nem sempre ocorre por sinais luminosos. Devido à expansão do Universo, sinais muito distantes chegam até nós por ondas de rádio. Às vezes, em lugar de lentes, são construídos espelhos parabólicos (mais fácil do que grandes lentes). O sinal converge para o foco do espelho e é levado para o interior do laboratório onde também é amplificado.

Só mais um detalhe. A relação acima nos diz quanto a imagem é menor que o objeto distante. Consequentemente, (20.30) diz quanto o objeto é maior que a imagem.

Exercício 20.45

As equações de Maxwell correspondentes à Eletrostática e à Magnetostática numa região de permissividades elétrica e magnética ϵ e μ, respectivamente, não havendo cargas nem correntes, são

$$\epsilon \oint_S \vec{E} \cdot d\vec{S} = 0$$
$$\oint_S \vec{B} \cdot d\vec{S} = 0$$
$$\oint_C \vec{E} \cdot d\vec{r} = 0$$
$$\frac{1}{\mu} \oint_S \vec{B} \cdot d\vec{r} = 0$$

em que mantive as constantes ϵ e μ porque as usaremos em meios diferentes.

Sejam dois campos eletromagnéticos quaisquer (não precisam estar relacionados às ondas) nos meios 1 e 2, mostrados de forma ilustrativa na Figura G.9. Vamos calcular as integrais acima usando a superfície cilíndrica (cujas bases de pequena área A estão bem próximas e paralelas à superfície de separação) e a linha fechada retangular (com pequenos lados horizontais l também próximos à superfície). Para a primeira, temos

$$\epsilon_1 E_{1n} A - \epsilon_2 E_{2n} A \quad \Rightarrow \quad \epsilon_1 E_{1n} = \epsilon_2 E_{2n}$$

em que E_{1n} e E_{2n} são as componentes do campo elétrico normais às bases nos dois meios. A integração na parte lateral é desprezível.

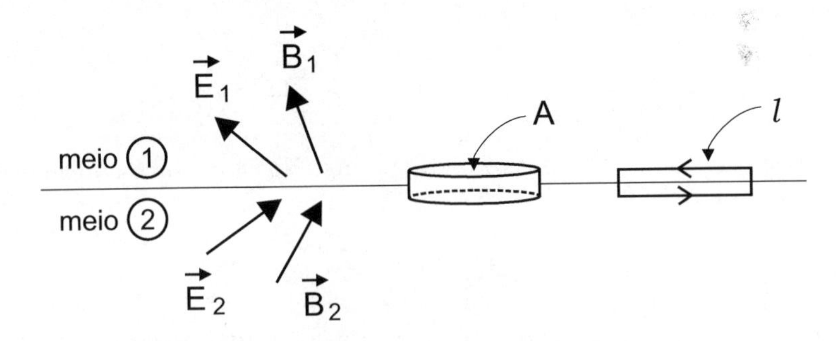

Figura G.9: Exercício 20.45

De maneira semelhante, fazemos a integração do fluxo para o campo magnético, bem como as integrais de linha usando o segundo percurso. As outras relações (20.37) são diretamente obtidas.

Exercício 20.46

Tomemos a primeira relação (20.38) e substituamos $B_{10} = E_{10}/v_1$, $B'_{10} = E'_{10}/v_1$ e $B_{20} = E_{20}/v_2$, em que v_1 e v_2 são as velocidades da luz nos meios 1 e 2, respectivamente. Assim,

$$
\begin{aligned}
& B_{10} \operatorname{sen} \theta_1 + B'_{10} \operatorname{sen} \theta_1 = B_{20} \operatorname{sen} \theta_2 \\
\Rightarrow \quad & \frac{1}{v_1} \left(E_{10} + E'_{10} \right) \operatorname{sen} \theta_1 = \frac{1}{v_2} E_{20} \operatorname{sen} \theta_2 \\
\Rightarrow \quad & E_{10} + E'_{10} = \frac{v_1}{v_2} \frac{\operatorname{sen} \theta_2}{\operatorname{sen} \theta_1} E_{20} = E_{20}
\end{aligned}
$$

pois $v_1/v_2 = n_2/n_1$ (pela definição de índice de refração) e $\operatorname{sen}\theta_2/\operatorname{sen}\theta_1 = n_1/n_2$ (pela lei de Snell).

Exercício 20.51

É uma média ponderada. Devemos somar todas as quantidades $\operatorname{sen}^2 \theta$, multiplicadas pelo peso $d\theta$, e dividir pelo peso total 2π. Chamando este valor médio de $\langle \operatorname{sen}^2 \theta \rangle$, temos

$$
\begin{aligned}
\langle \operatorname{sen}^2 \theta \rangle &= \frac{1}{2\pi} \int_0^{2\pi} \operatorname{sen}^2 \theta \, d\theta \\
&= \frac{1}{4\pi} \int_0^{2\pi} \big(1 - \cos 2\theta\big) \, d\theta \\
&= \frac{1}{2}
\end{aligned}
$$

Diretamente vemos que $\langle \operatorname{sen}^2 \theta \rangle = \langle \cos^2 \theta \rangle$.

Exercício 20.53

a) A intensidade é a média do vetor de Poynting. No caso, como o meio onde a luz se propaga é o ar, temos

$$
I_o = \frac{E_o B_o}{2\,\mu_o\, c} = \frac{E_o^2}{2\,\mu_o\, c}
$$

Colocando o polarizador, só a componente $E_o \cos\theta$ irá passar. Podemos considerar o caso de I_o como circularmente polarizada (a extremidade do vetor $\vec{E}_o$ descreve um círculo de raio E_o em torno da direção de propagação). Temos, então, de somar todas as componentes. É um somatório contínuo (uma integral) cujo índice é $d\theta/2\pi$. Assim, a intensidade I da luz polarizada fica

$$
\begin{aligned}
I &= \frac{E_o^2}{2\,\mu_o\, c} \frac{1}{2\pi} \int_0^{2\pi} \cos^2 \theta \, d\theta \\
&= \frac{E_o^2}{2\,\mu_o\, c} \frac{1}{4\pi} \int_0^{2\pi} \big(1 + \cos 2\theta\big) \, d\theta \\
&= \frac{E_o^2}{2\,\mu_o\, c} \frac{1}{2} = \frac{1}{2} I_o
\end{aligned}
$$

b) Agora, o E_o acima corresponde ao módulo de um vetor que oscila numa direção bem definida. O efeito do próximo polarizador é permitir que só a componente $E_o \cos 30^\circ$ passe; e a do outro, $E_o \cos 30^\circ \cos 60^\circ$. Assim, depois de passar pelos dois outros polarizadores, a intensidade, que vou chamar de $\widetilde{I}$, é dada por

$$\begin{aligned}\widetilde{I} &= I \cos 30^\circ \cos 60^\circ \\ &= \frac{1}{2} I_o \left(\frac{\sqrt{3}}{2}\right)^2 \left(\frac{1}{2}\right)^2 = \frac{3}{32} I_o\end{aligned}$$

Exercício 20.56

Pelo que já fizemos nos exercícios acima, diretamente temos

$$\frac{1}{2} I_o \left(\cos^2 \frac{\pi}{2n}\right)^n = \frac{95}{100} \frac{1}{2} I_o \quad \Rightarrow \quad \left(\cos^2 \frac{\pi}{2n}\right)^n = \frac{95}{100}$$

Não é uma equação de solução simples. A variável n está no expoente e dentro da função cosseno (que está ao quadrado). Poderíamos ir tentando alguns valores para n e procurar pelo resultado que mais se ajustasse com o lado direito. Vamos seguir um caminho mais interessante. Como a redução da intensidade é muito pequena, o número de lentes deve ser relativamente grande. Vamos supor que seja. E se não for? A Matemática, depois, nos dirá. Supondo que n seja grande, $\pi/2n$ é um ângulo pequeno. Assim,

$$\left(\cos^2 \frac{\pi}{2n}\right)^n = \left(1 - \text{sen}^2 \frac{\pi}{2n}\right)^n \simeq \left(1 - \frac{\pi^2}{4n^2}\right)^n \simeq 1 - \frac{\pi^2}{4n}$$

Na penúltima passagem, usei $\text{sen}\,\theta \simeq \theta$; e na última, a expansão binomial. Comparando com igualdade anterior, diretamente obtemos n,

$$1 - \frac{\pi^2}{4n} = \frac{95}{100} \quad \Rightarrow \quad n = 5\pi^2 = 49$$

Será que este resultado é realmente a solução da equação inicial? É só substituir para ver.

$$\left(\cos^2 \frac{\pi}{98}\right)^{49} = 0,9509$$

em que usei uma calculadora (deixei a aproximação com quatro casas decimais). Como vemos, a aproximação que fizemos está boa. Vejamos o que a Matemática nos diz para dois valores próximos, $n = 48$ e $n = 50$,

$$\begin{aligned}\left(\cos^2 \frac{\pi}{96}\right)^{48} &= 0,9500 \\ \left(\cos^2 \frac{\pi}{100}\right)^{50} &= 0,9518\end{aligned}$$

Como podemos observar, $n = 48$ corresponde a uma aproximação melhor do que a do desenvolvimento inicial e, também, para a de $n = 50$. Assim, $n = 48$ é a solução que procuramos.

Exercício 21.1

Sobre o eixo x, para pontos depois de F_1, temos, simplesmente,

$$\begin{aligned} & x = n\lambda \qquad n = 1,\, 2,\, 3,\, \ldots \\ \Rightarrow \quad & x = 1{,}0\,m,\;\; 2{,}0\,m,\;\; 3{,}0\,m \;\; \text{etc.} \end{aligned}$$

No caso do eixo y, veja por favor a Figura G.10. Para que o ponto P corresponda a uma interferência construtiva (y positivo), deveremos ter

$$\begin{aligned} & \overline{F_2P} - \overline{F_1P} = n\lambda \qquad n = 1,\, 2,\, 3,\, \ldots \\ \Rightarrow \quad & \sqrt{16 + y^2} - y = n \\ \Rightarrow \quad & 16 + y^2 = (n + y)^2 \\ \Rightarrow \quad & y = \frac{16 - n^2}{2n} \end{aligned}$$

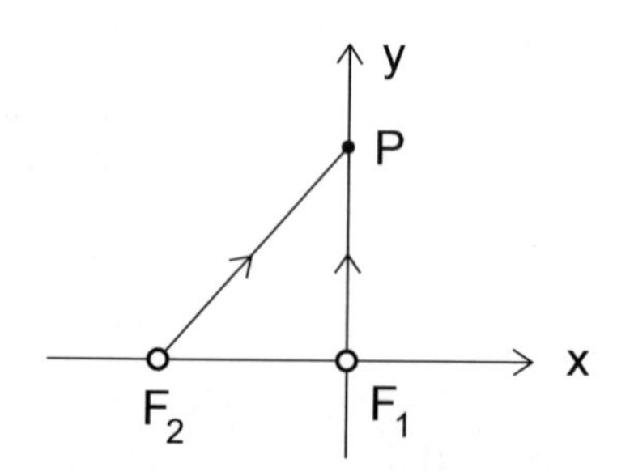

Figura G.10: Exercício 21.1

Assim,

$$\begin{aligned} n = 1 \quad &\Rightarrow \quad y = 7{,}5\,m \\ n = 2 \quad &\Rightarrow \quad y = 3{,}0\,m \\ n = 3 \quad &\Rightarrow \quad y = 1{,}2\,m \end{aligned}$$

Para $n = 4$, $y = 0$ (vai coincidir com a fonte F_1). Não existem mais valores de y positivo com interferência construtiva. Notamos que o problema apresenta simetria em relação ao eixo x. Assim, tambem haverá interferência construtiva para $y = -1{,}2\,m$, $y = -3{,}0\,m$ e $y = -7{,}5\,m$.

Exercício 21.5

a) Pelos dados que estão na Figura G.11, temos

$$\overline{F_2P} - \overline{F_1P} = \left(n + \frac{1}{2}\right)\lambda \qquad n = 0,\, 1,\, 2,\, \ldots$$

$$\Rightarrow \quad \sqrt{(y+a)^2 + 4a^2} - \sqrt{(y-a)^2 + 4a^2} = \left(n + \frac{1}{2}\right)\lambda$$

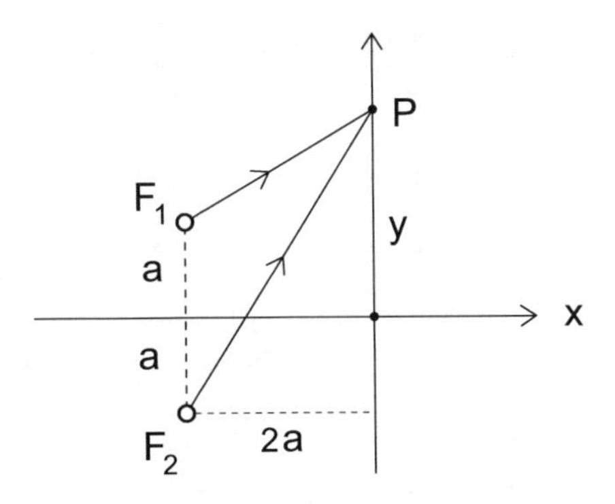

Figura G.11: Exercício 21.5

Podemos notar que é igual ao resultado do exercício anterior substituindo $D = d = 2a$ e adaptando o lado direito para o caso de ondas defasadas de meio período. Naquela oportunidade, a expressão obtida era adequada, pois queríamos saber λ para certo y. Agora, queremos saber os valores de y conhecendo-se o lado direito da expressão.

Explicitemos, então, logo de início, o y da expressão acima. Elevemos ao quadrado os dois lados. Depois, isolemos o termo com o radical e elevemos novamente ao quadrado. É só questão de algum trabalho algébrico chegar a

$$y = \frac{\left(n + \frac{1}{2}\right)\lambda\sqrt{20\,a^2 - \lambda^2}}{2\sqrt{4\,a^2 - \left(n + \frac{1}{2}\right)^2 \lambda^2}}$$

b) Para $a = \lambda = 1,0\,m$ obtemos,

$$n = 0 \quad \Rightarrow \quad y = 0,56\,m$$
$$n = 1 \quad \Rightarrow \quad y = 2,5\,m$$

E não há mais valores de y se $n \geq 2$.

c) Para o caso de $a = 1,0\,m$ e $\lambda = 2,0\,m$, só há um valor, correspondente a $n = 0$, que é $y = 1,2\,m$.

Exercício 21.6

Sejam duas franjas claras consecutivas. Pela primeira relação (21.3), temos

$$\begin{aligned} d\,\mathrm{sen}\,\theta_1 &= n\,\lambda \\ d\,\mathrm{sen}\,\theta_2 &= (n+1)\,\lambda \end{aligned}$$

Subtraindo-as, vem

$$d\left(\mathrm{sen}\,\theta_2 - \mathrm{sen}\,\theta_1\right) = \lambda$$

Caso tivéssemos usado duas franjas escuras, chegaríamos ao mesmo resultado.

Pela Figura 21.3, chamando de x a posição do ponto P, temos, também,

$$\tan\theta = \frac{x}{D} \qquad \Rightarrow \qquad \Delta x = D\left(\tan\theta_2 - \tan\theta_1\right)$$

Como os ângulos são muito pequenos, $\tan\theta \simeq \mathrm{sen}\,\theta$. Assim, combinando os dois resultados, diretamente obtemos

$$d\,\frac{\Delta x}{D} \simeq \lambda \qquad \Rightarrow \qquad \Delta x \simeq \frac{D\lambda}{d}$$

Exercício 21.9

Chamando de y a posição vertical do ponto P, temos que a diferença de percurso entre os dois raios é

$$\overline{F_2P} - \overline{F_1P} = \sqrt{\left(y + \frac{d}{2}\right)^2 + D^2} - \sqrt{\left(y - \frac{d}{2}\right)^2 + D^2}$$

Substituamos $y = D\tan\theta$ e desenvolvamos os termos acima para obter a correção em d/D,

$$\begin{aligned} \overline{F_2P} - \overline{F_1P} &= \sqrt{D^2\sec^2\theta + dD\tan\theta + \frac{d^2}{4}} - \sqrt{D^2\sec^2\theta - dD\tan\theta + \frac{d^2}{4}} \\ &= D\sec\theta\left[\left(1 + \frac{d\tan\theta}{D\sec^2\theta} + \frac{d^2}{4D^2\sec^2\theta}\right)^{1/2}\right. \\ &\qquad \left. - \left(1 - \frac{d\tan\theta}{D\sec^2\theta} + \frac{d^2}{4D^2\sec^2\theta}\right)^{1/2}\right] \end{aligned}$$

Agora, é só usar a expansão binomial. Os termos em d/D vão se cancelar. A correção ocorrerá para d^2/D^2, que virá do terceiro termo da expansão. Vou fazer o desenvolvimento separadamente.

$$\left(1+\frac{d\tan\theta}{D\sec^2\theta}+\frac{d^2}{4D^2\sec^2\theta}\right)^{1/2}$$
$$=1+\frac{1}{2}\left(\frac{d\tan\theta}{D\sec^2\theta}+\frac{d^2}{4D^2\sec^2\theta}\right)-\frac{1}{8}\left(\frac{d\tan\theta}{D\sec^2\theta}+\frac{d^2}{4D^2\sec^2\theta}\right)^2$$
$$=1+\frac{d\tan\theta}{2D\sec^2\theta}+\frac{d^2}{8D^2\sec^2\theta}-\frac{d^2\tan^2\theta}{8D^2\sec^2\theta}-\frac{d^3\tan\theta}{16D^3\sec^4\theta}+\cdots$$

Analogamente,

$$\left(1-\frac{d\tan\theta}{D\sec^2\theta}+\frac{d^2}{4D^2\sec^2\theta}\right)^{1/2}$$
$$=1-\frac{d\tan\theta}{2D\sec^2\theta}+\frac{d^2}{8D^2\sec^2\theta}-\frac{d^2\tan^2\theta}{8D^2\sec^2\theta}+\frac{d^3\tan\theta}{16D^3\sec^4\theta}+\cdots$$

Assim,

$$\begin{aligned}\overline{F_2P}-\overline{F_1P} &= D\sec\theta\left(\frac{d\tan\theta}{D\sec^2\theta}-\frac{d^3\tan\theta}{8D^3\sec^4\theta}\right)\\ &= d\,\mathrm{sen}\,\theta\left(1-\frac{d^2}{8D^2}\cos^2\theta\right)\end{aligned}$$

Como vemos, a correção depende de como D^2 é maior que d^2. Por exemplo, para o exercício 7, em que $d=1,0\,mm$ e $D=70\,cm$, a correção para franjas próximas ao centro do anteparo, é $2,6\times10^{-7}$. Realmente, é muito pequena.

Exercício 21.12

a) Veja, por favor, a Figura G.12, cujas dimensões estão ampliadas apenas por clareza. Como há mudança de fase nas duas reflexões, os raios que saem da lente estão em fase. Assim, a interferências construtiva deve-se à diferença de percurso $2\,d$ (região entre a lente e a superfície). Será construtiva se

$$2\,d=\left(m+\frac{1}{2}\right)\lambda \qquad m=0,\,1,\,2,\,\ldots$$

Pelos dados mostrados na figura, obtemos d,

$$\begin{aligned}d &= R-\sqrt{R^2-r^2}\\ &= R\left[1-\left(1-\frac{r^2}{R^2}\right)^{1/2}\right]\\ &\simeq R\left[1-\left(1-\frac{r^2}{2R^2}\right)\right]=\frac{r^2}{2R}\end{aligned}$$

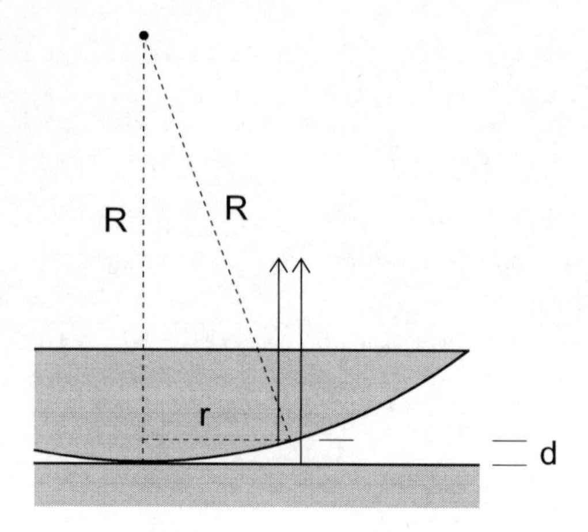

Figura G.12: Exercício 21.12

Na penúltima passagem foi usada a expansão binomial (considerando $r \ll R$). Substituindo na relação anterior, diretamente obtemos que

$$r = \sqrt{\left(m + \frac{1}{2}\right)\lambda R}$$

Uma observação antes de passar para o ítem seguinte. Notamos que há, também, uma diferença de percurso entre as superfícies superior e inferior da lente. Entretanto, esta região, próxima ao ponto de contato com a superfície horizontal, é muito grande (muito maior que λ) e as interferências correspondentes ficam imperceptíveis. Aliás, podemos notar que as distâncias entre um anel e outro de interferência vai diminuindo com o valor de r. Por exemplo, a distância entre os dois primeiros anéis, correspondentes a $m = 0$ e $m = 1$, é

$$\Delta r = \left(\sqrt{1,5} - \sqrt{0,5}\right)\sqrt{\lambda R} = 0,52\sqrt{\lambda R}$$

Para visualizar como Δr decai com r, tomemos Δr para m e $m+1$. Usemos, também, a expansão binomial (considerando $m \gg 1$),

$$\begin{aligned} \Delta r &= \left(\sqrt{m + \frac{1}{2}} - \sqrt{m - \frac{1}{2}}\right)\sqrt{\lambda R} \\ &= \sqrt{m}\left[\left(1 + \frac{1}{2m}\right)^{1/2} - \left(1 - \frac{1}{2m}\right)^{1/2}\right]\sqrt{\lambda R} \\ &\simeq \frac{1}{2\sqrt{m}}\sqrt{\lambda R} \end{aligned}$$

Por exemplo, para $m = 100$, teríamos

$$\Delta r \simeq \frac{1}{20}\sqrt{\lambda R} = 0,05\sqrt{\lambda R}$$

que é cerca de $1/10$ do resultado anterior.

b) Usando esses valores na expressão inicial obtida para r, temos

$$
\begin{aligned}
& 10^{-2} = \sqrt{\left(m + \frac{1}{2}\right) \times 5,9 \times 10^{-7} \times 5} \\
\Rightarrow \quad & 10^{-4} = \left(m + \frac{1}{2}\right) \times 5,9 \times 10^{-7} \times 5 \\
\Rightarrow \quad & m = 33,3 \\
\Rightarrow \quad & m = 34 \text{ anéis} \quad \text{(pois começou de } m = 0)
\end{aligned}
$$

c) Com desenvolvimento semelhante, usando o comprimento de onda λ/n, em que $n = 1,3$, diretamente obteremos que são formados 45 anéis.

Exercício 21.13

Escrevamos a primeira passagem de (21.16),

$$
E \simeq E_{10} \operatorname{Im} e^{i\omega t} \frac{1 - e^{iN\phi}}{1 - e^{i\phi}}
$$

Vou escolher o seguinte caminho para obtenção da quantidade imaginária,

$$
\begin{aligned}
\operatorname{Im} e^{i\omega t} \frac{1 - e^{iN\phi}}{1 - e^{i\phi}} &= \operatorname{Im} e^{i\omega t} \frac{e^{iN\phi/2}}{e^{i\phi/2}} \frac{e^{-iN\phi/2} - e^{iN\phi/2}}{e^{-i\phi/2} - e^{i\phi/2}}. \\
&= \operatorname{Im} e^{i\omega t} \frac{e^{iN\phi/2}}{e^{i\phi/2}} \frac{-2\, i \operatorname{sen}(N\phi/2)}{-2\, i \operatorname{sen}(\phi/2)} \\
&= \frac{\operatorname{sen}(N\phi/2)}{\operatorname{sen}(\phi/2)} \operatorname{sen}\left(\omega t + (N-1)\frac{\phi}{2}\right)
\end{aligned}
$$

Exercício 21.18

Vou seguir dois caminhos. No primeiro, escrevamos a penúltima relação de forma simplificada como,

$$
E = A\left[\operatorname{sen}\alpha + \operatorname{sen}(\alpha + \beta)\right]
$$

em que

$$
\begin{aligned}
A &= E_0 \frac{\operatorname{sen}\left(\frac{\pi}{\lambda} b \operatorname{sen}\theta\right)}{\frac{\pi}{\lambda} b \operatorname{sen}\theta} \\
\alpha &= \omega t + \frac{\pi}{\lambda} b \operatorname{sen}\theta \\
\beta &= \frac{2\pi}{\lambda} d \operatorname{sen}\theta
\end{aligned}
$$

Vamos desenvolvê-la da seguinte forma,

$$\begin{aligned} E &= A\,\mathrm{Im}\left[e^{i\alpha} + e^{i(\alpha+\beta)}\right] \\ &= A\,\mathrm{Im}\left[e^{i\alpha}\left(1 + e^{i\beta}\right)\right] \\ &= A\,\mathrm{Im}\left[e^{i\alpha}\, e^{i\beta/2}\left(e^{-i\beta/2} + e^{i\beta/2}\right)\right] \\ &= 2A\cos(\beta/2)\,\mathrm{Im}\, e^{i(\alpha+\beta/2)} \\ &= 2A\cos(\beta/2)\,\mathrm{sen}\,(\alpha + \beta/2) \end{aligned}$$

Voltando às variáveis iniciais, a relação (21.24) é obtida.

Como segundo caminho, voltemos à forma simplificada acima e façamos agora o seguinte desenvolvimento,

$$\begin{aligned} E &= A\left[\mathrm{sen}\,\alpha + \mathrm{sen}\,(\alpha+\beta)\right] \\ &= A\left(\mathrm{sen}\,\alpha + \mathrm{sen}\,\alpha\cos\beta + \mathrm{sen}\,\beta\cos\alpha\right) \\ &= A\left(1+\cos\beta\right)\mathrm{sen}\,\alpha + A\,\mathrm{sen}\,\beta\cos\alpha \end{aligned}$$

A relação anterior ficou do tipo,

$$E = B\,\mathrm{sen}\,\alpha + C\cos\alpha$$

em que

$$\begin{aligned} B &= A\left(1+\cos\beta\right) \\ C &= A\,\mathrm{sen}\,\beta \end{aligned}$$

Fazendo $B = D\cos\gamma$ e $C = D\,\mathrm{sen}\,\beta$, temos

$$E = D\,\mathrm{sen}\,(\alpha+\gamma)$$

Agora, é só voltar às variáveis iniciais,

$$\begin{aligned} D^2 &= B^2 + C^2 \\ &= A^2\left(1+\cos\beta\right)^2 + A^2\,\mathrm{sen}^2\,\beta \\ &= A^2 + A^2\left(\mathrm{sen}^2\,\beta + \cos^2\beta\right) + 2A^2\cos\beta \\ &= 2A^2\left(1+\cos\beta\right) \\ &= 4A^2\cos^2\beta/2 \quad\Rightarrow\quad D = 2A\cos\beta/2 \end{aligned}$$

Também,

$$\begin{aligned} \tan\gamma &= \frac{C}{B} = \frac{\mathrm{sen}\,\beta}{1+\cos\beta} = \frac{2\,\mathrm{sen}\,\beta/2\,\cos\beta/2}{2\cos^2\beta/2} \\ &= \tan\beta/2 \quad\Rightarrow\quad \gamma = \beta/2 \end{aligned}$$

E chegamos à mesma relação do desenvolvimento anterior,

$$E = 2A\cos\left(\beta/2\right)\,\mathrm{sen}\left(\alpha+\beta/2\right)$$

Naturalmente, também poderíamos ter seguido esses caminhos quando da obtenção de (21.6).

Exercício 22.1

Não há dificuldade em resolver as integrais que estão em (22.4). Aproveitando a forma como aparecem, vou resolvê-las em conjunto. Caso o estudante prefira, sugiro fazê-lo separadamente.

$$\langle \mathcal{E}\rangle = \frac{\displaystyle\int_0^\infty \mathcal{E}\, e^{-\mathcal{E}/kT}\, d\mathcal{E}}{\displaystyle\int_0^\infty e^{-\mathcal{E}/kT}\, d\mathcal{E}} = -\frac{\displaystyle\int_0^\infty \frac{\partial}{\partial\alpha}\, e^{-\alpha\mathcal{E}}\, d\mathcal{E}}{\displaystyle\int_0^\infty e^{-\alpha\mathcal{E}}\, d\mathcal{E}} \quad \leftarrow \quad \alpha = \frac{1}{kT}$$

$$= -\frac{\displaystyle\frac{d}{d\alpha}\int_0^\infty e^{-\alpha\mathcal{E}}\, d\mathcal{E}}{\displaystyle\int_0^\infty e^{-\alpha\mathcal{E}}\, d\mathcal{E}} = -\frac{d}{d\alpha}\left(\ln\int_0^\infty e^{-\alpha\mathcal{E}}\, d\mathcal{E}\right)$$

Só precisamos resolver a integral,

$$\int_0^\infty e^{-\alpha\mathcal{E}}\, d\mathcal{E} = -\frac{1}{\alpha}\, e^{-\alpha\mathcal{E}}\Big|_0^\infty = \frac{1}{\alpha}$$

Substituindo no resultado anterior, temos

$$\langle \mathcal{E}\rangle = -\frac{d}{d\alpha}\left(\ln\frac{1}{\alpha}\right) = \frac{d}{d\alpha}\,\ln\alpha = \frac{1}{\alpha} = kT$$

Exercício 22.5

Escrevendo a relação (22.24) em termos do comprimento de onda, temos

$$\frac{1}{\lambda} = \frac{mk^2e^4}{4\pi c\hbar^3}\left(\frac{1}{n_f^2} - \frac{1}{n_i^2}\right)$$

Resta verificar a geração da constante de Rydberg ($1,097\times10^7\,m^{-1}$). Usando os valores conhecidos (vou tomar com dois algarismos significativos a mais para haver maior precisão na aproximação final),

$$
\begin{aligned}
m &= 9,10938 \times 10^{-31}\ kg \\
k &= 8,98755 \times 10^{9}\ Nm^2C^{-2} \\
e &= 1,60218 \times 10^{-19}\ C \\
c &= 2,99792 \times 10^{8}\ ms^{-1} \\
h &= 6,62607 \times 10^{-34}\ Js
\end{aligned}
$$

obtém-se

$$\frac{mk^2e^4}{4\pi c\hbar^3} = 1,09738 \times 10^7\ m^{-1} \simeq 1,097 \times 10^7\ m^{-1}$$

Exercício 22.8

Tomemos cada termo da relação (22.31) e substituamos Ψ por (22.33) (só considerando a dimensão espacial x),

$$
\begin{aligned}
E_{\rm op}\,\Psi &= i\hbar\,\frac{1}{\partial t}\left(\psi(x)\,e^{-iEt/\hbar}\right) = E\,\psi(x)\,e^{-iEt/\hbar} \\
T_{\rm op}\,\Psi &= \frac{1}{2m}\left(-i\hbar\,\frac{\partial}{\partial x}\right)^2\psi(x)\,e^{-iEt/\hbar} = -\,\frac{\hbar^2}{2m}\,\frac{d^2\psi}{dx^2}\,e^{-iEt/\hbar} \\
V_{\rm op}\,\Psi &= V(x)\,\psi(x)\,e^{-iEt/\hbar}
\end{aligned}
$$

Voltando com eles em (22.31), diretamente obtém-se a equação de Schrödinger independente do tempo,

$$-\,\frac{\hbar^2}{2m}\,\frac{d^2\psi}{dx^2} + V(x)\,\psi = E\psi$$

Exercício 22.12

a) Tomemos as definições de $\operatorname{sh}\alpha$ e $\operatorname{ch}\alpha$,

$$\operatorname{sh}\alpha = \frac{e^{\alpha} - e^{-\alpha}}{2} \qquad \text{e} \qquad \operatorname{ch}\alpha = \frac{e^{\alpha} + e^{-\alpha}}{2}$$

Assim, para a primeira relação, temos

$$\operatorname{ch}^2\alpha - \operatorname{sh}^2\alpha = \frac{1}{4}\left(e^{2\alpha} + e^{-2\alpha} + 2\right) - \frac{1}{4}\left(e^{2\alpha} + e^{-2\alpha} - 2\right) = 1$$

Para a segunda,

$$\operatorname{sh}(\alpha + \beta) = \frac{e^{\alpha+\beta} - e^{-\alpha-\beta}}{2} \pm \frac{e^{\alpha-\beta}}{4} \pm \frac{e^{-\alpha+\beta}}{4}$$

em que somamos e subtraímos as quantidades à direita. Agora, é só agrupar convenientemente os termos.

$$\frac{e^{\alpha+\beta}-e^{-\alpha-\beta}}{4}+\frac{e^{\alpha-\beta}}{4}-\frac{e^{-\alpha+\beta}}{4} = \frac{1}{4}\left(e^{\alpha}-e^{-\alpha}\right)\left(e^{\beta}+e^{-\beta}\right) = \operatorname{sh}\alpha\,\operatorname{ch}\beta$$

$$\frac{e^{\alpha+\beta}-e^{-\alpha-\beta}}{4}-\frac{e^{\alpha-\beta}}{4}+\frac{e^{-\alpha+\beta}}{4} = \frac{1}{4}\left(e^{\alpha}+e^{-\alpha}\right)\left(e^{\beta}-e^{-\beta}\right) = \operatorname{ch}\alpha\,\operatorname{sh}\beta$$

Substituindo na relação inicial, obtém-se a expressão de $\operatorname{sh}(\alpha+\beta)$.

A última é obtida também somando e subtraindo as mesmas quantidades,

$$\operatorname{ch}(\alpha+\beta) = \frac{e^{\alpha+\beta}+e^{-\alpha-\beta}}{2} \pm \frac{e^{\alpha-\beta}}{4} \pm \frac{e^{-\alpha+\beta}}{4}$$

e também agrupando os termos convenientemente,

$$\frac{e^{\alpha+\beta}+e^{-\alpha-\beta}}{4}+\frac{e^{\alpha-\beta}}{4}+\frac{e^{-\alpha+\beta}}{4} = \frac{1}{4}\left(e^{\alpha}+e^{-\alpha}\right)\left(e^{\beta}+e^{-\beta}\right) = \operatorname{ch}\alpha\,\operatorname{ch}\beta$$

$$\frac{e^{\alpha+\beta}+e^{-\alpha-\beta}}{4}-\frac{e^{\alpha-\beta}}{4}-\frac{e^{-\alpha+\beta}}{4} = \frac{1}{4}\left(e^{\alpha}-e^{-\alpha}\right)\left(e^{\beta}-e^{-\beta}\right) = \operatorname{sh}\alpha\,\operatorname{sh}\beta$$

b) No caso das derivadas de $\operatorname{sh}\alpha$ e $\operatorname{ch}\alpha$ é ainda mais direto,

$$\frac{d}{d\alpha}\operatorname{sh}\alpha = \frac{1}{2}\frac{d}{d\alpha}\left(e^{\alpha}-e^{-\alpha}\right) = \frac{1}{2}\left(e^{\alpha}+e^{-\alpha}\right) = \operatorname{ch}\alpha$$

$$\frac{d}{d\alpha}\operatorname{ch}\alpha = \frac{1}{2}\frac{d}{d\alpha}\left(e^{\alpha}+e^{-\alpha}\right) = \frac{1}{2}\left(e^{\alpha}-e^{-\alpha}\right) = \operatorname{sh}\alpha$$

c) É só usar os resultados acima nas definições apresentadas.

d) Vamos resolver a integral. Primeiro, usando uma substituição trigonométrica para eliminar a raiz,

$$x = \tan\theta \quad\Rightarrow\quad 1+x^{2} = 1+\tan^{2}\theta = \sec^{2}\theta$$
$$dx = \sec^{2}\theta\, d\theta$$

Assim, passamos para a integral,

$$I = \int \sec^{3}\theta\, d\theta$$

Como vemos, mesmo sem a raiz quadrada, ainda não é muito direto dizer qual função cuja derivada em relação a θ dá $\sec^3\theta$. Procuraremos a resposta fazendo algumas modificações no integrando (passagens trigonométricas),

$$\begin{aligned}
\sec^3\theta\,d\theta &= \sec\theta\,\sec^2\theta\,d\theta = \sec\theta\;d\big(\tan\theta\big) \\
&= d\big(\sec\theta\;\tan\theta\big) - d\big(\sec\theta\big)\tan\theta \\
&= d\big(\sec\theta\;\tan\theta\big) - \sec\theta\;\tan^2\theta\,d\theta \\
&= d\big(\sec\theta\;\tan\theta\big) - \sec^3\theta\,d\theta + \sec\theta\,d\theta \quad \leftarrow \quad \tan^2\theta = \sec^2\theta - 1
\end{aligned}$$

Portanto,

$$\sec^3\theta\,d\theta = \frac{1}{2}\,d\big(\sec\theta\;\tan\theta\big) + \frac{1}{2}\sec\theta\,d\theta$$

E a integral pode ser resolvida sem dificuldade,

$$\int \sec^3\theta\,d\theta = \frac{1}{2}\sec\theta\;\tan\theta + \frac{1}{2}\ln\big(\sec\theta + \tan\theta\big) + C$$

Voltando à variável inicial,

$$\int \sqrt{1+x^2}\,dx = \frac{1}{2}\,x\sqrt{1+x^2} + \frac{1}{2}\ln\Big(x + \sqrt{1+x^2}\,\Big) + C$$

Para usar funções hiperbólicas, lembramos da primeira relação demonstrada no item (a) e fazemos a substituição,

$$\begin{aligned}
x = \operatorname{sh}\alpha \quad \Rightarrow \quad 1+x^2 &= 1+\operatorname{sh}^2\alpha = \operatorname{ch}^2\alpha \\
dx &= \operatorname{ch}\alpha\,d\alpha
\end{aligned}$$

Passamos, então, para a integral,

$$I = \int \operatorname{ch}^2\alpha\,d\alpha$$

cuja solução pode ser obtida diretamente usando,

$$\begin{aligned}
\operatorname{ch}^2\alpha - \operatorname{sh}^2\alpha &= 1 \\
\operatorname{ch}^2\alpha + \operatorname{sh}^2\alpha &= \operatorname{ch}2\alpha
\end{aligned}$$

em que a segunda é caso particular da última relação deduzida no item (a) fazendo $\alpha = \beta$. Assim,

$$\int \operatorname{ch}^2\alpha\,d\alpha = \frac{1}{2}\int \big(1+\operatorname{ch}2\alpha\big)\,d\alpha = \frac{1}{2}\,\alpha + \frac{1}{4}\operatorname{sh}2\alpha + C$$

Voltando à variável x, chega-se à mesma relação anterior.

Exercício 22.19

a) Substituindo $\psi(x)$ na equação de Schrödinger, veremos que satisfaz para uma energia potencial do tipo,

$$V(x) = \frac{\hbar^2}{mx(x-1)} + \text{constante}$$

b) Diretamente, temos

$$\int_0^1 \psi^* \psi \, dx = 1 \quad \Rightarrow \quad A^2 \int_0^1 x^2 (x-1)^2 \, dx = 1 \quad \Rightarrow \quad A = \sqrt{30}$$

c) Como o estado está normalizado,

$$\langle x \rangle = \int_0^1 \psi^* x \, \psi \, dx = 30 \int_0^1 x^3 (x-1)^2 \, dx = \frac{1}{2}$$

$$\langle x^2 \rangle = \int_0^1 \psi^* x^2 \, \psi \, dx = 30 \int_0^1 x^4 (x-1)^2 \, dx = \frac{2}{7}$$

$$\begin{aligned}
\langle p \rangle &= \int_0^1 \psi^* \, \frac{\hbar}{i} \frac{d}{dx} \, \psi \, dx \\
&= -30 \, \hbar i \int_0^1 x(x-1) \, \frac{d}{dx} \left[x(x-1) \right] dx \\
&= -30 \, \hbar i \int_0^1 x(x-1) \, d\left[x(x-1) \right] \\
&= -15 \, \hbar i \, x(x-1) \Big|_0^1 = 0
\end{aligned}$$

$$\begin{aligned}
\langle p^2 \rangle &= \int_0^1 \psi^* \left(\frac{\hbar}{i} \frac{d}{dx} \right)^2 \psi \, dx \\
&= -30 \, \hbar^2 \int_0^1 (x^2 - x) \, \frac{d^2}{dx^2} (x^2 - x) \, dx \\
&= 10 \, \hbar^2
\end{aligned}$$

d) Usando os resultados obtidos no item anterior,

$$\begin{aligned}
& (\Delta x)^2 = \langle x^2 \rangle - \langle x \rangle^2 = \frac{1}{28} \\
& (\Delta p)^2 = \langle p^2 \rangle - \langle p \rangle^2 = 10 \, \hbar^2 \\
\Rightarrow \quad & \Delta x \, \Delta p = 0,60 \, \hbar > \frac{\hbar}{2}
\end{aligned}$$

Exercício 23.2

Nas transformações

$$x' = A\,x + B\,t$$
$$t' = C\,x + D\,t$$

precisamos dar a informação do movimento relativo entre os dois sistemas. A origem O' (ponto $x' = 0$) desloca-se com velocidade $\vec{V} = V\hat{\imath}$ em relação à origem O. Logo, para $x' = 0$ temos que $x = Vt$. Substituindo esses dados na primeira relação acima, obtemos

$$0 = AVt + B\,t \quad \Rightarrow \quad B = -\,AV$$

E as equações iniciais ficam

$$x' = A\,(x - Vt)$$
$$t' = C\,x + D\,t$$

Daqui para a frente, é semelhante ao que foi feito no Volume 1, Subseção 2.4.1. Resumidamente, substituindo-as na equação da esfera em S' deveremos chegar à equação da esfera em S. Isto ocorre se

$$A^2 - c^2 C^2 = 1$$
$$c^2 D^2 - A^2 V^2 = c^2$$
$$A^2 V + c^2 D\,C = 0$$

São três equações e três incógnitas. Sistema possível de ser resolvido. Devemos apenas atentar que, ao fazer as substituições iniciais, as quantidades foram elevadas ao quadrado. Assim, na determinação de A, C e D precisamos identificar o sinal correto. Por exemplo, combinando as relações acima para eliminar C e D, obtemos A,

$$A = \frac{1}{\sqrt{1 - \dfrac{V^2}{c^2}}}$$

cujo sinal positivo é devido às mesmas orientações dos eixos x e x'. Com este resultado, diretamente encontramos C e D,

$$C = \frac{-\dfrac{V}{c}}{\sqrt{1 - \dfrac{V^2}{c^2}}}$$

$$D = \frac{1}{\sqrt{1 - \dfrac{V^2}{c^2}}}$$

O sinal positivo de D é pelo mesmo motivo, e o negativo de C é porque, pela última relação, C e D devem ter sinais contrários. Substituindo todos esses resultados no conjunto inicial, obteremos as transformações que passam de um referencial inercial a outro.

Exercício 23.8

Os passos são os mesmos da obtenção de (23.8) e (23.9),

$$\begin{aligned}\frac{\partial}{\partial t} &= \frac{\partial t'}{\partial t}\frac{\partial}{\partial t'} + \frac{\partial x'}{\partial t}\frac{\partial}{\partial x'}\\ &= \frac{1}{\sqrt{1-\dfrac{V^2}{c^2}}}\left(\frac{\partial}{\partial t'} - V\frac{\partial}{\partial x'}\right)\end{aligned}$$

E a atuação deste operador duas vezes fornece

$$\begin{aligned}\frac{\partial^2}{\partial t^2} &= \frac{1}{1-\dfrac{V^2}{c^2}}\left(\frac{\partial}{\partial t'} - V\frac{\partial}{\partial x'}\right)\left(\frac{\partial}{\partial t'} - V\frac{\partial}{\partial x'}\right)\\ &= \frac{1}{1-\dfrac{V^2}{c^2}}\left(\frac{\partial^2}{\partial t'^2} + V^2\frac{\partial^2}{\partial x'^2} - 2V\frac{\partial^2}{\partial x'\partial t'}\right)\end{aligned}$$

Exercício 23.11

Como foi dito, devido à simetria entre os sistemas S e S', para passar as transformações (coordenadas, velocidade e, até mesmo, acelerações) de um sistema a outro, basta trocar V por $-V$ e as quantidades de um referencial pelas do outro. No caso de (23.12), teríamos,

$$v'_x = \frac{v_x - V}{1-\dfrac{V}{c^2}v_x} \qquad \leftrightarrow \qquad v_x = \frac{v'_x + V}{1+\dfrac{V}{c^2}v'_x}$$

Também, poderíamos fazer diretamente as passagens algébricas,

$$\begin{aligned}&v'_x = \frac{v_x - V}{1-\dfrac{V}{c^2}v_x} \quad \Rightarrow \quad v'_x - \frac{V}{c^2}v_x v'_x = v_x - V\\ &\Rightarrow \quad v_x\left(1+\frac{V}{c^2}v'_x\right) = v'_x + V \quad \Rightarrow \quad v_x = \frac{v'_x + V}{1+\dfrac{V}{c^2}v'_x}\end{aligned}$$

Assim, não há necessidade do trabalho algébrico. No caso das demais componentes, simplesmente, teríamos

$$v'_y = \frac{v_y \sqrt{1 - \dfrac{V^2}{c^2}}}{1 - \dfrac{V}{c^2} v_x} \quad \leftrightarrow \quad v_y = \frac{v'_y \sqrt{1 - \dfrac{V^2}{c^2}}}{1 + \dfrac{V}{c^2} v'_x}$$

$$v'_z = \frac{v_z \sqrt{1 - \dfrac{V^2}{c^2}}}{1 - \dfrac{V}{c^2} v_x} \quad \leftrightarrow \quad v_z = \frac{v'_z \sqrt{1 - \dfrac{V^2}{c^2}}}{1 + \dfrac{V}{c^2} v'_x}$$

Exercício 23.16

É similar ao que foi feito nos desenvolvimentos da Subseção 23.2.4,

$$\begin{aligned}
\vec{v}\,' &= \frac{d\vec{r}\,'}{dt'} = \frac{d\vec{r}\,'}{dt}\,\frac{dt}{dt'} = \frac{d\vec{r}\,'}{dt}\left(\frac{dt'}{dt}\right)^{-1} \\
&= \left[\vec{v} + \frac{\gamma - 1}{V^2}\left(\vec{v}\cdot\vec{V}\right)\vec{V} - \gamma\vec{V}\right]\frac{1}{\gamma\left(1 - \dfrac{\vec{v}\cdot\vec{V}}{c^2}\right)} \\
&= \frac{\dfrac{1}{\gamma}\,\vec{v} - \left(1 - \dfrac{\gamma - 1}{\gamma}\,\dfrac{\vec{V}\cdot\vec{v}}{V^2}\right)\vec{V}}{1 - \dfrac{\vec{V}\cdot\vec{v}}{c^2}}
\end{aligned}$$

Exercício 23.17

Basta elevar cada uma ao quadrado e somar os resultados (elimina-se a variável θ do lado esquerdo),

$$\begin{aligned}
\nu^2 &= \frac{\cos^2\theta' + \dfrac{V^2}{c^2} + \dfrac{2V}{c}\cos\theta'}{1 - \dfrac{V^2}{c^2}}\,\nu'^2 + \nu'^2\,\mathrm{sen}^2\,\theta' \\
&= \frac{1 + \dfrac{V^2}{c^2}\left(1 - \mathrm{sen}^2\,\theta'\right) + \dfrac{2V}{c}\cos\theta'}{1 - \dfrac{V^2}{c^2}}\,\nu'^2 \\
&= \frac{\left(1 + \dfrac{V}{c}\cos\theta'\right)^2}{1 - \dfrac{V^2}{c^2}}\,\nu'^2
\end{aligned}$$

que diretamente fornece a relação (23.27).

Exercício 23.19

É também feito diretamente,

$$\nu' = \sqrt{\frac{c-V}{c+V}}\,\nu = \left(1-\frac{V}{c}\right)^{1/2}\left(1+\frac{V}{c}\right)^{-1/2}\nu$$
$$\simeq \left(1-\frac{V}{2c}\right)\left(1-\frac{V}{2c}\right)\nu \simeq \left(1-\frac{V}{c}\right)\nu$$

que é a relação (10.44) do Volume 2, correspondendo à fonte parada e o observador se afastando com V.

Exercício 23.24

Escrevamos a relação (23.34) como

$$d^2 + \frac{m}{M}(D+d)^2 = \frac{d^2(D+d)^3}{D^3}$$

Com o intuito de simplificar o cálculo, façamos $d = kD$,

$$k^2 + \frac{m}{M}(1+k)^2 = k^2(1+k)^3$$

Substituindo os valores das massas da Terra e do Sol, temos

$$3,0\times 10^{-6}(1+k)^2 = 3k^3(1+k) + k^5$$

Vemos que uma solução com dois algarismos significativos é $k = 1,0\times 10^{-2}$. Assim, usando o valor D, obtemos a posição do satélite,

$$d = 1,5\times 10^9\,m = 1,5\times 10^6\,km$$

Exercício 23.25

Vimos no segundo exemplo da Seção 23.4 que, para o dispositivo da Figura 23.9 com $M = M' = m$ (massa do elétron), isto seria realmente impossível, pois a relação da conservação de energia ficaria inconsistente. De fato,

$$mc^2 = h\nu + \frac{mc^2}{\sqrt{1-\dfrac{v^2}{c^2}}} \qquad (!?)$$

A igualdade não está correta. O lado esquerdo é menor que o direito. Vamos mostrar que também é impossível com o elétron inicial tendo qualquer energia. Veja, por favor, a Figura G.13, em que $p_f = h\nu/c$ é o momento do fóton.

Pela conservação de momento e energia, temos (vou usar as expressões em termos dos momentos em lugar das velocidades)

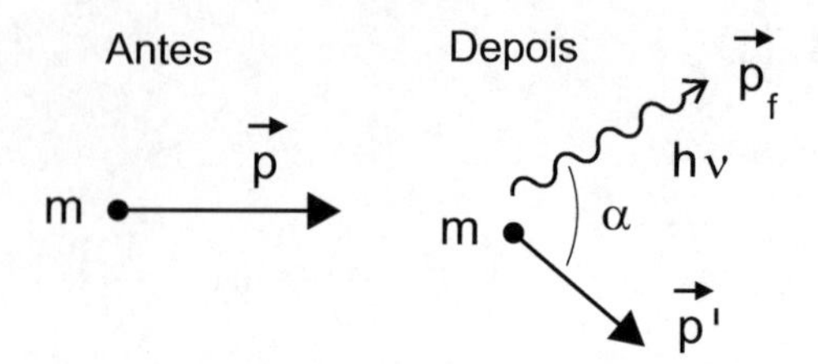

Figura G.13: Exercício 23.25

$$\vec{p} = \vec{p}\,' + \vec{p}_f$$
$$\sqrt{p^2 c^2 + m^2 c^4} = h\nu + \sqrt{p'^2 c^2 + m^2 c^4}$$

Elevando-as (convenientemente) ao quadrado, vem

$$\frac{h^2 \nu^2}{c^2} = p^2 + p'^2 - 2\,\vec{p}\cdot\vec{p}\,'$$
$$h^2 \nu^2 = p^2 c^2 + p'^2 c^2 + 2\,m^2 c^4 - 2\sqrt{p^2 c^2 + m^2 c^4}\,\sqrt{p'^2 c^2 + m^2 c^4}$$

A relação entre elas dá-nos o ângulo entre $\vec{p}$ e $\vec{p}\,'$,

$$\cos\alpha = -\frac{m^2 c^2}{p\,p'} + \sqrt{1 + \frac{m^2 c^2}{p^2}}\,\sqrt{1 + \frac{m^2 c^2}{p'^2}}$$

que é um resultado inconsistente, pois o lado direito é maior que 1. Isto mostra, de fato, que o elétron livre não pode emitir um fóton de maneira alguma.

Para não deixar dúvida, falemos porque o lado direito da expressão acima é maior que 1. Ele é do tipo, $-ab + \sqrt{1+a^2}\,\sqrt{1+b^2}$, em que a e b são dois números quaisquer. Vamos mostrar que

$$\sqrt{1+a^2}\,\sqrt{1+b^2} > 1 + ab$$

Desenvolvendo o lado esquerdo, temos

$$\begin{aligned}
\sqrt{1+a^2}\,\sqrt{1+b^2} &= \sqrt{1+a^2+b^2+a^2b^2}\\
&= \sqrt{1+a\,(b+c)+b\,(a-c)+a^2b^2}\\
&= \sqrt{1+2\,ab+a^2b^2+c^2}\\
&= \sqrt{(1+ab)^2+c^2}\\
&> 1+ab
\end{aligned}$$

Em que considerei $a > b$ e, em algumas passagens, substituí $a = b + c$.

Exercício 23.26

Vamos seguir procedimento semelhante ao do exercício anterior. Considerando os dados mostrados na Figura G.14, a conservação de momento e energia fornece

$$\vec{p}_f = \vec{p}_1 + \vec{p}_2$$
$$h\nu = \sqrt{p_1^2\, c^2 + m^2\, c^4} + \sqrt{p_2^2\, c^2 + m^2\, c^4}$$

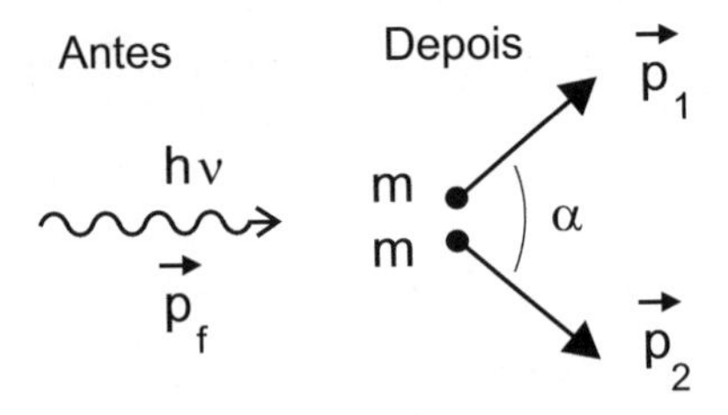

Figura G.14: Exercício 23.26

Agora, o ângulo entre os momentos da partícula e antipartícula fica

$$\cos\alpha = \frac{m^2\, c^2}{p_1 p_2} + \sqrt{1 + \frac{m^2\, c^2}{p_1^2}}\ \sqrt{1 + \frac{m^2\, c^2}{p_2^2}}$$

Não há dúvida de ver que $\cos\alpha > 1$, mostrando a impossibilidade do processo.

O exercício está resolvido, mas continuemos um pouco mais. Escrevamos o resultado acima de forma mais simples, através do caso particular em que partícula e antipartícula saem com a mesma energia ($p_1 = p_2 = p$),

$$\cos\alpha = \frac{2\, m^2\, c^2}{p^2} + 1 = \frac{2\, m^2\, c^2}{m^2\, v^2}\left(1 - \frac{v^2}{c^2}\right) + 1 = \frac{2\, c^2}{v^2} - 1 > 1$$

em que a incompatibilidade é mostrada porque v é menor que c.

Poderíamos resolvê-lo nesta situação particular, mas considerando as conservações do momento e energia em termos das velocidades,

$$\frac{h\nu}{c} = \frac{2\, mv}{\sqrt{1 - \dfrac{v^2}{c^2}}}\cos\frac{\alpha}{2}$$
$$h\nu = \frac{2\, mc^2}{\sqrt{1 - \dfrac{v^2}{c^2}}}$$

Dividindo-as, diretamente obtemos

$$\cos\frac{\alpha}{2} = \frac{c}{v} > 1$$

Podemos, também, verificar que este valor está consistente com o do $\cos\alpha$ obtido no desenvolvimento anterior.

Exercício 23.33

Da relação de v_x, podemos escrever,

$$\begin{aligned} dx &= \frac{c}{2F}\left(m^2c^2 + p_o^2 + F^2t^2\right)^{-1/2}\left(2F^2t\,dt\right) \\ \Rightarrow \quad x(t) &= \frac{c}{F}\left(m^2c^2 + p_o^2 + F^2t^2\right)^{1/2} + \text{constante} \end{aligned}$$

A constante é fixada com a condição de contorno $t = 0,\ x = 0$. Assim,

$$x(t) = \frac{c}{F}\left(\sqrt{m^2c^2 + p_o^2 + F^2t^2} - \sqrt{m^2c^2 + p_o^2}\right)$$

Passemos para a obtenção de $y(t)$. Da expressão de v_y, escrevamos o elemento diferencial dy como

$$dy = \frac{c\,p_o}{\sqrt{m^2c^2 + p_o^2}}\,\frac{1}{\sqrt{1 + \dfrac{F^2t^2}{m^2c^2 + p_o^2}}}\,dt$$

Vou usar a seguinte mudança de variável para eliminar a raiz quadrada (em caso de alguma dúvida, peço ao estudante que veja a solução do exercício 12 do capítulo anterior),

$$\frac{Ft}{\sqrt{m^2c^2 + p_o^2}} = \operatorname{sh}\alpha$$

Com isto, o elemento diferencial fica

$$\begin{aligned} dy &= \frac{c\,p_o}{\sqrt{m^2c^2 + p_o^2}}\,\frac{1}{\operatorname{ch}\alpha}\,\frac{\sqrt{m^2c^2 + p_o^2}}{F}\operatorname{ch}\alpha\,d\alpha \\ &= \frac{c\,p_o}{F}\,d\alpha \end{aligned}$$

E a integral é feita diretamente,

$$y = \frac{c\,p_o}{F}\,\alpha + \text{const.}$$

Voltando à variável inicial e usando a condição de contorno $t = 0,\ y = 0$ para fixar o valor da constante (no caso será zero), temos

$$y(t) = \frac{c\,p_o}{F}\operatorname{arg\,sh}\frac{Ft}{\sqrt{m^2c^2 + p_o^2}}$$

Exercício 23.34

Vamos eliminar o tempo entre as duas equações. Da segunda, podemos escrever

$$\operatorname{sh}\frac{Fy}{cp_o} = \frac{Ft}{\sqrt{m^2c^2 + p_o^2}}$$

Para fazer a substituição mais diretamente, escrevamos a primeira como

$$x(t) = \frac{c}{F}\sqrt{m^2c^2 + p_o^2}\left(\sqrt{1 + \frac{F^2t^2}{m^2c^2 + p_o^2}} - 1\right)$$

Assim, usando o resultado anterior,

$$\begin{aligned} x &= \frac{c}{F}\sqrt{m^2c^2 + p_o^2}\left(\sqrt{1 + \operatorname{sh}^2\frac{Fy}{cp_o}} - 1\right) \\ &= \frac{c}{F}\sqrt{m^2c^2 + p_o^2}\left(\operatorname{ch}\frac{Fy}{cp_o} - 1\right) \end{aligned}$$

Vejamos, agora, quanto à aproximação não relativística. Inicialmente, $x = 0$, $y = 0$, $v_x = 0$ e $v_y = v_o$. Para pequenos valores de x e y, as velocidades também são pequenas. Consequentemente, a trajetória deve tender ao caso não relativístico. Usando que $\operatorname{ch}\alpha \simeq 1 + \alpha^2/2$, para α muito pequeno, e desprezando o termo m^2c^2 perante p_o^2, obteremos

$$x = \frac{F}{2mv_o^2}\,y^2$$

Apêndice H

Respostas dos exercícios não resolvidos

Capítulo 20

3 - a) $\beta = 60^{\circ}$

b) $\beta_{\mathrm{c}} = 45^{\circ}$

c) Vai se refletindo na superfície lateral (como no exercício anterior).

4 - a) $\operatorname{sen}\phi = \sqrt{n^2 - \operatorname{sen}^2\theta}$

b) Não, porque $\operatorname{sen}\phi$ seria maior que 1.

c) $n = \sqrt{5}/2 \simeq 1,12$

8 - $\dfrac{h}{2}$ e $\dfrac{h-d}{2}$ (não depende de D)

9 - $16\,cm$ (aproximadamente)

18 - Côncavo, $p = 4,5\,cm$ (entre o foco e o raio) e
$p' = 9\,cm$ (entre o raio e infinito)

Convexo, $p = 3\,cm$ (entre o vértice e infinito) e
$p' = -1,5\,cm$ (entre o vértice e o foco)

Côncavo, $p = 9\,cm$ (entre o raio e infinito) e
$p' = 4,5\,cm$ (entre o foco e o raio)

19 - $p' = -1,6\,cm$ (interior da bola) e $m = 0,2$ (menor e direita)

29 - $5,0\,m$ depois do espelho

31 - $3,3\,cm$ antes da primeira superfície

32 - $22,5\,cm$ antes da face plana
$10,0\,cm$ antes da face esférica

34 - Está dentro do dispositivo a $8\,cm$ antes da segunda superfície.

36 - $p = 8,0\,cm,\ p' = 24\,cm$ e $m = -3$

$p = 24\,cm,\ p' = 8,0\,cm$ e $m = -1/3$

37 - $p = 9,0\,cm,\ p' = 18\,cm$ e $m = -2$

$p = 18\,cm,\ p' = 9,0\,cm$ e $m = -1/2$

39 - $f_2 = 20\,cm$ (lente convergente)

40 - $10\,cm$ (imagem real)

Distância focal $\simeq -150\,cm$ (lente divergente)

41 - Distância focal $74\,cm$ (lente convergente)

43 - Não, em ambos os casos

Os gráficos das Figuras 20.13 e 20.17, ou 20.26 e 20.27 ajudam.

54 - $0,21\,I_o$

55 - $35,3^\circ$

Capítulo 21

2 - $1,2\,m,\ 3,0\,m\ \ 7,5\,m$ e, também, $-1,2\,m,\ -3,0\,m$ e $-7,5\,m$

Não, pois a intensidade de cada fonte diminui com a distância.

3 - $0,550\,m,\ 2,25\,m,\ 8,75\,m$ e, também, $-0,550\,m,\ -2,25\,m$ e $-8,75\,m$

4 - $\sqrt{\left(y + \dfrac{d}{2}\right)^2 + D^2} - \sqrt{\left(y - \dfrac{d}{2}\right)^2 + D^2} = n\lambda$ e $1,6\,m$

7 - a) $0,41\,mm$ e b) $0,62\,mm$

8 - $d = 0,11\,mm$

Não, porque depende também do espaçamento entre as franjas.

10 - a) $\dfrac{mD\lambda}{2\,d\,n}$ $\quad m = 1,\ 2,\ 3,\ \ldots$ (depois do vértice do lado esquerdo)

b) $\left(m + \dfrac{1}{2}\right)\dfrac{D\lambda}{2\,d\,n}$ $\quad m = 0,\ 1,\ 2,\ \ldots$ (idem)

c) 47 e 48 Não dependem de D.

O espaçamento entre elas é que depende (mantendo $d \ll D$).

11 - a) $\left(m + \dfrac{1}{2}\right)\dfrac{D\lambda}{2\,d}$ $\quad m = 0,\ 1,\ 2,\ \ldots$ (a partir do vértice)

b) $\left(m + \dfrac{1}{2}\right)\dfrac{D\lambda}{2\,d\,n'}$ $\quad m = 0,\ 1,\ 2,\ \ldots$ (idem)

c) 32 e 51 Não dependem de D.

Capítulo 22

13 - a) Vai se deslocar sempre no sentido positivo do eixo x com

$$v=\sqrt{\frac{E-V_0}{2m}} \quad \text{para } x\le 0 \quad \text{e} \quad v=\sqrt{\frac{E}{2m}} \quad \text{para } x>0$$

b) $x<0 \quad \psi(x)=A\,e^{i\sqrt{2m(E-V_0)}\,x/\hbar}+B\,e^{-i\sqrt{2m(E-V_0)}\,x/\hbar}$

$x>0 \quad \psi(x)=C\,e^{i\sqrt{2mE}\,x/\hbar}$

c) $B=\dfrac{\sqrt{E-V_0}-\sqrt{E}}{\sqrt{E-V_0}+\sqrt{E}}\,A \quad \text{e} \quad C=\dfrac{2\sqrt{E-V_0}}{\sqrt{E-V_0}+\sqrt{E}}\,A$

Sim porque $B\neq 0$.

14 - a) Vai se deslocar sempre no sentido positivo do eixo x com

$$v=\sqrt{\frac{E}{2m}} \quad \text{para } x<0 \quad \text{e} \quad v=\sqrt{\frac{E+V_0}{2m}} \quad \text{para } x\ge 0$$

b) $x<0 \quad \psi(x)=A\,e^{i\sqrt{2mE}\,x/\hbar}+B\,e^{-i\sqrt{2mE}\,x/\hbar}$

$x>0 \quad \psi(x)=C\,e^{i\sqrt{2m(E+V_0)}\,x/\hbar}$

c) $B=\dfrac{\sqrt{E}-\sqrt{E+V_0}}{\sqrt{E}+\sqrt{E+V_0}}\,A \quad \text{e} \quad C=\dfrac{2\sqrt{E}}{\sqrt{E}+\sqrt{E+V_0}}\,A$

Sim porque $B\neq 0$.

15 - a) $x<0 \quad \psi(x)=A\,e^{i\sqrt{2mE}\,x/\hbar}+B\,e^{-i\sqrt{2mE}\,x/\hbar}$

$x>0 \quad \psi(x)=C\,e^{i\sqrt{2mE}\,x/\hbar}$

b) $B=-A \quad \text{e} \quad C=0$

c) Não porque $C=0$.

20 - a) Sim para uma energia potencial $V(x)=\dfrac{\hbar^2(3x-1)}{mx^2(x-1)}+\text{const.}$

b) $A=\sqrt{105}$

c) $\langle x\rangle=0,625$, $\langle p\rangle=0$, $\langle x^2\rangle=5/12$ e $\langle p^2\rangle=14\,\hbar^2$

d) $\Delta x\,\Delta p = 0,60\,\hbar > \hbar/2$

21 - a) Sim para uma energia potencial $V(x)=-\dfrac{\hbar^2}{mx}+\text{constante}$

b) $A=2$

c) $\langle x\rangle=1,5$, $\langle p\rangle=0$, $\langle x^2\rangle=3$ e $\langle p^2\rangle=3\,\hbar^2$

d) $\Delta x\,\Delta p = 1,5\,\hbar > \hbar/2$

Capítulo 23

4 - a) $V = 0,5\,c$

b) $x'_a = -5,8 \times 10^7\,m\,,\ \ x'_b = 4,6 \times 10^8\,m$ e $t'_a = t'_b = 0,96\,s$

5 - $1,4\,km,\ \ 4,6\,km,\ \ 15\,km$ e $47\,km$

6 - $0,99995\,c$ e $10^3\,anos,\ 18\,dias$ e $6\,horas$

7 - $t = 4,0\,s$ e $t' = 3,5\,s$

$t = 3,5\,s$ e $t' = 4,0\,s$

$t = t' = 7,5\,s$

Em S', quando O' passa por B, A' ainda não passou por O.

Em S, quando O passa por A', B ainda não passou por O'.

O último resultado é consistente com a simetria do problema.

12 - a) $0,50\,c$ e $-0,50\,c$

b) $0,80\,c$ e $-0,80\,c$

13 - a) $-0,40\,c$ e $-0,90\,c$

b) $0,78\,c$ e $-0,78\,c$

20 - $0,12\,c,\ \ 0,31\,c,\ \ 0,34\,c$ e $0,51\,c$

21 - Verde $(5,1 \times 10^{-7}\,m)$ e violeta $(4,2 \times 10^{-7}\,m)$

22 - $8,7 \times 10^{-7}\,m$ e $1,5 \times 10^{-6}\,m$ (ambas fora do espectro visível)

23 - Cor de B para A: $6,1 \times 10^{-7}\,m$ (laranja)

Cor de C para A: $1,7 \times 10^{-6}\,m$ (fora do espectro visível)

Cor de uma relação à outra: $1,1 \times 10^{-6}\,m$ (idem)

28 - $M' = 0,58\,M$ e $\nu = \dfrac{Mc^2}{3h}$

29 - $2,08\,m$ e $0,268\,c$

30 - $2,04\,m$ e $0,592\,c$

31 - $a\,(t) = \dfrac{F/m}{\left[\,1 + \left(Ft/mc\right)^2\,\right]^{3/2}}$

Bibliografia

São excelentes referências para cursos de Física Básica voltados para a Ciência. Geralmente aparecem divididas em volumes. Estão apresentadas de forma geral (e em ordem alfabética).

- M. Alonso e E.J. Finn, **Física - Um Curso Universitário**, Editora Edgard Blücher.
- Alaor Chaves, **Física Básica**, Editora LTC.
- R.P. Feynman, **The Feynman Lectures on Physics**, Addison-Wesley.
- L. Landau, A. Ajiezer e E. Lifshitz, **Curso de Fisica General**, MIR.
- Pierre Lucie, **Física Básica**, Editora Campus.
- H.M. Nussenzveig, **Curso de Física Básica**, Editora Edgard Blücher.

Índice